數學的語言

The Language of Mathematics: Making the Invisible Visible

齊斯·德福林（Keith Devlin）◎著
洪萬生、洪贊天、蘇意雯、英家銘◎譯

商周出版

〈出版緣起〉

開創科學新視野

何飛鵬

　　有人說，是聯考制度，把台灣讀者的讀書胃口搞壞了。這話只對了一半；弄壞讀書胃口的，是教科書，不是聯考制度。

　　如果聯考內容不限在教科書內，還包含課堂之外所有的知識環境，那麼，還有學生不看報紙、家長不准小孩看課外讀物的情況出現嗎？如果聯考內容是教科書佔百分之五十，基礎常識佔百分之五十，台灣的教育能不活起來、補習制度的怪現象能不消除嗎？況且，教育是百年大計，是終身學習，又豈是封閉式的聯考、十幾年內的數百本教科書，可囊括而盡？

　　「科學新視野系列」正是企圖破除閱讀教育的迷思，為台灣的學子提供一些體制外的智識性課外讀物；「科學新視野系列」自許成為一個前導，提供科學與人文之間的對話，開闊讀者的新視野，也讓離開學校之後的讀者，能真正體驗閱讀樂趣，讓這股追求新知欣喜的感動，流盪心頭。

　　其實，自然科學閱讀並不是理工科系學生的專利，因為科學是文明的一環，是人類理解人生、接觸自然、探究生命的一個途徑；科學不僅僅是知識，更是一種生活方式與生活態度，能養成面對周遭環境一種嚴謹、清明、宏觀的態度。

　　千百年來的文明智慧結晶，在無垠的星空下閃閃發亮、向讀者招

手；但是這有如銀河系，只是宇宙的一角，「科學新視野系列」不但要和讀者一起共享大師們在科學與科技所有領域中的智慧之光；「科學新視野系列」更強調未來性，將有如宇宙般深邃的人類創造力與想像力，跨過時空，一一呈現出來，這些豐富的資產，將是人類未來之所倚。

我們有個夢想：在波光粼粼的岸邊，亞里斯多德、伽利略、祖沖之、張衡、牛頓、佛洛依德、愛因斯坦、蒲朗克、霍金、沙根、祖賓、平克……，他們或交談，或端詳撿拾的貝殼。我們也置身其中，仔細聆聽人類文明中最動人的篇章……。

（本文作者為城邦出版集團首席執行長）

〈譯者序〉

直指數學知識核心的模式

洪萬生

　　何謂數學？有關這個問題的答案，當然沒有標準的版本。以最近台灣所出版的數學普及書籍為例，從新潮的《社會組也學得好的數學十堂課》，到古典的《數學是什麼？》，都企圖回答此一問題，而且，它們各自的作者顯然都提供了相當成功的現身說法。如此說來，本書《數學的語言》之賣點何在？難道這純粹只是出版社編輯想湊個熱鬧？

　　事實上，新潮也罷，古典也罷，前兩書的解說策略顯然都直接訴求了數學知識活動的參與，換言之，正如同數學家的諄諄告誡：想要理解數學是什麼，最好的進路就是做數學（do mathematics）！因此，針對前兩書，你必須備好紙筆，專注地跟著計算與論證，否則閱讀的效果自然大打折扣。然而，《數學的語言》卻完全不同，正如作者指出：本書是「按照更大讀者群可以接近的一種格式」，述說「數學是有關模式的鑑別與研究之故事」。既然如此，作者的書寫在論述（discourse）與敘事（narrative）之間，就力求折衷與平衡。而這，當然也允許本書的形式與內容，為它自身的普及屬性，做了最有說服力的背書。

　　本書既然強調敘事，那麼，如何以「模式」（pattern）為主軸，或許是最佳抉擇。這是因為從一九八○年代以來，數學家大都同意

何謂數學的這一個新解：數學是研究模式的一種科學（a science of patterns）。如此一來，我們所熟悉的數學分支，就可以綜合統攝在模式之下了。譬如說，算術與數論研究數目與計算之模式；幾何學研究圖形之模式；微積分允許我們處理運動之模式；邏輯學研究推論之模式；機率論處理機會之模式；拓樸學研究鄰近與位置之模式，等等。而為了傳遞數學的這個現代定義的一些訊息，「本書將運用八個主題，涵蓋計算模式、推論與溝通模式、運動與變化模式、形狀模式、對稱與規則模式、位置模式、機會模式，以及宇宙的基本模式」。無疑地，這種說法將數學從它傳統上被認定為最直觀的（或狹隘的）研究對象（如數目與圖形）解放出來，從而可以從容地觀照人世間無所不在的模式。

數學模式既然無所不在，那麼，我們掌握它的目的，顯然不僅止於針對「何謂數學？」提供一個具有「現代性」的回答吧。事實上，有關數學，還有另一個更根本的問題，那就是：掌握了這些模式做什麼用？當吾人應用數學來研究某些現象時，數學的回報是什麼？作者的答案是：「數學讓不可見變成可見。」（Mathematics makes invisible visible.）而這一洞識，也正是本書英文版的副標題！譬如說吧，牛頓的數學幫助我們「看到」那些讓地球繞著太陽旋轉，以及造成蘋果從樹上墜地的不可見之「重力」（gravity）──儘管重力概念是不是一個權宜的假設，他也始終說不清楚！又如，吾人利用十九世紀馬克士威爾所發現的電磁方程式，藉以讓那些不可見的無線電波，變成可以「看到」。還有，語言學家喬姆斯基使用數學去「看」，而且描述我們認定為文法語句的不可見的、抽象的文字模式，於是，他得以將語言學轉變成為一門蓬勃發展的數理科學。

更具體地說，本書作者利用了八章的內容，從計數（含算術與數

論，第一章）、心智推論（第二章）、運動現象（第三章）、圖形
（含幾何、對稱與拓樸學，第四、五、六章）、機會事件（第七章）
到物理宇宙（第八章），分別提煉其各自模式，進而據以說明這又是
如何促成相關數學的巨大進展。現在，我們就針對這八章內容，提供
一個極其簡要的說明。

第一章的重點是質數相關理論（含密碼學之應用）與費馬最後定
理的簡介。有了這個預備，作者在第六章有關拓樸學的深入討論之
後，再回過頭來，完結費馬最後定理的故事。其實，在第一章中，作
者也提及抽象化概念之為大用，尤其是數學仍然處在搖籃階段的時
候。

第二章針對數學證明的嚴密性所需之邏輯推論模式，進行一個歷
史的回顧性說明。其中極為重要的故事情節，有康托爾發明集合論之
後所引發的羅素悖論，對數學基礎所造成的深層危機，以及希爾伯特
積極回應的形式主義之崛起，乃至於哥德爾不完備定理的最終致命一
擊。不過，最有茶餘飯後談助的插曲，則莫過於數學家如何利用「模
式」，找到隱藏在書寫文字中的「指紋」。

第三章討論數學家如何馴服無限概念，然後，據以建立有關運動
與變化之模式。同時，為了微積分的極限理論之完備，作者也論及實
數與複數之歷史發展。接著，作者再從解析數論切入，說明黎曼ζ函
數如何為我們揭開質數的隱藏模式。至於第三章最令人意想不到的內
容，則是作者告訴我們：應用傅氏分析學，只要給定足夠多的音叉，
我們就可以演奏貝多芬第九號交響曲。

第四章主題是歐幾里得《幾何原本》，以及所延伸之非歐幾何、
尺規作圖與五種柏拉圖正多面體等單元。此外，作者還提及圓錐曲
線、解析幾何、射影幾何以及高維度幾何學之應用。而「最麻辣的」

情節，莫過於作者提及柏拉圖如何說明五個正多面體與其宇宙生成論之關係，以及無獨有偶的克卜勒之論證：恰好只有六個行星的原因，是每個行星和下一個行星之間的距離，必定和一個特定的正多面體有關，而正多面體剛好只有五個。當然，作者的評論更是發人深省：「就細節而言，柏拉圖和克卜勒兩人對於原子論的想法都是錯誤的。但是，就尋求以數學的抽象模式理解自然模式的意義而言，他們的研究所秉持的傳統，直到今天仍然具有高度成效。」

第五章的主題是群的模式與底蘊美學的對稱之密切關連，這是因為正如作者指出：對稱的研究，捕捉了形狀更深刻、更抽象的一個面向。而從變換觀點切入，群之概念當然就堂而皇之地走進來了。因此，在本章中，作者雖然提及許多與美學有關的數學如地磚鑲嵌、壁紙圖案、雪花與蜂巢結構，甚至於格子與球裝填問題等等；然而，群結構所表現的模式，顯然才是正道。

在第六章一開始，作者就運用一九三一年設計的倫敦地下鐵地圖，以及在科普書籍中相當膾炙人口的克尼斯堡七橋問題，來引進拓樸模式之概念。其他單元如莫比烏斯帶、甜甜圈與咖啡杯、紐結分類，乃至四色定理等等，也都是非常「性感的」（sexy）題材。當然，代數理論（尤其是有關群與多項式）協助打造研究工具，也是非常具有啟發性的敘事。最後，基於橢圓曲線的拓樸模式之深刻掌握，英國數學家懷爾斯終於證明了三百多歲的費馬最後定理。

在第七章中，作者從機率論的誕生，談到巴斯卡有關「機會的幾何模式」之研究。再論及壽險與機率之關係，以及期望值之研究如何啟發吾人考慮人為因素。其他如鐘形曲線、統計推論以及平均人的概念，都有助於機會的抽象模式之探討。此外，在金融數學的脈絡中，作者也說明經濟學家如何利用數學，幫忙吾人在高度易變的權證交易

市場中做出優選。

　　正如第三章一樣，第八章的主題也是物理學中的數學模式。不過，本章顯然意在強調：儘管數學在物理上的應用，具有悠久歷史的優良傳統，但是，過去十幾二十年不斷發生的，卻是另一個方向的工作：將物理中的概念與方法應用到數學上，並取得新的發現。

　　總之，本書內容在凸顯模式旨趣的同時，誠如作者所說，也兼顧了數學的歷史發展與它當前的廣度，因此，他乃能將數學「形容成人類文化一個豐富而生動的成分」。基於此一進路，作者在書寫時，就充分地發揮了他自己的數學（史）洞識，相當值得推許。譬如說吧，在評論微積分的極限理論發展時，作者對於牛頓與萊布尼茲 vs. 哥西在數學物件上的認知對比，就是相當深刻的觀察，十分有助於我們理解十七到十九世紀的分析學之算術化（arithmetization of analysis）的歷史發展。

　　最後，我們必須提醒讀者：本書由於論及當今數學發展的實質內容，因此，非常抽象層次的理論之鋪陳，逐變得完全不可避免。同時，也由於「抽象概念的認識與表現它們的適當語言之發展，真的是一體兩面」，所以，閱讀本書時雖然不必預設數學知識或能力，但是，發掘意在言外的資訊之閱讀習慣，卻是十分必要。值此閱讀力即國力的呼聲中，如何培養穿透字面、直指知識核心的能力，或許本書所念茲在茲的模式，就是最佳的試金石了。

　　　　　　　　　　　　（本文作者為台灣師範大學數學系退休教授）

目錄

杜勒的木刻圖 *St. Jerome*，見第四章。

前言

　　本書試圖傳遞數學的本質，內容兼顧歷史發展與它目前的廣度。　〔vii〕
它不是一本教導讀者「如何」（how to）去做數學的著作，而是一本
「有關」（about）數學知識活動的論述，其中將數學形容成人類文
化一個豐富而生動的成分。它意在訴求一般讀者，而且不預設任何數
學知識或能力。

　　本書源自較早的一本收入弗利曼科學美國人圖書館（W. H.
Freeman's Scientific American Library）叢書的著作，名爲《數學：
模式的科學》（*Mathematics: The Science of Patterns*）（後稱弗利
曼版）。那一本書是爲了一般稱爲「有科學素養」（scientifically
literate）的閱聽人而寫，後來也證明是該叢書中最成功的一本。在我
與該計畫的主編考伯（Jonathan Cobb）交換意見時，遂興起了爲更廣
大閱聽人寫一本「副產品」（spin-off）的念頭。這本新書將不會有
如同那一套叢書的光鮮亮麗以及一大堆全彩的插圖與照片。它的目標
毋寧是按照更大讀者群可以接近的一種格式，述說本質上相同的一
個故事：數學是有關模式（pattern）的鑑別與研究之故事。（正如它
的前一本一樣，本書也將顯示對數學家而言，究竟什麼可算是「模
式」）。在此，不妨注意我並非只是談論壁紙「圖案」（pattern）或
襯衫衣服上的「圖樣」（pattern）──儘管那些模式中的許多東西，
最後都會變成有趣的數學性質。

　　除了徹底重寫文本的大部分材料以適合更標準的「科普書籍」格

〔viii〕

式之外，我也利用此一格式改變之便利，增加額外的兩章，其中之一是有關機會（chance）的模式，另一個則是有關（物理）宇宙的模式。我原先打算將這兩個單元納入弗利曼版中，不過，該叢書格式限制了篇幅，而無法如願。

弗南度‧辜維亞（Fernando Gouvea）、朵拉絲‧夏茲史耐德（Doris Schattschneider）以及肯尼斯‧米勒（Kenneth Millett）提供了弗利曼版原稿的全部或部分評論，而且，他們頗有助益的忠告，無疑將見諸於這本新書之中。隆‧歐羅文（Ron Olowin）針對第八章提供了有益的回饋。而這一章連同第七章，則是本書全新的材料。蘇珊‧莫蘭（Susan Moran）是弗利曼版非常盡職的文字編輯，至於諾瑪‧羅徹（Norma Roche）則是這本新書的文字編輯。

在歷史上，幾乎所有的數學家領袖都是男性，而這也反映在本書上，女性角色近乎完全缺席。我希望那些日子永遠消逝。為了反映今日的現實環境，本書同時互換地使用「他」與「她」作為通用的第三人稱代名詞。

序　曲
何謂數學？

一切都不只是數目　　　　　　　　　　　　　　　　　　　　〔1〕

　　何謂數學？隨機向人們提問，你可能獲得的答案是：「數學是有
關數目的一種學問。」如果你繼續追問他們所謂的學問是哪一種，或
許你可以誘導他們提出譬如「那是一種有關數目的科學」之描述。不
過，這大概是你最多可以得到的資訊。而這一種有關數學的描述，在
大約二五〇〇年前，就已經不再正確了。

　　在這樣一個巨大的誤導之下，你所隨機抽樣的人們無法體會數學
研究是一種興旺且無所不在的活動，或是接受數學經常相當程度地貫
穿吾人日常生活與社會大部分活動的看法。這毫不令人意外。

　　事實上，「何謂數學？」這個問題的答案在人類歷史過程中，已
經數度更易了。

　　到西元前五〇〇年左右為止，數學的確是有關數目（number）
的一種學問。這是古埃及和巴比倫時期的數學。在這些文明中，數
學所包括的，幾乎都以算術（arithmetic）為主。它大部分屬功利取
向，而且充滿了「食譜」的特色（譬如，「對一個數目這樣做、那樣
做，那麼，你將會得到答案。」）

　　從大約西元前五〇〇年到西元三〇〇年的這一時期，是希臘數學
的時代。古希臘的數學家主要關心幾何學（geometry）。誠然，他們
按幾何方式，將數目視為線段長之度量，而當他們發現有數目缺乏對　〔2〕

13

應的線段長時，有關數目的研究就停頓下來了。對於希臘人而言，由於他們強調幾何學，所以，數學不只研究數目，而且也是有關形狀（shape）的學問。

事實上，幸虧有希臘人的現身，數學才進入研究領域，而不再只是度量、計算和會計等技巧的大雜燴。希臘人對於數學不只是功利取向，他們視數學為一種知性探索，其中包含了美學與宗教成分。泰利斯（Thales）引進了如下想法，亦即：數學上精確陳述的斷言（assertion），都可以被一個形式的論證（formal argument）邏輯地證明出來。這一創新標誌著定理（theorem）──數學的基石──的誕生。對希臘人而言，這一進路在歐幾里得（Euclid）《幾何原本》（*The Elements*）出版時，攀上了顛峰。這一部西方數學經典，在歷史上因流傳度僅次聖經而聞名於世。

運動中的數學

一直到十七世紀中葉，英國牛頓（Isaac Newton）和德國萊布尼茲（Gottfried Leibniz）彼此獨立地發明微積分之前，數學的整體本質未曾有根本的變革，或者幾乎沒有任何顯著的進展。實質來說，微積分是研究運動（motion）和變化（change）的一門學問。在此之前的數學大都侷限於計算、度量和形狀之描述的靜態議題上。現在，引進了處理運動和變化的技巧之後，數學家終於可以研究行星的運行、地球的落體運動、機械裝置的運作、液體的流動、氣體的擴散、如電力和磁力等物理力、飛行、動植物的生長、流行病的傳染、利潤的波動等等。在牛頓和萊布尼茲之後，數學變成了研究數目、形狀、運動、變化以及空間（space）的一門學問。

大部分涉及微積分的初始問題都導向物理的研究；事實上，該時

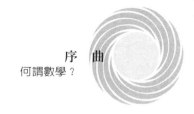
期很多偉大的數學家也被視為物理學家。不過，從大約十八世紀中葉之後，當數學家著手瞭解微積分為人類帶來的巨大力量背後是什麼，他們對於數學本身有著遞增的興趣，而不只是關注數學應用而已。因此，當今日一大部分純數學被發展的時候，古希臘形式證明的傳統，捲土重來掌握了優勢。到了十九世紀末為止，數學已經成為有關數目、形狀、運動、變化、空間以及研究數學的工具的一門學問。

發生在二十世紀的數學活動之爆發相當戲劇化。在一九○○那一年，世界上所有的數學知識可以裝入大約八十部書籍之中。而在今日，現有數學將必須有十萬部書籍才能容納。這種非比尋常的成長，不只源自從前數學的增進，許多新的分支也已經湧現。在一九○○年，數學可以合理地被視為包括了大約十二個主題：算術、幾何、微積分等等。至於今日，六十到七十之間的不同範疇，將是一個合理的數目。某些主題，譬如代數和拓樸學（topology），已經細分為不同的子領域；至於其他主題，譬如複雜理論（complexity theory）或動態系統理論（dynamical systems theory），則是全新的研究領域。〔3〕

模式的科學

給定數學活動如此巨大成長這一事實，對於「何謂數學」這個問題，一時之間唯一的簡單答案，好像就是有一點愚昧地說：「那是數學家賴以維生的憑藉。」一種特定的研究之所以被歸類為數學，並不是基於什麼被研究，反倒是基於它如何被研究，也就是說，基於被使用的方法論。在大約最近的三十年間，一個為大部分數學家所同意的有關數學的定義，才終於出現了：數學是研究模式的科學（science of patterns）。數學家的所作所為，就是去檢視抽象的模式——數值模式、形狀的模式、運動的模式、行為的模式、全國人口的投票模式、

重複機會事件（repeating chance events）的模式等等。這些模式可以是真實存在或想像的、視覺性或心智性的、靜態或動態的、定性或定量的、純粹功利或有點超乎娛樂趣味的。它們可以源自我們的週遭世界、源自空間和時間的深度，或者源自人類心靈的內部運作。不同種類的模式當然引出不同的數學分支，譬如說：

- 算術與數論研究數目與計算模式。
- 幾何學研究形狀模式。
- 微積分允許我們處理運動模式。
- 邏輯學研究推論模式。
- 機率論處理機會模式。
- 拓樸學研究鄰近（closeness）與位置（position）模式。

〔4〕 本書將運用八個主題，涵蓋計算模式、推論與溝通模式、運動與變化模式、形狀模式、對稱與規則模式、位置模式、機會模式，以及宇宙的基本模式，以傳遞現代定義的數學的一些訊息。雖然略去了數學的一些主要領域，它應該為當代數學為何提供了一個不錯的全盤意義。每一個主題的處理，儘管只是在純描述的層次，卻一點也不膚淺。

　　現代數學有一個甚至對不經意的觀察者而言都屬顯然的面向，那就是抽象記號的使用：代數表現式、複雜形式的公式，以及幾何圖形。數學家對抽象記號的依賴，恰好反映了他所研究的模式的抽象本質。

　　實在（reality）的不同面向需要對應不同的描述（description）形式。譬如，研究土地的地勢或是對某人描述如何在一個陌生的小鎮找路的最恰當方法，就是畫一張地圖，文字內容就遠遠地不便。依此類推，在藍圖的形式中，線條的圖示是標示一棟建築物的構圖最恰當的

方法。至於記譜法（musical notation），則或許是實際演奏這支曲子之外，傳遞音樂的最恰當方法。

就各種抽象的、「形式的」模式與抽象的結構而言，描述與分析的最恰當手段就是數學，利用數學記號、概念與程序。比方說，代數中的象徵性記號（symbolic notation），就是描述加法與乘法這種一般運算性質的最佳手段。以加法的交換律爲例，它可以寫成如下文字：

當兩個數目相加時，它們的順序並不重要。

不過，它通常寫成如下的符號形式：

$m + n = n + m$

這樣就呈現了多數數學模式的複雜性與抽象程度，要是我們使用象徵性記號以外的東西來描述，將是令人卻步地繁瑣。因此，數學的發展已經涉及抽象記號穩定增加的運用了。

進步之符號

在數學史上，可辨識的代數記號初次有系統地使用，似乎是由刁番圖（Diophantus）所完成。他在大約西元二五〇年住在亞歷山卓（Alexandria）。他的論著《數論》（*Arithmetic*）（見圖 0.1），僅存原先十三卷中的六卷，通常被視爲第一本「代數教科書」。特別是刁番圖使用特殊的符號去代表一個方程式中的未知數，及其未知數之乘冪；同時，他也運用了表示減與相等的符號。〔5〕

在今日，數學書籍總是到處充塞著符號；但是，數學記號並不等於數學，其情況就如同記譜法並不等於音樂一樣（見圖 0.2）。樂譜

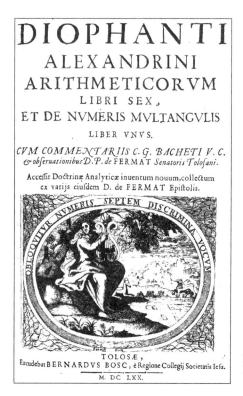

圖 0.1：刁番圖《數論》十七世紀拉丁文譯本的書名頁。

的一頁呈現一段音樂；當樂譜上的音符被唱出來或者被樂器演奏時，你就可以得到音樂本身。也就是說，在它的表演中，音樂變得有了生命，並且成爲我們經驗的一部分。這對於數學也是一樣，書頁上的符號只不過是數學的一種表現（representation）。要是讓一位有素養的表演者（譬如，某人受過數學訓練）來讀的話，印刷頁上的符號就會有了生命——正如同抽象的交響曲一樣，數學在讀者的心靈之中存活與呼吸。

〔6〕　　　給定數學與音樂這麼強烈的相似性，兩者都有各自抽象的記號，並且都被各自的抽象法則所支配，如果說很多（或許大多數）數學家也擁有音樂天分，那是一點也不令人驚訝。

18

圖 0.2：正如數學，音樂也有一種抽象的記號，用以呈現抽象結構。

　　事實上，對於大部分兩千五百年的西方文明來說，從古希臘人開始，數學與音樂就被視為一體之兩面：兩者都被認為是對宇宙的秩序提供洞見。只有在十七世紀科學方法興起之後，這兩者才開始分道揚鑣。

　　不過，儘管它們的歷史連結，數學與音樂直到最近才被發現出一個非常顯著的差異。雖然只有少數受過很好音樂訓練的人，可以讀懂樂譜並且在心靈之中聽到這段音樂，不過，如果同一段音樂由一位有素養的音樂家來演奏，那麼，任何人只要擁有聆聽的感官能力，將也能欣賞其結果。毋須專業訓練，吾人都將有能力經驗與享受音樂表演。

　　然而，對於數學的大部分歷史而言，欣賞數學的唯一方法，就是如何去「視讀」（sight-read）其中的符號。儘管數學的結構與類型一點一滴反映了且共鳴了人類心靈的結構，好比音樂的結構與模式一

〔7〕 樣，人類卻並未發展出一雙耳朵的數學等價物體。數學只能利用「心靈的眼睛」（eyes of the mind）而得以「觀看」。這種情況就好比我們要是缺乏聽覺能力，那麼，只要某人能夠「視讀」記譜法，他將可以欣賞音樂的模式與調諧的樂音。

不過，由於近年來電算機與視頻技術的發展，在某種程度上，令數學變得容易讓素人（the untrained）親近。在訓練有素的使用者手上，電算機可以用來「操弄」（perform）數學，而且其結果也叮以展示成為螢幕上所有人都可見得到的形式。雖然目前只有一小部分數學容許這樣的視覺「操弄」，然而，吾人已經有能力多少傳遞一點數學的美與調諧給門外漢，而這些當然是數學家研究數學時，所「看到」以及所經驗到的。

當看到即發現到

有時候，計算機圖形學（computer graphics）對於數學家以及讓門外漢一瞥數學的內在世界，可以發揮極大的功用。例如說吧，複數動力系統（complex dynamical systems）起源於一九二〇年代法國數學家皮耶・法拓（Pierre Fatou）與蓋斯坦・朱利亞（Gaston Julia）的研究，但是，一直要到一九七〇年代晚期和一九八〇年代早期，計算機圖形學快速發展，才使得貝諾伊特・曼德布洛特（Benoit Mandelbrot）及其他數學家看到法拓和朱利亞曾經研究過的結構。由這個研究所湧現的這些極端美麗的圖形，已經變成一種具有其本身意義的藝術形式。為了紀念這個學門的兩位開拓者，某些這一類結構現在就稱為朱利亞集合（Julia sets）（見圖 0.3）。

〔8〕 由計算機圖形學的利用導致的另一個數學深刻發現的例子，出現在一九八三年。當時，數學家大衛・霍夫曼（David Hoffman）和威

圖 0.3：朱利亞集合。

廉‧密克斯三世（William Meeks III）發現了一個全新的最小曲面。
一個最小曲面是一種無限的肥皂薄膜的數學等價物。真實的（肥）皂
（薄）膜沿著一個框架展開，總是形成一個佔有最小可能面積的曲
面。數學家所考慮的，是延展到無限的皂膜抽象類比。這樣的曲面
已經被研究了兩百多年，不過，直到霍夫曼與密克斯發現了這個全新
的曲面之前，只有三個這樣的曲面為人所知。今日，由於電算機視覺
技術的成熟，數學家已經發現了許多這樣的曲面。有關最小曲面的性
質，較多是由比較傳統的數學技巧如代數與微積分所確立。然而，正
如霍夫曼與密克斯所證明，計算機圖形學可以為數學家提供一種尋求
那些傳統技巧正確組合所需的直觀。

　　缺乏代數符號，數學的大部分將不可能存在。這個議題當然相當
深刻，因為它與人類的認知能力息息相關。抽象概念的認識與表現它
們的適當語言之發展，真的是一體兩面。

　　用以代表抽象物件（entity）的符號，像是字母、文字或圖像
一類，其使用的確是亦步亦趨地跟隨著物件之為物件本身（entity

as an entity）的認識。譬如說，用以表示數目（number）七的數碼（numeral）「7」，需要以數目七被認識為一個物件為前提；同理，用以表示一個任意整數的字母 *m* 需要以整數的概念（concept）被認識到為前提。有了符號，思考與操弄概念成為可能。

由於數學程序的（procedural）、計算的（computational）面向受到重視，以致於數學的上述這種語言的（linguistic）面向經常被忽略，特別是在我們的現代文化之中。的確，吾人經常聽到有人抱怨說，若非全都是抽象記號，數學將會簡單多了，這十分像是在說，要是運用更簡單的語言書寫，莎士比亞就容易閱讀多了。

令人感傷地，數學的抽象層次以及因之而來，應付那種抽象記號的必然需求，表示了數學許多部分，或許是大部分，將永遠對非數學家隱藏。而且，甚至於比較容易親近的部分——在許多書籍（本書即其中之一）中被描述的部分——可能只是被模糊地瀏覽，至於它們的內在美則被鎖在視線之外。儘管如此，這不該讓我們這些看來好像被賦予能力去欣賞那種內在美的人，不試著向他人傳播我們所經驗到的〔9〕 某些意義——簡單、精確與純粹，以及賦予數學模式美學價值的那分優雅。

隱藏在符號中的美

在出版於一九四○年的《一個數學家的辯白》（*A Mathematician's Apology*）中，傑出的英國數學家哈代（G. H. Hardy）描述說：

> 數學家的模式，就好比畫家的或詩人的一樣，必須是美的；理念就像色彩或文字一樣，必須按和諧的方式安排在一起。美是第一

個試煉；在這個世界上，醜陋的數學沒有永遠的棲身之所……吾人可能很難定義數學的美，然而，它就像其他種類的美之真實一樣──我們或許無法完全知曉所謂一篇美的詩是什麼意思，但是，當我們得讀一篇時，那並不會妨礙我們認識它。

哈代所指涉的美，在很多例子中，都是一種高度抽象的內在美，抽象形式與邏輯結構的一種美，一種只可以被那些受過充分數學訓練的人所觀察與欣賞的美。根據英國著名的數學家兼哲學家羅素（Bertrand Russell）的看法，它是一種「冷冽與樸實無華的」美。在出版於一九一八年的《神祕主義與邏輯》（*Mysticism and Logic*）中，羅素寫道：

數學如果正確地考察，所包括的不只是真理，還有至高無上的美──一種冷冽與樸實無華的美，就像雕刻的美一樣，不必訴諸我們較弱本性的任一部分，毋需繪畫與音樂的奢華裝飾，卻還是具有莊嚴的純粹，以及只有偉大的藝術才能表現的一種冷酷的完美。

數學這種模式的科學，是看待世界──包括我們所居住的物理的、生物的與社會學的世界，以及我們的心靈與思維所屬的內在世界──的一種方式。數學的最大成功無疑地已經出現在物理領域，其中，這個學門已經正確地被指涉為同時是（自然）科學的皇后與僕人。不過，作為完全是人類的創造，數學的研究最終將成為人文本身（humanity itself）的研究。這是因為沒有任何一個構成數學基層的物件存在於物理世界之中，像數目、點、線與面、曲面、幾何圖形、函數等等，都是些只存在於人類集體心靈（humanity's collective mind）之中的純粹

抽象物。數學證明的確定性以及數學真理的恆久本性，都是數學家在人類心靈與物理世界中所掌握的模式（pattern）之深層、根本狀態的反映。

〔10〕　在有關諸天（heavens）的研究支配著科學思想的時代，伽利略（Galileo）曾說過：

> 自然這部大書只能被那些通曉其中敘述語言的人所閱讀。這個語言正是數學。

令人注目地，一個類似的論調出現在非常晚近的時代中。當有關原子內部運作的研究，佔據了一整個世代許多科學家的心靈時，劍橋物理學家約翰·波肯宏（John Polkinhorne）在一九八六年寫下：

> 數學是打開物理宇宙之鎖的那一把抽象鑰匙。

在今日這一被資訊、溝通和計算所支配的時代，數學正在尋找新的鎖來開啟。我們生命的任何面向已經很少不受數學影響，唯程度多寡不一而已，因為抽象的模式正是思想、溝通、社會乃至於生命本身的本質。

讓不可見變成可見

我們已經利用「數學是模式的科學」這一口號來回答「何謂數學？」這一疑問。有關數學，還有另一個根本的問題，能以一吸引人的短語來回答：「數學作什麼用？」我的意思是說，當你應用數學來研究某些現象時，數學真正帶給你的是什麼？這一問題的答案是：「數學讓不可見變成可見。」（Mathematics makes the invisible visible.）

底下，讓我給你一些例子，以便說明我這個答案的意義。

要是沒有數學，那麼，你將無從理解，是什麼東西讓一架巨型噴射機浮在空氣中。正如我們都知道的，大型金屬物體如果沒有東西支撐，並無法停留在空中。但是，當你注視一架噴射客機飛過你的頭頂，你看不到任何支撐物。是數學讓我們「看到」令飛機飄浮高處的是什麼。在本例中，讓你「看到」不可見的，是一個在十八世紀早期被數學家丹尼爾・白努利（Daniel Bernoulli）發現的方程式。

當我正在討論飛行主題時，是什麼原因促使飛行器以外的物體一被我們鬆開便墜地？你回答：「是重力。」然而這只不過是給它一個名字；這無法有助於我們理解它。它仍然是不可見的。我們也可以稱它是一種「魔術」。為了理解重力，你必須「看到」它。那正是牛頓在十七世紀利用他的運動和力學方程式所做的事。牛頓的數學幫助我們「看到」那些讓地球繞著太陽旋轉，以及造成蘋果從樹上墜地的不可見之力。

白努利方程式與牛頓方程式這兩者都使用了微積分。微積分之所 〔11〕
以行得通，乃是它讓無窮小量（the infinitely small）變為可見。而那是讓不可見變成可見的另一個例子。

此處另有一個例子：在我們能夠將太空飛行器送往外太空的兩千年前，希臘數學家伊拉托森尼斯（Eratosthenes）使用數學證明地球是圓的。事實上，他計算地球的直徑，從而計算它的曲率，精確度高達99％。

今日，經由發現宇宙是否彎曲，我們算是得以重複伊拉托森尼斯的功績了。使用數學與威力強大的望遠鏡，我們可以「看到」宇宙的外太空。根據一些天文學家的研究成果，我們將可以看得夠遠，以致於可以偵測空間的任何曲率，並且度量我們所發現的任何曲率。

25

在已知空間曲率的情況下，我們就可以使用數學看到未來宇宙終結的那一天。使用數學，我們已經可以看到遙遠的過去，將宇宙在所謂大霹靂的開天關地那不可見的瞬間，變成可以見得到。

回到此刻的地球，你又如何「看到」：究竟是什麼使得一場美式足球的圖像與聲響，奇蹟似地出現在本鎮另外一邊的電視螢幕上？一個答案是：這些影像與聲響是由無線電波——我們稱之為電磁輻射的特例——所傳遞。不過，就像重力的例子一樣，那個答案只是給這個現象一個名字，它並不能幫助我們「看到」它。為了「看到」無線電波，你必須使用數學。十九世紀所發現的馬克士威爾方程（Maxwell's equations），讓那些無此便不可見的無線電波，變成可以讓我們見到。

在此，有一些我們可以經由數學「看到」的人為模式：

- 亞里斯多德使用數學企圖去「看」我們認定為音樂的不可見的聲音模式。
- 他還使用數學試圖描述一齣戲劇表演的不可見結構。
- 一九五〇年代，語言學家諾姆・喬姆斯基（Noam Chomsky）使用數學去「看」且描述我們認定為文法語句的不可見的、抽象的文字模式。於是，他將語言學從人類學一個相當晦澀的分支，轉變成為一門蓬勃發展的數理科學。

最後，使用數學，我們可以展望未來：

- 機率論與數理統計學讓我們預測選舉的結果，且往往帶著出色的準確率。
〔12〕 - 我們使用微積分預測明日的天氣。

26

- 市場分析師使用各種數學理論，企圖預測股票市場的行為。
- 保險公司使用統計學與機率論去預測來年一場事故發生的可能性，從而據以設定他們的保費。

當時代引領我們展望未來時，數學允許我們將另外一些不可見——亦即尚未發生之事——變為可見。在那個例子中我們的視界並不完美，我們的預測失準在所難免，不過，要是沒有數學，我們甚至連差勁地展望未來都不可能。

不可見的宇宙

今日，我們生活在一個技術型的社會（technological society）。當我們沿著地平線環顧四周，在地球表面上，已經愈來愈少有地方見不到我們的技術帶來的產品：高樓、橋樑、電線、電話線、路上的汽車、天上的飛行器。溝通曾經需要物理的近距離，今日我們大部分的溝通則是由數學作為媒介，沿著電線或光纖，或者經由以太網路（the ether），按數位形式來傳遞。電算機——機械執行數學（運算）——不只是我們的桌上型電腦而已，它們存在於每一個事物之中，從微波爐到汽車，從兒童玩具到電子心臟定調器等等。數學——基於統計學的形式——被用以決定我們將食用哪些食物，將購買哪些產品，將看到哪些電視節目，以及將投票給哪些政客。正如工業（革命）時代的社會燃燒煤礦以啟動引擎，在今日資訊時代，我們所燃燒的主要燃料，則是數學。

還有，當數學的角色在過去半個世紀內變得愈來愈重要，數學也愈來愈隱身在我們的視界之外，構成一個支撐我們的不可見宇宙。正如我們的一舉一動都受制於自然的不可見之力（譬如重力），我們現

在生活在一個由數學創造，並且由不可見的數學定律支配的不可見宇宙。

　　本書將帶領你進行那個不可見的宇宙之旅。它將對你顯示：我們如何使用數學，去看它不可見結構的某些部分。在這趟旅程中，你可能發現你所遭遇到的視界顯得怪異而陌生，就像那些遙遠的土地一樣。然而，所有的陌生感，並非來自我們將要旅行的一個遙遠的宇宙，而是我們所居住的宇宙。

第一章
數目為何靠得住？

你可以依賴它們 〔13〕

　　數目──這裡指的是整數──是由識別出環繞著我們的世界裡的模式所產生：比如說，「一」（oneness）的模式、「二」（twoness）的模式、「三」（threeness）的模式等等。要識別出我們稱為「三」的模式，就得分辨出三個蘋果、三位孩童、三顆足球，以及三塊石頭這些事物中有什麼共通點。在展示一些不同物品的集合──三個蘋果、三隻鞋子、三個手套和三台玩具卡車──之後，一位家長可能會如此問一個小孩：「你看得出來有什麼共通點嗎？」1，2，3 這些計數數（counting numbers）就是一種用來捕捉和形容這些模式的方法。這些被數目捕捉的模式，以及用來形容它們的這些數目都是抽象的。

　　在瞭解數目概念是世界中某些模式的抽象概念之後，另一種模式便立即產生了，那就是一種數目的數學模式。這些數目的順序是 1，2，3，…，每個後繼的數目都會比上一個數目大 1。

　　目前還有許多數學家在探討更深入的數目模式，像是偶數和奇數的模式、是質數或是合成數、是否為完全平方數、是否為各形各樣方程式的解等等。我們稱呼這種數目模式的研究為數論（number theory）。

29

〔14〕　**現今，小孩子在五歲以前就會做了**

　　在有教養的西方文化裡，典型的五歲以下小孩所達成的認知跳躍（cognitive leap），可是人類花了幾千年才達成的：小孩學會了數目這個概念。他或她可以理解到五顆蘋果、五顆橘子、五個孩童、五片餅乾，和有五位成員的搖滾樂團等這些集合之間有什麼共通點。而這個叫作「五」（fiveness）的共通點呢，也被數目5所捕捉或概括（encapsulated），一個孩童們永遠無法看到、聽到、感覺到、聞到以及嚐到的抽象物件（abstract entity），但是，在他或她的一生中，卻會是個無法磨滅的存在。的確，在大多數人的日常生活中，數目扮演的就是這種角色，因為平凡的數目 1，2，3…對我們來說，的確是要比聖母峰或者泰姬瑪哈陵（Taj Mahal）來得更熟悉一些。

　　計數數這個概念的產生，是識別出「一個給定的集合裡成員的數目」這個模式的最後一步。這個模式是完全抽象的——抽象到幾乎只能用這些抽象的數目來討論它們。試著不用「25」這個數目來解釋一個有二十五個物品的集合。（一個較小的集合，可以用你的手指來表達：比如說，五個物品的集合能以一隻手指著另外一隻張開的手的五隻手指頭，並說「這麼多」來表達。）

　　抽象性的接受對人類的心智來說，並不是一件簡單的差事。如果可以選擇的話，人們會在實體和抽象之間選擇前者。的確，心理學和人類學裡的研究成果顯示，理解抽象這個能力並不是我們與生俱有的，而是在我們的學習過程中，通常是極為困難的情況之下獲得的。

　　舉例來說，依據認知心理學家皮亞傑（Jean Piaget）的研究，「體積」（volume）這個抽象的概念並不是天生就有，而是幼小時習得的。即使看到一個高瘦的玻璃杯和一個矮胖的玻璃杯裡的液體互相

倒入彼此，幼小的孩童仍無法理解這兩個玻璃杯的體積是相同的。在
很長一段時間中，他們都會認為液體的數量有所改變，而高瘦杯子的
體積要比矮胖杯子的體積來得多。

抽象數目這個概念看起來也是經由學習而來的。小孩子似乎也是
在學會數數之後才懂得這個概念。而「數目這個概念並非天生就有」
的證據，就是由研究和現代社會隔離並演化的文化而來的。

舉例來說，當一個斯里蘭卡的維達（Vedda）部落男子想要計算
椰子的時候，他會收集一堆樹枝並給每個椰子分配一只。他在每次新
加一只的時侯，會說：「這是一個。」但是，如果問他有幾個的時
候，他只會指著那一堆樹枝，並說：「就這麼多。」這些部落成員是
有一種數數的方法，但是，在絕對沒有抽象數目的情況下，他們運用
這種明確的實體樹枝來「計算」。 〔15〕

這位維達的部落男子使用的計算系統，是非常早期的時代所傳下
來的，即利用一個集合的物品——比如說，樹枝或小石頭——依配對
樹枝或小石頭的方式來「計算」另外一個集合的成員。

一種符記（token）的進展

和計算有關的最早人造物品是有刻痕的骨頭，有些甚至在西元前
三五○○年就被發現了。至少在某些情況裡，這些骨頭是拿來作為
太陰曆之用，也就是說，每一個刻痕即代表每一次看到月亮的時候。
這種一對一的計算方式，類似的例子在史前社會裡層出不窮：小石頭
和貝殼在早期非洲王國裡，被拿來作為人口統計用，而可可豆、玉米
粒、小麥粒和米粒，在新世界則被當作籌碼來使用。

當然，這類的系統會因為明顯地缺乏特異性而有所不足。一個刻
痕、小石頭或貝殼的集合只代表了一個數量，而非被量化物品的種

類，也因此無法作爲長期保存資料的方法。第一個解決這個問題的計算系統，是在現今的中東，範圍大約從敘利亞到伊朗，一個稱爲肥沃新月灣（Fertile Crescent）的地區裡發現的。

在一九七○和早期的一九八○年代，德州大學奧斯汀分校（University of Texas at Austin）的人類學家丹尼斯·許曼德－貝瑟拉特（Denise Schmandt-Besserat）針對中東各個考古發掘場所挖出來的黏土工藝品，進行詳細的研究。在每個地點，除了各種常見的黏土壺、磚塊和人形之外，許曼德－貝瑟拉特也留意到一群小型、細心雕刻，每個大約一到三公分長的泥土形狀：球體、圓盤、圓錐體、四面體、卵形體、圓柱、三角形、長方形等等（見圖 1.1）。這些物品最早的在西元前八○○○年就已出現，大約是人們開始發展農業，需要計畫收穫季節，並且儲存以後要用到的穀物的時期。

〔17〕 一個組織化的農業需要紀錄自己的庫存，以及計畫和交易的方法。這些由許曼德－貝瑟拉特所檢查的泥土形體，看起來正是爲了這個原因所製造，裡面各種不同的形體，即是用來代表各種經過計算的物品。舉例來說，有證據指出一個圓柱代表的是一隻動物，圓錐和球體則代表兩種常見的穀類測量單位（大概是一配克〔peck，約九公升〕和一蒲式耳〔bushel，約三六公升〕），一個圓形碟子則代表一群牲畜。除了給每個人的所有物提供一種方便、具體的紀錄之外，藉由這些符記的物理操弄（physical manipulation），這些泥土形體還可以用來作爲計畫和交易之用。

到了大約西元前六○○○年的時候，使用泥土符記（clay token）的習慣，已經延伸至整個區域了。泥土符記的本質要到大約西元前三○○○年的時候才出現了改變，因爲蘇美人漸趨複雜的社會構造——以城市的發展、蘇美寺廟建築的崛起，以及組織化政府的發展

圖 1.1：像這些在伊朗的蘇薩（Susa）出土的黏土工藝品，在肥沃新月灣的組織化農業系統中，被用以幫助會計業務。（上圖）複雜的符記在上一列中從左到右依序代表一匹羊、一單位的特殊油（？）、一單位的金屬、一種服裝；在下一列中，由左至右則依序是第二種服裝、一種未知商品，以及蜂蜜的一個度量。所有這些都出現在約西元前三三〇〇年。（中圖）一個符記容器及與所藏符記對應的標記，約西元前三三〇〇年。（下圖）一塊被銘刻的泥版展示穀物的帳目，約西元前三一〇〇年。

為其特徵——需要更多形狀更精巧的符記。這些新型的符記擁有更多的形狀，包括長菱形、彎曲圈狀以及拋物線等，上面還佈滿了刻印。在普通的符記仍繼續使用於農業的計算時，這些較複雜的符記似乎是用來代表如衣服、金屬製品、油罐和麵包等這些製造的物品。

　　抽象數目的一大突破時機，就在這時候慢慢出現了。在大約西元前三三○○年到三二五○年之間，因為官僚政府發展的關係，兩種儲存黏土形狀的方式愈來愈普及了。那些有刻印、更精巧的符記會在打洞後，由一條線串連到一個橢圓形的黏土框架上，而這框架也會標上記號用來表示該帳目的特性。普通的符記——直徑約五到七公分的空心小球——被放在黏土容器中，而這些容器一樣也會標上記號表示特性。這一串的符記和封印的黏土容器，都是用來代表帳目或者合約。

　　當然，封印的黏土容器有個明顯的缺點：如果要檢查內容物，就得打破該容器。因此，蘇美的會計人員發展出一種習慣，仕封印符記之前，將其壓印在容器柔軟的外表上，由此，在外觀上便留下了裡面內容物的紀錄。

　　但是，既然已經將封印的內容物紀錄在表面上，符記本身就變得極為多餘：所有的必要資訊都已壓印在容器的外觀上了。符記本身可以完全拋棄，而這在幾個世代之後也的確發生了。結果就是黏土刻寫版（clay tablet）的誕生：上面的壓印，即是用來紀錄之前用符記表現的工作。以現在的專有術語來解釋，我們可以說，蘇美的會計人員已經以書寫的數碼（numeral）取代實體的計數方法了。

〔18〕　　從一個認知的觀點來看，蘇美人沒有立即從實體符記進展到刻印版，是很有趣的。有很長一段時間，這些黏土容器還是多餘地容納著外觀上壓印的符記。這些符記被認為是代表穀物或綿羊等的數量；容器的外觀則被認為並不代表現實世界的數量，而是代表容器內的符

記。需要花這麼久的時間才能理解這些符記是多餘的，這個事實指出：從實體符記（physical token）進化成抽象表徵（abstract representation），是一個相當大的認知發展。

當然，光是採納符號來代表穀物的數量，並不等同於我們現今熟悉的對數目概念的顯明認知；在這之中，數目被認爲是「東西」、是「抽象的物件」。我們無法明察人類到底什麼時候學到這個概念，就像我們無法準確地指出一個幼童何時擁有類似的認知發展。我們可以確定的是，自從黏土符記被捨棄之後，蘇美人的社會是依賴「一」（oneness）、「二」（twoness）、「三」（threeness）等概念，因爲他們的刻印版上就是這麼表示的。

符號的進步

像蘇美人這樣，有某種可以書寫的數碼系統（numbering system），並拿該系統來計算是一回事；但是，理解數目的概念然後探討這些數目的特性——也就是說，發展數目的科學——可就完全是另外一回事了。這個發展要到很後期，當人們開始進行我們現在歸類爲科學的智性研究時才出現。

有關數學設計的使用，以及對該設計裡相關物件的顯明認知，兩者的區別就拿熟悉的觀察結果——當一組計數數在加或乘的時候，前後順序是無關緊要的——來解說吧。（從現在開始，當我談到計數數時，我會用今日的術語自然數〔natural number〕來稱呼。）使用現在的代數術語，此一原則可以將這兩種交換律以一種簡單、易讀的方式來呈現：

$$m + n = n + m \qquad m \times n = n \times m$$

在這兩種性質之中，符號 m 和 n 可以被當成任意的兩個自然數。不過，使用這些符號和使用這些定律寫下特定的例子，還是不太一樣。舉例來說：

$$3+8 = 8+3 \qquad 3 \times 8 = 8 \times 3$$

〔19〕 第二個例子是有關兩個特別數目的相加和相乘之觀察。這個步驟需要我們擁有處理個別抽象數目——至少要知道抽象數 3 和 8——的能力，而這也是早期埃及人和巴比倫人典型會做的觀察。不過，這和交換律不一樣，並不需要一個成熟發展的抽象數目概念。

到了約西元前二〇〇〇年，埃及人和巴比倫人都已發展了原始的數碼系統（primitive numeral system），並注意到關於三角形、金字塔等形狀的各種幾何特性。他們的確「知道」相加和相乘是可以交換的，因為他們瞭解此一操作的這兩種模式，也毫無疑問地常在他們的日常計算中，使用這個交換性。但是，在他們的書寫之中，當描寫要如何使用一種特定的計算方式時，他們並沒有使用像 m 和 n 這種代數的符號。他們反而是引用特定的數目，雖然在很多例子裡，這些數目很明顯地只是被選來作為舉例之用，並可以用任何數目替代。

舉例來說，在所謂的《莫斯科紙草文件》（*Moscow Papyrus*），一份大約西元前一八五〇年寫下的埃及文件裡，出現了下列如何計算一個特定截頂方錐（也就是方錐尖頂被與底部平行的平面截掉——見圖 1.2）的方法：

如你被指示：一個截頂方錐高 6 底 4 頂 2。你要平方這 4，得到 16。你要將 4 加倍，得到 8。你要平方這 2，得到 4。你要相加這 16、8 和 4，得到 28。你要將 6 分出三分之一，得到 2。你要

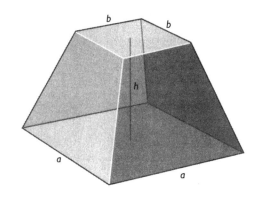

圖 1.2：一個截頂方錐體。

拿兩次 28，得到 56。看啊，它的確是 56。你會發現這是對的。

雖然這些指示是以特定的尺寸大小給予，但是，只有當讀者可以自由地將這些數目以任何適當的數目替代時，它們才明顯是有意義的。以現代的記號來看，這個結果可以運用代數公式來表示：如果這截頂方錐的底邊長是 *a*，頂部邊長是 *b*，高是 *h*，那麼，它的體積公式就是： 〔20〕

$$V = (1/3)\, h\, (a^2 + ab + b^2)$$

察覺並開始使用一個特定的模式，與形式化該模式並賦予科學分析，是不一樣的。舉例來說，交換律表示自然數在相加和相乘時會出現的某些模式，而且，還是以非常清楚的方式，來表達這些模式。藉由使用代數不定元（algebraic indeterminates），如 *m* 與 *n* 這些代表任意自然數的物件，來形式化這些定律，我們便會將焦點放在這個模式上，而不是在相加或相乘本身之上。

抽象數目的一般概念，和這些相加相乘的行為法則（behavioral

37

rules），要等到西元前六〇〇年希臘數學的時代，才開始有人體會得到。

很長一段時間都是希臘人的天下

我們無法明確知道抽象數學第一次出現是什麼時候，不過，如果得挑一個時間和地點，那可能性最高的，應該就是西元前六〇〇年的希臘，當米利都的泰利斯（Thales of Miletus）進行幾何研究時。泰利斯經商旅行的時候，無疑看到了許多已知的涉及度量的幾何想法，但是，要等到他本身的貢獻之後，才有人嘗試將這些幾何想法視為一種主題，來進行系統性的研究。

泰利斯已知的觀察結果像是：

一個圓會被它任何一條直徑一分為二。

相似三角形的邊會成比例。

並證明要如何從更「基本」的、有關長度和面積的本質演繹出來。這個數學證明的想法，即將要成為後來數學的基石。

對數學證明概念最有名的一位早期擁護者，就是大約活在西元前五七〇年到五〇〇年之間的希臘學者畢達哥拉斯（Pythagoras）。我們並不瞭解他的一生，因為他和他的追隨者將他們自己隱蔽在謎團之中，認為他們的數學研究是妖術的一種。我們相信畢達哥拉斯在西元前五八〇到五六〇年間於愛琴海的薩摩斯（Samos）島上誕生，並且在埃及和巴比倫求學過。經過許多年的流浪之後，他應該是在克羅頓（Croton）這個位於義大利南部繁榮的希臘拓墾地安定下來。他在那裡創立的學校注重數論（arithmetica）、音樂（harmonica）、幾何（geometria）和占星（astrologia）的學習，這種知識上的四重領域

〔21〕

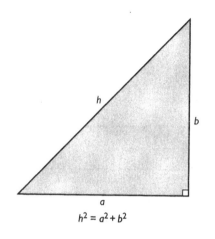

$$h^2 = a^2 + b^2$$

圖1.3：畢氏定理闡述直角三角形斜邊（h）長度與其他兩邊（a 和 b）長度的關係。

在中世紀被稱為四學科（quadrivium）。連同三學科（trivium）的邏輯、文法和修辭一起，這七個「文藝學科」是一個受過教育的人士一定要研讀的必要課程。

　　混合在畢達哥拉斯的哲學思辨和神祕命數論之中，有一些真正嚴密的數學，包括有名的畢氏定理（Pythagorean theorem）。如圖 1.3 所示，這個定理說明在任何的直角三角形裡，斜邊的平方會等於其他兩邊的平方和。這個定理在兩方面非常地卓越。首先，畢氏學派有能力看出三角形邊平方的關係，觀察到所有直角三角形都有這一個規則化的模式。再來，他們針對這個觀察到的模式所提出的嚴密證明，的確所有直角三角形都適用。

　　希臘數學家對抽象模式的主要興趣是關於幾何的 —— 形狀、角度、長度和面積的模式。的確，除了自然數之外，希臘人對數目的想法實質上建基於幾何學，而這些數目只用來當作長度和面積的度量而已。希臘人所有關於角度、長度和面積的結果 —— 在今日會以整數和分數表示的答案 —— 是以和另一個角度、長度或面積相比的方式呈 〔22〕

39

現。正是因為專注於比（ratio）上，才給出了今日術語有理數（rational number）的定義，也就是，一個整數比上另一個整數的商數。

希臘人發現了各種今日學生所熟知的代數等式，比如說：

$$(a+b)^2=a^2+2ab+b^2$$
$$(a-b)^2=a^2-2ab+b^2$$

同樣地，這些都被按照幾何術語來思考，好比對面積加減的觀察。舉例來說，在歐幾里得的《幾何原本》（之後會提到更多）中，前面第一個代數等式的敘述如下：

> 命題 II.4. 如果一條直線隨機被切割，整條線的平方會等於各線段的平方與包括這些線段的長方形之兩倍。

這個命題可以按圖 1.4 左邊的圖解來說明。

在這圖解中，大正方形的面積＝$(a+b)^2$＝正方形 A 的面積加正方形 B 的面積加長方形 C 的面積加長方形 D 的面積＝a^2+b^2+ab+

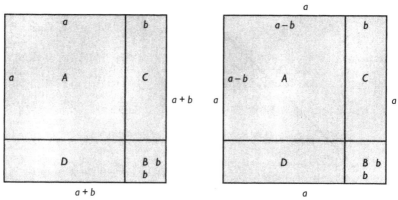

圖 1.4：這些圖解說明希臘人對於代數等式 $(a+b)^2$（左圖）與 $(a-b)^2$（右圖）的幾何推演。

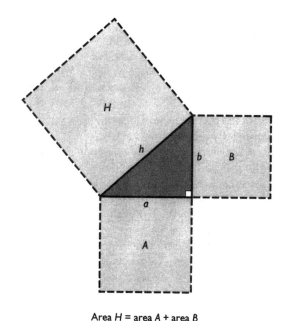

Area *H* = area *A* + area *B*

圖 1.5：希臘人幾何地理解畢氏定理，運用直角三角形三個邊上的正方形面積。
運用面積概念，本定理表示：$H=A+B$。

$ab=a^2+2ab+b^2$。第二個等式是從右邊的圖解導出來的，裡面的邊 〔23〕
是以不同的方法命名。在這圖形之中，正方形 *A* 的面積$=(a-b)^2=$
大正方形的面積減掉長方形 *C* 和 *B* 的面積再減掉長方形 *D* 和 *B* 的。
面積，再加上正方形 *B* 的面積（因為該區被減過兩次，兩個長方形
各減一次，所以這裡要加回來）$=a^2-ab-ab+b^2$。

　　附帶一提，希臘的數目系統（number system）並不包含負數。
的確，負數要等到十八世紀才被廣泛使用。

　　畢氏定理在今日可以利用下列代數等式表示：

$h^2=a^2+b^2$

其中 h 是直角三角形的斜邊長，a 和 b 即是其他兩邊的長。不過，希臘人是以純幾何的觀點理解並證明了這個定理，就如同圖 1.5 所示，它是有關一個給定直角三角形三個邊上的正方形面積的結果。

〔24〕 ## 發現致命缺陷

在將他們的結果形式化為圖形的比較時，希臘人做了個看起來似乎無害的假設。以現代的術語來說，他們假設任何長度或面積都是有理數。當最後發現此信仰是錯誤的時候，這個巨大衝擊使得希臘數學一直無法完全恢復。

這個發現一般歸功於畢氏學派裡的一位年輕數學家海巴瑟斯（Hippasus）。他證明了正方形的對角線無法和它的邊相比較——以今日術語來說，有理數邊長的正方形，其對角線不會是有理數。很諷刺地，這證明需要仰賴畢氏定理。

假設一個正方形的邊長是 1；那麼，依照畢氏定理，對角線的長度就是 $\sqrt{2}$（2 的平方根）。但是，用一個相當簡單，甚至非常優雅的邏輯推理，就可以證明不會有整數數 p 和 q，使得 p/q 會等於 $\sqrt{2}$。$\sqrt{2}$ 這個數現代數學家稱之為無理數（irrational number）。底下，就是那個簡單卻優雅的證明。

一開始假設，和我以上所說的相反，存在有自然數 p 和 q 使得 $p/q = \sqrt{2}$。如果 p 和 q 有任何的因子，我們就可以將它們消去，所以，我們可以假設這步驟已經做過了，因此，p 和 q 沒有共同的因子。

將 $\sqrt{2} = p/q$ 兩邊平方，會得到 $2 = p^2/q^2$，可以改寫成 $p^2 = 2q^2$。這個等式告訴我們 p^2 是個偶數。然後，所有的偶數平方都會是偶數，奇數的平方都會是奇數。因此，由於 p^2 是偶數，p 就一定是偶數。再

來呢，p 可以寫成 $p＝2r$（r 可以是任何自然數）。將 $p＝2r$ 代入 $p^2＝2q^2$ 會得到 $4r^2＝2q^2$，並可以簡化成 $2r^2＝q^2$。這個等式告訴我們q^2也是個偶數。就像之前解釋的 p 一樣，q 也是個偶數。

現在我們已經證明 p 和 q 都是偶數，而這結果和我們一開始的假設 p 和 q 沒有共同因子相矛盾。這個矛盾表示我們一開始假設的 p 和 q 都是自然數是錯誤的。簡單來說，這樣的 p 和 q 是不存在的。

而這就是證明！

數學的證明就是有這種力量，讓這新結果無法令人忽視，即使有些廣為流傳的記述，聲稱海巴瑟斯從船上被丟到海裡淹死，以防這可怕的消息洩漏出去。

不幸地，海巴瑟斯的發現卻被認為是一種僵局，而非激起一種較 〔25〕有理數更為豐富的數目之研究──這一步在歷史上出現得相當晚，有賴於「實數」（real number）的發展。從那時之後，希臘人就傾向將數目的研究看成是不同於幾何的研究，而且他們有關數目最令人驚豔的發現，大都無關長度或面積的度量，而是關乎自然數。有關自然數首度的系統研究，通常被認為出自歐幾里得，他大約生活在西元前三五〇年到三〇〇年之間的某個時期。

在此看看歐幾里得

在泰利斯與畢達哥拉斯以及歐幾里得到達幕前的時代之間，希臘數學基於蘇格拉底、柏拉圖、亞里斯多德，以及尤德賽斯（Eudoxus）的研究成果，而獲得了可觀的進展。尤德賽斯正是在柏拉圖創立的雅典學院（Athens Academy）進行研究工作。在那裡，除了其他成就外，他發展出一種「比例論」（theory of proportions），幫助希臘人部分地規避尤德賽斯的發現所製造的某些問題。歐幾里得於約西元

前三三○年在亞歷山卓的新學術中心長駐之前，也因曾就讀柏拉圖的學院而聞名。

當歐幾里得在亞歷山卓圖書館——今日大學的前身——工作時，他創造了浩大的十三冊《幾何原本》。實質上，這是一部希臘數學到當時為止的概要，包括了平面與立體幾何，以及有關數論的四百六十五個命題。儘管某些結果是他自己的，不過，他的偉大貢獻最大部分乃在於數學被呈現出的那種系統樣態。

自從《幾何原本》被書寫之後的多個世紀內，已經有超過兩千部的版本問世。而且，儘管包括了一些邏輯瑕疵，它仍然是我們稱為數學方法的傑出例子，其中我們開始於一些基本假設的精確陳述，而且只接受那些由這些假設所證明的結果為事實。

《幾何原本》第一到六冊專注於平面幾何學，而第十一到十三冊則處理立體幾何學，我們將在本書第四章討論這兩部分的內容。至於第十冊，則是提出所謂「不可公度幾何量」（incommensurable magnitude）的研究。若翻譯成現代術語，本冊將會是有關無理數的研究。而正是在第七到九冊，歐幾里得呈現了他在今日稱為數論研究〔26〕的成果。由自然數所陳列的一個顯著模式就是，它們是一個接著另一個排序。然而，數論檢視了在自然數中找到的更深刻的數學模式。

質數條件中的數目

歐幾里得以二十二個基本定義作為《幾何原本》第七冊的開場，其中包括：偶數就是可以分成兩個相同整數的數，而奇數則不行。更深入地說，一個質數（以現代術語來說）是一個除了 1 和本身之外，沒有整數因數的數。舉例來說，在數目 1 到 20 之間，2，3，5，7，11，13，17，19 都是質數。大於1的非質數我們稱之為合成數（com-

posite）。因此，4，6，8，9，10，12，14，15，16，18，20 都是 1
到 20 之間的合成數。

在歐幾里得所證明的基本結果之中，與質數有關的如下：

- 如果一個質數 p 整除一個乘積 mn，那麼，p 至少可以整除 m 或 n 這兩個數中的一個。
- 每個自然數不是質數就是質數的乘積，這種乘積是唯一的，除了它們被寫出來的順序可能不同。
- 質數有無限多個。

上述的第二個結果非常重要，因而普遍被稱為算術基本原理（funda-mental theorem of arithmetic）。放在一起看，前兩個結果告訴我們質數就像是物理學家的原子一樣，因為它們是其他自然數可以建造在其上的最基本原料，而在這例子裡使用的是乘法。舉例來說：

$$328{,}152 = 2 \times 2 \times 2 \times 3 \times 11 \times 11 \times 113$$

這裡的每個數 2，3，11，113 都是質數；它們被稱為 328,152 的質因數（prime factors）。$2 \times 2 \times 2 \times 3 \times 11 \times 11 \times 113$ 這個乘積被稱為 328,152 的質數分解（prime decomposition）。正如運用原子構造一樣，瞭解一個給定數的質數分解知識，可以幫助數學家說出該數目的許多數學性質。

第三個結果——「質數有無限多個」——可能會讓曾花過時間列舉質數的任何人感到意外。雖然質數在前一百多個自然數之中數量非常豐富，但是，它們在之後慢慢減少，而且，我們也無法從觀察證據（observational evidence）確認它們是否會完全消失。舉例來說，在 2 到 20 之間有八個質數，但是，在 102 到 120 之間卻只有四個。 〔27〕

再進一步，在 2,101 到 2,200 的一百個數裡面只有十個質數，而從 10,000,001 到 10,000,100 的一百個數裡，更是只有兩個質數。

質數的量階（Prime order）

一個可以精準看出質數逐漸減少的方法，就是考察所謂的質數密度函數（prime density function），它可以舉出給定數目以下的所有質數（所佔）之比例。要得到指定數 N 以下的質數密度，你將小於 N 的質數個數稱為 $\pi(N)$，然後將它除以 N。在 $N=100$ 的例子裡，這個答案是 0.168，也就是說，在 100 以內的數，6 個數目裡大約會有 1 個質數。但是，當 $N=1,000,000$ 的時候，這個比例會降到 0.078，也就是大約 13 個數裡，會有 1 個質數，而當 $N=100,000,000$ 的時候，該比例是 0.058，大約 17 個裡面有 1 個。在 N 增加的同時，這個遞減則會繼續。

N	$\pi(N)$	$\pi(N)/N$
1,000	168	0.168
1,0000	1,229	0.123
100,000	9,592	0.095
1,000,000	78,498	0.078
10,000,000	664,5790	0.066
100,000,000	5,761,455	0.058

然而，儘管 $\pi(N)/N$ 這個比一直穩定減少，質數卻沒有完全消失。歐幾里得對於這項事實的證明，直到今天仍被認為是個優雅邏輯的非凡例子。該證明如下。

這個想法要證明，如果你將質數列為 p_1，p_2，p_3…的數列，那麼，這個列表將會是無止盡的。為了證明這點，你表明假設已經列出直到某個質數 p_n 的所有質數，然後，你會發現永遠會有另一個質數可以加到這個列表內：因此說明這個列表永無止盡。

歐幾里得這個巧妙的想法，就是要檢視數目

$$P = p_1 \times p_2 \times \cdots \times p_n + 1$$

其中 p_1，…p_n 都是到目前為止列出的質數。如果 P 是質數的話，那麼，P 就是個比所有質數 p_1，…p_n 還要大的質數，也因此該列表可以繼續下去。（P 可能不是 p_n 之後直接的下一個質數，所以，你不會取 P 等於 p_{n+1}。但是，如果 P 是質數，那我們就明確知道在 p_n 之後一定存在一個質數。） 〔28〕

另一方面，如果 P 不是質數，那麼，P 就一定可以被某一個質數整除。可是 p_1，…p_n 這些質數沒有一個可以整除 P；如果真的進行這項除法，那麼，就會得到1這個餘數──而這個「1」就是一開始為了假設 P 這數值所加上去的。因此，如果 P 不是質數，它就一定可以被 p_1，…p_n 以外（也因此會大於這個列表）的質數整除。特別地是，這裡一定會有一個比 p_1，…p_n 都要大的質數，所以，這數列可以繼續下去。

我們在觀察以下數目 P 的時候，可以發現到一個有趣的事情：

$$P = p_1 \times p_2 \times \cdots \times p_n + 1$$

在歐幾里得的證明裡面，我們不知道 P 本身到底是不是質數。這個證明使用了兩種論證，其中一個在 P 是質數的時候成立，另外一個，則是在 P 不是質數的時候成立。一個要問的明顯問題就是：它

47

是否永遠是此或彼。

P 的前幾個數值會像這樣：

$P_1 = 2 + 1 = 3$

$P_2 = 2 \times 3 + 1 = 7$

$P_3 = 2 \times 3 \times 5 + 1 = 31$

$P_4 = 2 \times 3 \times 5 \times 7 + 1 = 211$

$P_5 = 2 \times 3 \times 5 \times 7 \times 11 + 1 = 2,311$

這些都是質數。可是，接下來的三個數值並不是質數：

$P_6 = 59 \times 509$

$P_7 = 19 \times 97 \times 277$

$P_8 = 347 \times 27,953$

我們無法得知 P_n 這數值對於無限多的 n 值來說是否都是質數。我們也無法得知對於無限多的 P_n 這數值是否為合成數。（當然，這兩個選擇之中有一個一定是真的。大多數數學家會猜測這兩者事實上都是真的。）

回到質數密度函數 $\pi(N)/N$ 上，一個明顯的問題就是，是否有一種因N增大使得密集度遞減的模式。

這裡的確沒有一個簡單的模式。不管你選的數多大，你總是會找到兩個或以上的質數串連在一起的群組，當然也會有一大串沒有質數的時候。除此之外，這些小串和沒有質數的地帶，看起來像是隨機發生的。

〔29〕　　事實上，質數的分佈並不是完全毫無秩序。不過，要等到十九世紀中期，我們才發現確定性的知識。一八五○年，俄國數學家柴比

雪夫（Pafnuti Chebychef）設法證明了在任意數 *N* 和它的兩倍 *2N* 之間，我們都可以找到至少一個質數。因此，質數在分佈上，的確是有某種秩序的存在。

後來發現，其中的確有相當大的秩序，只是你得更努力才找得到。一八九六年，法國的哈達瑪（Jacques Hadamard）和比利時的迪拉‧維里‧波新（Charles de la Vallée Poussin）分別證明了當*N*增加的時候，質數的密度 $\pi(N)/N$ 會愈來愈接近數值 $1/\ln N$（ln 是自然對數函數，我們會在第三章討論）。這個結果今天我們稱之為質數定理（prime number theorem）。它在身為數數和計算基礎的自然數，以及處理實數和微積分（見第三章）的自然對數函數之間，提供了一個值得注意的連結。

在證明出現的一個世紀之前，十四歲的數學天才卡爾‧費特烈‧高斯（Karl Friedrich Gauss）曾經懷疑過質數定理的存在。高斯的成就非常偉大，值得我們花一整節來討論。

天才兒童

誕生於一七七七年德國的布郎士維克（Brunswick），卡爾‧費特烈‧高斯（圖 1.6）從非常年輕的時候，就展現出極高的數學天分。有故事流傳說，他在三歲時，就能夠掌管他父親的生意帳目。在小學的時候，他因為觀察到一個模式，使他迴避掉一個冗長的計算，因而讓他的老師不知所措。

高斯的老師要求全班將 1 到 100 之間的所有數字加起來。據推測，老師的目標是要學生們花點時間在這題目上，好讓他可以專心做點別的事情。遺憾的是，高斯很快就發現以下的解答捷徑。

將總和寫下兩次，一次以上升順序，一次以下降順序，有如下

圖1.6：卡爾‧費特烈‧高斯（1777-1855）。

列：

$$1 + 2 + 3 + \cdots + 98 + 99 + 100$$
$$100 + 99 + 98 + \cdots + 3 + 2 + 1$$

現在將兩個和加起來，行對行，得到

$$101 + 101 + 101 + \cdots + 101 + 101 + 101$$

〔30〕　這個和有剛好 100 個 101，因此，它的值就是 $100 \times 101 = 10{,}100$。因為這個乘積是原始總和的兩倍，如果將其除以二，就會得到高斯老師需要的答案，也就是 5,050。

高斯的方法對於任何數字 n 都有效，而不是只有 100 而已。一般來說，如果將 1 到 n 的總和以上升和下降的順序各寫一次，然後將兩行相加起來，就會得到 n 個 $n+1$ 這個數字，也就是總數會等於 $n(n+1)$。將這總和除以二就是答案：

$$1 + 2 + 3 + \cdots + n = n(n+1)/2$$

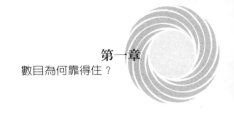

　　這個公式給我們一個普遍的模式，其中高斯的觀察是個特例。

　　有趣的是，以上這個公式的右邊也捕捉到一個幾何模式（geometric pattern）。形式 $n(n+1)/2$ 裡的數稱爲三角形數（triangular numbers），因爲這些數（目）的點剛好可以排成正三角形。圖 1.7 顯示出前五個三角形數 1，3，6，10 和 15。

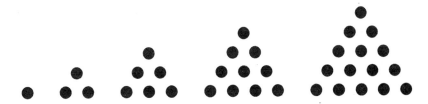

圖 1.7：數目 1，3，6，10，15，…成爲三角形數，因爲它們給出可以排成正三角形的點之數目。

高斯的時鐘算術

〔31〕

　　一八〇一年，當高斯還只有二十四歲的時候，他寫下了一本稱爲《數論講話》（*Disquisitiones Arithmeticae*）的著作，直到今天，它還被認爲是史上最有影響力的數學書籍之一。其中，高斯提到的一個主題就是有限算術的想法。

　　當你使用一個週期性循環並重新開始的計算系統，你就會得到有限算術。舉例來說，當你說出時間的時候，你會計算第 1，2，3 等等小時，但是，當數到 12 的時候，就會重新從 1，2，3 等等開始。同樣地，計算分鐘也是從 1 到 60 然後重新開始。這個使用有限算術來說出時間的方式，就是它爲何有時候會被稱爲「時鐘算術」（clock arithmetic）的原因。數學家通常將其稱為模算術（modular arithmetic）。

要將計算分鐘和小時這個我們都很熟悉的概念轉變成正當的數學，高斯發現他必須稍加改變計數，並且從 0 開始計數。利用高斯的版本，我們計算小時就會是 0，1，2，直到 11，然後重新從 0 開始；分鐘一樣是 0，1，2，直到 59，然後又回到 0。

在做了這個小改變之後，高斯開始研究這類數目系統的算術。這些結果通常都很簡單，有時候也挺令人吃驚的。舉例來說，在鐘點算術（hours arithmetic）裡，如果相加 2 和 3 會等於 5（兩點鐘之後的三個小時是五點鐘），如果相加 7 和 6 會得到 1（七點鐘之後的六個小時是一點鐘）。這個我們都再熟悉不過。但是，如果用標準的算術記號來書寫和，第二個看起來就很奇怪了：

$$2+3=5 \qquad 7+6=1$$

在分鐘算術（minutes arithmetic）的例子裡，整點 45 分過後的 0 分鐘還是整點 45 分，整點 48 分過後的 12 分鐘，即是整點之後的 0 分鐘。這兩個和看起來像這樣：

$$45+0=45 \qquad 48+12=0$$

雖然看起來很奇怪，但是高斯將「時鐘算術」寫成這樣卻是非常聰明的。結果發現，尋常算術（ordinary arithmetic）的所有規則，對於有限算術來說也都適用，此即數學模式從一領域跳到另一領域仍然適用的一個經典例子（在這例子裡，是從尋常算術跳到有限算術）。

為了防止在有限算術裡混淆尋常算術中的加法和乘法，高斯將等〔32〕號以 ≡ 代替，並說這關係並不是相等，而是同餘（congruence）。

因此，上面前兩個算術結果就可以寫成：

$$2+3 \equiv 5 \qquad 7+6 \equiv 1$$

一開始的兩個數字，也就是例子裡的 12 或 60，即被稱爲這種算術的模數（modulus）。明顯地，12 或 60 這兩個數字沒什麼特別的；它們只是我們在講出時間時熟悉的數值而已。對於任意自然數 n，都會有一個對應的有限算術，即模數 n 的模算術（modular arithmetic of modulus n），裡面的數字是 0，1，2，…，$n-1$，並且在相加或相乘的時候，要去掉所有 n 的整倍數。

我在以上並沒有給任何相乘的例子，因爲我們從來不相乘一天裡的小時或是時間。不過，模數的相乘從數學的觀點來說，是非常有道理的。與相加一樣，你用尋常的方法執行乘法，但是，要去掉模數 n 的所有倍數。因此，以 7 來舉例的話：

$$2 \times 3 \equiv 6 \qquad 3 \times 5 \equiv 1$$

高斯的同餘概念在數學中常常使用，有時候還會同時用到許多不同的模數。當這種情況發生時，爲了要紀錄每個狀況用到的模數，數學家通常會將這類的同餘寫成這樣：

$$a \equiv b \ (\mathrm{mod}\ n)$$

在這裡，n 是這個特別的同餘裡相關的模數。這個表示方法唸爲「對模數 n，a 與 b 同餘」。

對於任何模數，相加、相減和相乘的步驟都是簡單而易懂的。（我在上面並沒有描寫到相減，但是步驟應該挺明顯的：以時鐘算術來解釋的話，相減就是逆著計算時間。）相除的問題比較大：有時候

可以除，有時候卻不行。

舉例來說，模數 12 的時候，你能以 5 除 7，答案會是 11：

$$7/5 \equiv 11(\text{mod } 12)$$

要檢查是否正確，只要將答案乘以 5，便會得到

$$7 \equiv 5 \times 11 \ (\text{mod } 12)$$

〔33〕
即是正確的答案，因爲從 55 裡去掉 12 的倍數會得到餘數 7。不過，在模數 12 的情況，無法以 6 除任何數，6 本身除外。舉例來說，我們無法用 6 除 5。一個能夠清楚瞭解爲何不行的方式，就是如果用 6 來乘 1 到 11 裡的任何數，答案都會是一個偶數，也因此對模數 12，它不能與 5 同餘。

然而，在模數 n 是質數的情況之下，相除永遠都是可行的。因此，以一個質數的模數來說，對應的模算術具有尋常算術使用在有理數或實數上面的一切熟悉性質；若以數學家的語言來說，即是一個體（field）。（體在本書第二章「現代世紀的黎明」一節裡將再次出現。）我們這裡又出現了一個模式：連結質數和模算術裡執行除法的模式。這也帶我們來到質數的模式，以及史上最偉大的業餘數學家：皮耶‧費馬（Pierre de Fermat）。

偉大的門外漢

從一六〇一到一六六五年住在法國的費馬（圖1.8），是個在土倫（Toulouse）省議會裡的律師。他在三十幾歲時才開始接觸數學，並將它當作自己的嗜好。這還眞不是個普通的嗜好呢：舉例來說，除了在數論裡指出許多非常重要的發現之外，他還在笛卡兒（René

圖 1.8：皮耶‧費馬，「偉大的門外漢」（1601-1665）。

Descartes）（使用代數解決幾何問題的發現者）之前，發展出一種代
數幾何學的方法。費馬也和巴斯卡（Blaise Pascal）一同發現了機率
論（probability theory），並且也爲幾年後在萊布尼茲和牛頓手中發
揚光大的微分學的發展，立下了許多基礎。這幾個都是非常重要的成
就。不過，費馬最著名的，是在自然數裡尋找模式（通常是和質數有
關的模式）的神奇能力。事實上，他不只找到這些模式，在大部分的
例子中，他都可以確定地證明他的觀察是正確的。

　　身爲一位業餘的數學家，費馬只出版了少許的研究成果。他的許

多成就都是在他人的著作裡提到，因為他在寫信這方面補足了出版方面的不足，他和一些歐洲最好的數學家保持著定期的通信。

　　一個例子就是，在一封一六四○年寫的信裡面，費馬觀察到若 a 是任意的自然數，且 p 是無法整除 a 的質數，那麼，p 一定整除 $a^{p-1}-1$。

　　舉例來說，假設 $a=8$ 然後 $p=5$。因為 5 無法整除 8，那麼，按照費馬的觀察，5 一定可以整除 8^4-1。如果我們將這個數字算出來，會得到 $8^4-1=4,095$，然後可以很快地注意到這個數字果然可以被 5 整除。同樣地，19 也可以整除 $145^{18}-1$，雖然在這裡大多數人都不會太想用直接計算，來確認答案是否正確。

〔34〕

　　即使第一眼看起來不太明顯，但是，費馬的這個觀察，不僅在數學上，且在其他應用（其中包括某種資料加密系統的設計，和一些紙牌的把戲）上，都有很多重要的結果。事實上，這個結果常常突然現身，以致於數學家給了它一個名字：費馬小定理（Fermat's little theorem）。在今天，我們已知許多非常巧妙、關於這個定理的證明，但是，沒有人知道費馬本人是如何證明的。就如他的習慣一樣，他將自己的方法隱藏起來，只將答案列出，作為給別人的挑戰。他這個「小定理」要等到一七三六年，偉大的瑞士數學家歐拉（Leonard Euler）終於出現接受挑戰時，才有一個完整的證明。

〔35〕

　　費馬小定理能以模算術的形式重寫成下面這樣。假設 p 是個質數，然後 a 是 1 到包含 $p-1$ 之間的任何數，那麼

$$a^{p-1} \equiv 1 \pmod p$$

取 $a=2$，那麼，對任何大於 2 的質數 p

$$2^{p-1} \equiv 1 \ (\mathrm{mod}\ p)$$

結果呢，假設一個數字 p，如果以上的同餘不成立，那麼，p 就不可能是個質數。這個觀察提供了我將要示範的，試圖判定一個給定的數是否為質數的一個有效方法。

質數測試

測試一個數字 N 是否為質數的最明顯方法，就是看看有沒有質因數。要如此做，我們可能必須要試驗將 N 除以所有到 $\sqrt{N}$ 的質數。（我們不需要尋找 $\sqrt{N}$ 之後，因為如果 N 有質因數，那它絕不可能比 $\sqrt{N}$ 還要大。）對於比較小的數目來說，這是一個合理的方法。用一台強力的電腦，對於 10 或以下位數的任何數字，這計算幾乎都能瞬間結束。舉例來說，如果 N 有 10 位數，$\sqrt{N}$ 會有 5 位數，也因此會小於 100,000。因此，和第 46 頁的表格比較，會有少於 10,000 個質數需要給 N 試除（trial-divide）。這對目前可以在一秒內計算超過十億個算術的現代電腦來說，根本就是小兒科。但是，計算一個 20 位數的數字，就算是最強力的電腦也需要至少兩個小時，然後，一個 50 位數的數字更可能會需要百億年來計算。當然，我們可能會很幸運地在前期就碰到一個質因數；但是，問題會在當 N 是質數的時候，因為我們必須要測試所有到 $\sqrt{N}$ 之前的質因數才算完成。

因此，以試除來測試一個數是否為質數，對於 20 位數以上的數字是不可行的。不過，在質數裡面尋找模式，數學家就是有辦法想出，確認一個給定數字是否為質數的其他方法。費馬小定理就提供了一種方法。利用費馬小定理來測試一個給定數 p 是否為質數，我們就在模數 p 算術（mod p arithmetic）中計算 2^{p-1}。如果答案是 1 以

外的任何數字，我們就知道 p 絕不可能是質數。但是，當答案眞的
是 1 的時候呢？很遺憾地，我們無法確認 p 一定是質數。問題就在
於，雖然在 p 爲質數的時候，$2^{p-1} \equiv 1 \pmod{p}$，但還是有些非質數
（nonprimes）p 可以使該算式成立。這種數字最小的是 341，即 11
和 31 的乘積。

〔36〕　　在這個方法裡，如果 341 是少數幾個特例的話還是堪用，畢竟我
們可以檢查 p 是否就是其中比較尷尬的幾個數字。不過很不幸地，
這種尷尬的數字卻有無限多個。因此，費馬小定理只能用來檢查一
個給定的數字是否爲合成數：如果同餘式 $2^{p-1} \equiv 1 \pmod{p}$ 不成立，
那麼，p 一定是合成數。另一方面，如果同餘式成立，那 p 可能是質
數，也可能不是。如果覺得運氣不錯的話，我們可以賭一賭並假設該
數字就是個質數，畢竟眞的可能性不低。對於 $2^{p-1} \equiv 1 \pmod{p}$ 的合
成數 p 算是非常罕見的；在 1,000 以下的只有兩個——也就是 341 和
561——然後，在 1,000,000 以下的也只有 245 個。但是，因爲有無限
多個這種稀有的數字，以數學方式來說，硬要說 p 是個質數並不可
靠，離數學的確定性更有一段不小的距離。

　　因此，由於 $2^{p-1} \equiv 1 \pmod{p}$ 出現的不確定性，費馬小定理無法
提供一個測試數字是否爲質數的完全可靠方法。一九八六年，數學家
亞斗曼（L. M. Adleman）、魯姆利（R. S. Rumely）、柯亨（H. Co-
hen）、雷因斯特拉（H. W. Lenstra）和龐梅倫斯（C. Pomerance）找
到消除這個不確定性的方法。以費馬小定理爲基礎，他們發展出後來
成爲一個今日最好的、測試數字是否爲質數的一般方法。如果在一台
超快的電腦上實際執行這個稱爲 ARCLP 的測試，一個 20 位數的數
字，只需要 10 秒以內，一個 50 位數的數字，也只需要 15 秒以內，
就可以計算完畢。

ARCLP 測試完全可靠。它被稱為「普遍用途」，因為它可以使用在任何數字 N 上面。一些質數的測試已經被發明用來檢查特定形式的數，比如說對 b 和 n，形如 b^n+1 這種數字。在如此特殊的例子中，它可能可以處理連 ARCLP 都無法處理的巨大數字。

保密

在數學之外，找出大的質數由於被發現可用來為不安全的頻道加密，如電話線或無線電發射上，而受到矚目。這裡將會大致上說明這方法如何操作。

使用一台快速的電算機，和類似 ARCLP 測試的這種質數測試，就可以輕鬆找到兩個約 75 位數的質數。電算機也可以將這兩個質數相乘，而得到一個 150 位數的合成數。現在，假設我們將這個 150 位數的數字拿給一個陌生人，並要求他找出它的質因數。就算我們告訴他這個數字是兩個非常大的質數的乘積，不管他有什麼電算機，他找出正確答案的機率還是微乎其微。因為測試一個 150 位數的數字是否為質數雖然可能只要幾秒鐘，但是，即便使用最快的電算機，利用已知最好的分解方法，仍需要非常久的時間——一年，甚至十年或一百年——來分解這種大小的數字。 〔37〕

分解大的數字雖然很困難，卻不是因為數學家沒有想出聰明的方法才如此。的確，這幾年來一些用來分解大數字的極巧妙方法，已經被發明出來了。使用今日最強力的電算機，分解一個 80 位數的數字，只要幾個小時就能計算完成。因為用試除這種童稚的方法，來演算一個 50 位數的數字，可能就需要花費幾十億年，這已經算是一種成就了。不過，雖然最好的質數測試可以計算一千個位數的數字，卻沒有任何已知的分解方法，可以處理這種等級的計算，而且，有些證

據顯示可能真的沒有這種方法存在：分解從本質上來講，可能是比測試一個數字是否為質數還要困難許多的計算工作。

數學家之所以鑽研這種可以證明為質數的數字大小，與可以被分解的數字大小之間的不同，就是為了設計出其中一種已知最安全的「公開密鑰」（public key）密碼系統。

一種現代典型用來加密訊息，好讓訊息可以在不安全的電子傳輸頻道裡傳送的密碼系統，有如圖 1.9 中所示。這個系統的基本構成要素是兩個電腦程式，一個編碼機，一個解碼機。因為密碼系統的設計是個高度專門和費時的生意，要為每個顧客都設計一套不同的程式，是不切實際的，而且或許不安全。因此，基本的編碼和解碼程式通常都是現成的，好讓任何人都可以購買。寄件者和收件者的安全，是以一組用來解碼和編碼的數字鑰（numerical key）來達成。這個數字鑰典型地會是一個超過 100 位數的數字。這個系統的安全必須仰賴這個數字的保密。也因為這個原因，這類系統的使用者通常會定期更改鑰匙。

這裡的明顯問題就是鑰匙的分配。一方人要怎麼將鑰匙送給另一方呢？將它由該系統應該保全的電子通訊傳送，是絕對不可能的。的確，最安全的方法就是將鑰匙由一個信任的信差實際拿給對方。這個

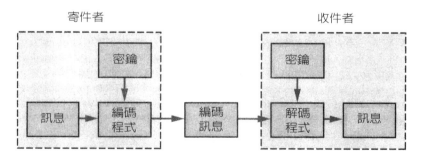

圖 1.9：一個典型的密碼系統。

策略在只有兩方人馬的時候有效，但是，對於像要在世界上所有的銀〔38〕
行和貿易公司之間建立安全的通信，卻完全無法實行。在這個金融和
企業的世界裡，任何銀行或企業能夠和任意一方連絡，也許只是片刻
的通知，並確信他們的交易安全無虞，是很重要的。

　　爲了達成這個需求，一九七五年，數學家輝特費爾德‧迪非
（Whitfield Diffie）和馬丁‧賀爾曼（Martin Hellman）提出公開密
鑰加密系統（PKS）這個想法。在 PKS 裡，每個可能的訊息接收者
（可能是任何想使用這系統的人）使用提供的軟體，用以生成的鑰匙
不是一支而是兩支，也就是編碼鑰和解碼鑰。編碼鑰會被公開在線上
的目錄裡。（現在，許多人會在他們全球資訊網的首頁裡提供自己的
公開鑰匙。）任何想寄訊息給個人 A 的人只要找到 A 的編碼鑰，使
用該鑰編碼訊息，寄出後就可以了。之後，A 只要使用自己沒和任何
人透漏的解碼鑰解碼即可。

　　雖然基本的想法很簡單，實際上設計這種系統可完全不是這麼
一回事。迪非和賀爾曼一開始提出的系統，並沒有他們想像中的那
麼安全，不過，沒多久之後，另一個由羅納德‧里維斯特（Ronald
Rivest）、阿第‧撒迷爾（Adi Shamir）和李翁納‧阿德曼（Leonard
Adleman）所設計的方法，就更爲安全堅固許多。這個稱爲 RSA 的系
統，現在正被國際銀行和金融界廣泛使用。（特製的 RSA 電腦晶片
可供人購買。）這裡稍微提一下 RSA 系統如何運作。

　　每個公開密鑰系統的設計者都會碰到的問題就是這個，編碼過程
需要將訊息僞裝到沒有解碼鑰就無法解讀的程度。但是，因爲這系統
的本質——任何的加密系統都一樣——就是授權的收件者可以解開編
碼過後的訊息，如此一來，這兩支鑰匙在數學上一定會有關連。的
確，收件者的程式和解碼鑰會完全地解開寄件者的程式和編碼鑰，因〔39〕

此，只要一個人知道加密系統如何運作，那麼，理論上可以從編碼鑰上得知解碼鑰是什麼（在今天，任何想如此做的人都可以找到相關資訊）。

這裡的手法是要確保，雖然理論上可以從公開的編碼鑰上得知解碼鑰，但是，實際操作上幾乎是不可能的。以 RSA 系統為例，收件者的祕密解碼鑰包含了一對大型的質數（比如說，各 75 位數），而公開的編碼鑰則包含這兩個質數的乘積。訊息的編碼會（多多少少地）對應到兩個 75 位數質數的相乘；解碼也會（一樣多多少少地）對應到這個 150 位數的乘積之分解。這個任務以現在的知識與技術來說，基本上是不可能的。（精確的編碼和解碼過程會牽扯到費馬小定理的延拓）。

易猜難證

因為我們都熟悉正整數，亦即自然數，而且因為它們如此簡單，以致於極易發現其中的模式。不過，經常極難去證明那些對所有自然數都成立的模式。尤其，多年來數學家已經提出有關質數的許多簡單猜測，直到今日仍然無解，儘管其顯而易見的簡單性。

哥德巴赫猜測（Goldbach conjecture）就是其中一例。它首先出現於一七四二年哥德巴赫（Christian Goldbach）致歐拉的一封信中。此一猜測指出：每一個大於 2 的偶數都是兩個質數的和。試著計算一下，即可顯露這對於前幾個偶數的確成立：4=2+2，6=3+3，8=3+5，10=5+5，12=5+7 等等。而電算機的搜尋已經核證了此一結果到至少十億之多。然而，儘管它的簡單性，到今日為止，此一猜測是真或假，就是無法確定。

另一個無人能夠回答的簡單問題，就是雙生質數（twin

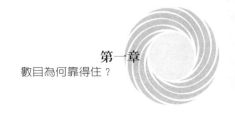

primes）問題：存在有無窮多個雙生質數嗎？這種質數就是隔開的兩個質數，譬如 3 和 5，11 和 13，17 和 19，或者找大一點的，1,000,000,000,061 和 1,000,000,000,063。

還有一個未解決的問題，最早是由費馬同時代的法國僧侶馬林‧梅森（Marin Mersenne）所提出。在他一六四四年出版的著作《論物理數學》（*Cogitata Physica-Mathematica*）中敘述說，數目

$$M_n = 2^n - 1$$

對於 $n = 2$，3，5，7，13，17，19，31，67，127，257 都是質數，但是對於其他小於 257 的 n 值都是合成數。沒有人知道他如何得到這個結論，但是，他的猜測雖不中亦不遠矣。自從桌上型計算機問世之後，我們終於可以檢查梅森的主張，而在一九四七年時，發現了他只出現五個錯誤：M_{67} 和 M_{257} 不是質數，而 M_{61}，M_{89}，M_{107} 是質數。 〔40〕

以 M_n 形式寫成的數目今天被稱為梅森數（目）（Mersenne number）。計算前幾個梅森數，可能會讓人以為當 n 是質數時，M_n 都是質數：

$$M_2 = 2^2 - 1 = 3 \qquad M_3 = 2^3 - 1 = 7$$
$$M_5 = 2^5 - 1 = 31 \qquad M_7 = 2^7 - 1 = 127$$

這些都是質數。不過，之後此一模式就不成立了，因為 $M_{11} = 2,047 = 23 \times 89$。在那之後，接著的梅森質數是 M_{31}，M_{61}，M_{89}，M_{107} 和 M_{127}。

這裡的例子得到的剛好是相反的結論：只有當 n 是質數的時候，M_n 才會是質數。要證明這個斷言只需要用到一點初等代數學。因此，在尋找梅森質數時，只要看看 n 本身是質數的梅森數 M_n 即可。

　　另外一個許多人因為看到數值證據而都曾經想要做的猜測，就是當 n 本身是梅森質數時，Mn 也是個質數。這個模式直到梅森質數 $M_{13}＝8,191$ 之前都成立；$M_{8,191}$ 這個 2,466 位數的數則是個合成數。

　　尋找梅森質數的任務，因為有了一個簡單、可靠以及計算上高效率的方法以確認一個梅森數是否為質數，而變得簡單了許多。它被稱為魯卡－列馬測試（Lucas-Lehmer test），根基於費馬小定理。和 ARCLP 測試不同的地方，在於魯卡－列馬測試只對梅森數有效。另一方面，在 ARCLP 測試只能計算大約一千位數左右的數字時，魯卡－列馬測試已經可以用來計算一個幾乎百萬位數的梅森數是否為質數：$M_{3,021,377}$。

　　這個巨大的梅森數在一九九八年被一位加州的十九歲數學愛好者羅蘭德‧克拉克森（Roland Clarkson）證實為質數。克拉克森利用一個從全球資訊網上下載、並在自家電腦上執行的程式一路算到有紀錄的書籍裡面。他的質數剛好有 909,526 位數，是第三十七個被發現的梅森質數。

　　一個幾乎一百萬位數的數字到底有多大呢？老實寫出來的話，它可以填滿一本 500 頁的平裝書，可以延伸將近 2.5 公里；每天講 8 小時的話，需要一個月的時間才能說完。

〔41〕　　克拉克森的電腦花了兩個星期才完成證明這數字是質數的計算。為了確定計算是正確的，克拉克森請資深質數獵人大衛‧史羅文斯基（David Slowinski）檢查答案。為克雷研究（Cray Research）工作的史羅文斯基，是發現質數個數的前紀錄保持人，他使用 Cray T90 超級電腦來重複該計算。

　　克拉克森是四千多位願意利用閒暇電腦時間來尋找梅森質數的同好之一，也是 GIMPS，亦即大網路梅森質數搜尋（Great Internet

Mersenne Prime Search）的成員之一。GIMPS 是由住在佛羅里達州奧蘭多的程式設計師喬治・沃特曼（George Woltman）所策劃推動的全球計畫，他也是撰寫和提供軟體的人。尋找破紀錄的質數先前都是超級電腦獨占的領域，但是，在幾千台個別的電腦上執行這程式，甚至有可能超越世界上最強力的超級電腦。

沃特曼在一九九六年早期發起 GIMPS，也迅速地吸引到大量的愛好者。從小學到高中的老師都曾使用 GIMPS 讓學生們對做數學感到興趣。英特爾現在更會在運送出每個 Pentium II 和 Pentium Pro 晶片之前使用該程式來測試。

克拉克森的發現是 GIMPS 的第三個成功例子。在一九九六年十一月，GIMPS 的法國成員喬爾・阿蒙加（Joel Armengaud）找到破世界紀錄的梅森質數 $M_{1,398,269}$，接著，一九九七年英國的哥登・史賓士（Gordon Spence）更以 $M_{2,976,221}$ 超越了它。

我們不知道梅森質數是否有無限多個。

費馬最後定理

關於數目，除了我們剛剛提到的問題之外，還有許多可以簡單說明，卻難以解答的問題。毫無疑問地，最有名的非費馬最後定理莫屬。費馬最後定理和畢氏定理在數學裡應該是最有名的兩個定理。但是，要等到一九九四年，在經過三百年的努力之後，人們才證明費馬最後定理是成立的。由當時聲稱已經想出證明的費馬所提出，這個定理所以得名，乃是因爲它是費馬數學著述中最後沒有被發現證明的結果。

這個故事起自一六七○年，也就是費馬死後五年時。他的兒子山繆爾（Samuel）整理父親的筆記和信件，想要將它們出版。在這些文

件中，他找到一本刁番圖的《數論》，由克勞德・巴謝（Claude Ba-

chet）編輯，並且是在原本的希臘原文之外增加了拉丁文翻譯的一六

〔42〕 二一年版。就是這個版本使得刁番圖的研究受到歐洲數學家的注意，

而從費馬在空白地方寫下的各個評論看來，這個偉大的法國業餘愛好

者，是由研讀這位西元三世紀的大師而發展出對數論的興趣。

　　費馬在眾多空白頁裡留下的評論之中，有四十八個複雜、時而

重要的觀察結果，而山繆爾則決定要出版一個新的《數論》版本，

其中包括他父親的所有筆記作爲附錄。在山繆爾稱爲〈刁番圖之考

察〉（Observations on Diophantus）的父親評論裡第二則，是費馬寫

在《數論》第二卷問題 8 旁邊的內容。

　　問題 8 問道：「給定一個平方數，將它寫爲其他兩個平方數之

和。」以代數來表示，這個問題是說：對於任何數 z，找出兩個其他

數 x 和 y 讓

$$z^2 = x^2 + y^2$$

費馬的筆記如下：

　　另一方面，一個立方無法寫成兩個立方的和，四次方也無法寫成

　　兩個四次方的和，甚至任何乘冪大於二的次方數，都無法寫成其

　　他兩個同樣乘冪的次方數之和。我想到了一個卓越非凡的證明，

　　只是這個空白處讓我無法寫下來。

將這段文字寫成現代算式，費馬聲稱的就是在

$$z^n = x^n + y^n$$

這個等式裡，在 n 大於 2 的情況之下沒有整數解。（數學家會忽略當

其中一個未知數為 0 時的解答。）

也因此這個傳說一直延續到一九九四年的後半，其中數學家一個接一個，不管是職業的還是業餘的，都企圖提出證明——也許是費馬真的發現的那一個。事實上，費馬一開始可能就想錯，並在之後發現自己的錯誤。畢竟，他的空白頁筆記本來就不是要拿來出版用的，所以，他在自己的邏輯裡找到錯誤的時候，也不會特地回去將筆記消除掉。當然，當該證明終於獲得時，它使用到很多費馬時代還未知的數學（多到我必須要在此書的後半，才能給你們該證明的概略）。

但是，不管費馬是否真的有找到證明，這故事真是令人無法抗拒：一位十七世紀的業餘數學家聲稱解開了一個在後來三百年間，世界上無數個最好的數學頭腦尚無法解開的問題。如果再加上費馬大多數的聲明都正確無誤這一事實，以及該陳述本身簡單到連孩童都瞭解的程度，費馬最後定理會如此有名，也就毫不令人意外了。許多頒給第一個找出證明的人的獎金，更是加強了它的吸引力：一八一六年，法國科學院（French Academy）提供了一面金獎牌和獎金；一九○八年哥廷根的皇家科學院（Royal Academy of Science in Göttingen）更提供了另一筆稱為沃爾夫史凱爾獎（Wolfskell Prize）的獎金（在一九九七年終於頒出的時候，價值約五萬美金）。〔43〕

就是難以證明這一點，使得該定理迅速成名。費馬最後定理在數學上或者是每日的生活之中，事實上沒有什麼延伸的結果。在寫下空白頁筆記時，費馬只是單純地觀察到，一個對二次方成立的特殊數值模式對更高次方不成立而已，這種興趣純粹只是學術性的。如果這議題被迅速解決，那麼，他的觀察也就不過是之後教科書裡的補充說明罷了。

不過，如果這問題早期就被解答出來，那麼，數學世界可能不會

像現在這麼豐富，因為許多為瞭解這個問題的嘗試，帶出了許多數學概念和技巧的發展，而這些對於數學的重要性，遠比費馬最後定理本身來得重要。當證明終於被英國籍的安德魯‧懷爾斯（Andrew Wiles）發現時，它只是一系列新的非凡成果開創的全新領域中，一個「簡單的結論」。

費馬的傳說開始

正如前述，在刁番圖的《數論》裡，一切事情的開端就是要找到等式

$$z^2 = x^2 + y^2$$

的整數解。這個問題很明顯和畢氏定理有關，可以運用幾何方式改寫：所有直角三角形的邊長都有可能是整數嗎？

對於這個問題，眾所周知的一個答案，就是三個一組的 $x=3$，$y=4$，$z=5$：

$$3^2 + 4^2 = 5^2$$

〔44〕這個答案遠在古老的埃及就知道了。事實上，有人聲稱遠在西元前二〇〇〇年的埃及建築師利用了「有邊長 3，4，5 的三角形是直角三角形」此一事實，來建造建築物裡的直角。根據這個聲稱，他們會先將 12 截一樣長的繩子綁成一個圈。然後，將一個結放在想構築直角的地方，他們會將繩子拉緊，形成一個兩邊長分別為三和四等分的三角形，如圖 1.10。這樣得到的三角形一定就是直角三角形，他們也得到想要的直角。

事實上，這個手法並不是畢氏定理的應用，而是它的相反：如果

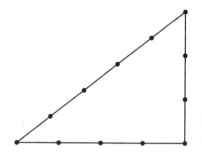

圖 1.10：利用 3，4，5 來建構一個直角三角形。

一個三角形的邊符合等式

$$h^2 = a^2 + b^2$$

那麼，和邊長 h 相對的邊即是一個直角。這是《幾何原本》裡的命題 I.48。畢氏定理本身是命題 I.47。

那麼，3，4，5 是唯一的解答嗎？我們很快就能發現當然不是。在找到一個解答之後，很快地就會得到一群無限的答案，因為我們可以將第一個解答的三個數字乘以任何一個數字，得到的答案也會是另一個解答。因此，從 3，4，5 的解答，我們可以得到 $x=6$，$y=8$，$z=10$；$x=9$，$y=12$，$z=15$ 等等這些答案。

我們可以透過尋找和這三個數沒有公因數的方式，來排除這種從舊答案計算出新解答的無聊方法。這類的解答我們通常稱為樸素解（primitive solutions）。

假設我們只允許樸素解，那會有 3，4，5 以外的答案嗎？同樣地，答案也是眾所皆知的：三個一組的 $x=5$，$y=12$，$z=13$ 就是另外一組樸素解，$x=8$，$y=15$，$z=17$ 也是另外一組。　　　〔45〕

事實上，樸素解有無限多，而歐幾里得的《幾何原本》裡，就以所有樸素解的一個精確的模式形式，給予關於這個問題的一個完全解

69

決。公式

$$x＝2st \qquad y＝s^2－t^2 \qquad z＝s^2＋t^2$$

即可以產生原等式的所有樸素解，而 s 和 t 在所有自然數中變化，並使得：

1. $s＞t$。
2. s 和 t 沒有公因數。
3. s 和 t 裡其中一個是偶數，另外一個是奇數。

除此之外，任何樸素解都會是某個數值 s 和 t 的上述形式。

回到費馬最後定理，的確有些證據顯示費馬針對 $n＝4$ 的情況，有個有效的證明。也就是說，費馬有可能證明下列方程式：

$$z^4＝x^4＋y^4$$

沒有整數解。而這個討論中的證據，包括費馬少數留下來的完整證明：邊長都是整數的直角三角形的面積，不可能是一個整數的平方此一巧妙論證。從這個結果，費馬能夠推演下列方程式：

$$z^4＝x^4＋y^4$$

不可能有整數解，而且，我們也可以合理假設他是特別為了推演自己的「最後定理」，而建立了擁有平方數面積的三角形這個結果。

為了要建立他關於三角形面積的結果，費馬的想法是證明：如果有自然數 x，y，z 使

$$z^2＝x^2＋y^2$$

然後，額外假設如果 $(\frac{1}{2})\, xy = u^2$，u 是某自然數（換言之，如果三角形的面積是個平方數），那麼，就會有其他四個數字 x_1，y_1，z_1，u_1彼此滿足同樣關係，而且 $z_1 < z$。

那麼，我們就可以應用同樣的論證，來產生四個新數字，x_2，y_2，z_2，u_2，也一樣彼此滿足同樣關係，同時 $z_2 < z_1$。

但是，這個過程可以無止盡地繼續下去。尤其，我們會得到無盡〔46〕序列的自然數 $z, z_1, z_2, z_3, \ldots$，使得

$$z > z_1 > z_2 > z_3 > \ldots$$

但是，這樣的無盡序列是不可能的；這個序列遲早會降到 1，然後它就會停止。也因此不可能有 x，y，z 這種特質的數字，這也是費馬想證明的一點。

因著明顯的理由，這個證明的方法被稱為費馬無限下降法（Fermat's method of infinite descent）。它和現今的數學歸納法密切相關，是一種用來確認與自然數有關的許多模式的有力方法，我會在下一節裡略為概述。

在指數 $n = 4$ 的例子已經被建立的情況下，數學家們很快就注意到如果費馬最後定理對所有質指數都成立的話，那麼，對於所有指數也都會成立。因此，這將要成為最後定理的證明者面對的問題，就是任意的質指數的情況。

第一個在這方向有任何進展的人是歐拉。在一七五三年，他聲稱已證明出 $n = 3$ 的結果。雖然他出版的證明裡有一個基本的錯誤，我們還是將這結果歸功給他。歐拉證明的問題，就是它必須仰賴一個在論證過程中所做的有關因式分解的特定假設。雖然這個假設在 $n = 3$

時確實可以被證明，但是，和歐拉的假設剛好相反，對所有的質指數並沒有都成立。事實上，正是這種細微卻無效的假設，拖累了之後許多想證明費馬最後定理的企圖。

一八二五年，彼得・古斯達夫・魯間內・迪力策勒（Peter Gustav Lejeune Dirichlet）和阿德倫・馬力・勒讓德（Adrien-Marie Legendre）以延伸歐拉論證的方式，證明了指數 $n＝5$ 時的費馬最後定理。（他們的版本迴避了歐拉碰到的因式分解陷阱。）

接著，在一八三九年，加百列・拉梅（Gabriel Lamé）也是使用一樣的方法證明了當 $n＝7$ 的結果。到這階段，這論證已經變得更錯綜複雜，要解開下一個 $n＝11$ 的例子，看起來更是毫無希望可言。（雖然這種零碎的進路也不可能解開這整個問題就是了。）

為了要更進一步，我們需要一種用來發覺證明裡面會出現的某種一般模式，一種跳脫既有框架以便看到整體的方法。德國數學家厄斯特・庫脈（Ernst Kummer）在一八四七年便是這麼做。

〔47〕　庫脈察覺到某些質數會顯現出一種他稱為規則性（regularity）的模式，幫助費馬最後定理歐拉型的證明可以完成。使用這種規則性的新特性，庫脈成功地證明費馬最後定理對於所有是規則質數（regular prime）的指數 n 都成立。在小於 100 的質數裡，只有 37，59 和 67 不是規則的，因此庫脈的結果一口氣證明了費馬最後定理在 36 以內的所有指數，以及除了 37，59 和 67 以外，小於 100 的質指數。

有許多各種不同卻完全等價的方法，可用來鑑定到底規則質數是什麼，但是，它們全都會牽扯到一些相當先進的數學概念，所以，我在這裡不會給出任何定義。我只會單純地說，到了一九八○年代末期，電腦在尋找到 4,000,000 時，顯示大部分的質數都是有規則的。除此之外，比 4,000,000 小的非規則（nonregular）質數，看起來也會

滿足一個類似規則性卻沒那麼有力的特性；然而，這還是蘊涵了費馬最後定理對這些指數的成立。因此，在一九九○年代初期，費馬最後定理對於 4,000,000 以內的所有指數都成立。

這裡我們得暫時和費馬最後定理告別。我們會在第六章時回來繼續討論它，我也會說一個在一九八三年完成的令人驚異的發現，那毫無疑問是繼庫脈之後最重大的進展。我也會描述一些在一九八六到一九九四年間發生，讓人意想不到而且非常戲劇化的事件，也為費馬最後定理這個歷經三百年的傳說劃下句點。至於暫緩說明這兩個發展的理由——真的是幾章之後呢——是因為其本身就是鮮明的例子，說明數學乃是尋找和研究模式的學問。一九八三年的發現和一九八六到一九九四年間的事件，皆是由於研究本質非常不同的模式——不是數字模式，而是形狀和位置的模式，以及按根本方式涉及無限的模式——而出現的。

骨牌效應

要結束本章之前，先讓我完成我之前答應的事情，也就是來談一談數學歸納法。（還記得在檢視費馬無限下降法〔第 71 頁〕時，我提到過費馬的聰明手法和歸納有關。）

數學歸納法是數學家兵工廠中最有力的武器之一。它讓我們能光以兩件證據，就推斷出一個模式對所有自然數都成立。想想這個生產率：只要證明兩個成果，就可以推演出和無限多個自然數有關的結論。

我們能以一種稱為「骨牌論證」的方式，直覺性地欣賞這個方法。假設我們將骨牌站立排成一列。使 $P(n)$ 成為「第 n 個骨牌倒下來」的縮寫。現在，讓我試圖說服大家，在特定的情況下，整列的骨 〔48〕

73

牌都會倒下：也就是 $P(n)$ 對於所有 n 都成立。

　　首先，我會說每個骨牌放置的距離都是夠近的，因此，如果一個倒下了，它就一定會撞倒下一個。以我們的縮寫來表示，我會說假設 $P(n)$ 對於任何 n 都成立，那麼，$P(n+1)$ 也成立。這是第一件資訊。

　　再來呢，我會說第一個骨牌被撞倒了。以我們的縮寫來表示，我會說 $P(1)$ 成立。這是第二件資訊。

　　以這兩件資訊為基礎，我們可以明確地導出整列的骨牌都會倒下。也就是說，我們可以推斷 $P(n)$ 對所有 n 都成立（因為每個骨牌都會被前一個撞倒，接著也會撞倒下一個；見圖 1.11）。

　　當然，在現實生活中，這一列骨牌會是有限的。但是，一模一樣的想法在一個更抽象的環境之下，也是可行的；也就是說，縮寫 $P(n)$ 會涉及到其他的事件，對所有自然數 n 都成立，而不只是骨牌倒下而已。一般的想法是這樣的。

　　假設你注意到一個姑且稱為 P 的模式，對所有自然數 n 都成立。

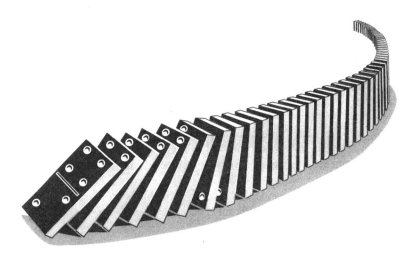

圖 1.11：推倒骨牌：數學歸納法證明背後的理念。

舉例來說，也許在相加更多更多的奇數時，你注意到前 n 個奇數的和
似乎都是 n^2：

$$1+3=4=2^2$$
$$1+3+5=9=3^2$$
$$1+3+5+7=16=4^2$$
$$1+3+5+7+9=25=5^2$$
$$1+3+5+7+9+11=36=6^2$$

等等。

你合理懷疑這個模式會永遠繼續下去；也就是說，你懷疑對於每　〔49〕
個自然數 n，以下的等式會成立：

$$1+3+5+...+(2n-1)=n^2$$

我們稱這個特定的等式為 $P(n)$。

你要如何證明 $P(n)$ 這個等式對所有自然數 n 都成立呢？你收集
到的數值證據看起來挺有說服力的——也許我們使用電腦核證 n 到
十億為止 $P(n)$ 都成立。但是，數值證據本身無法提供我們嚴密的證
明，而且，的確有幾個情況其中雖然有十億以上的數值證據，後來還
是發現不可靠。問題就是，我們想要核證的模式 P 是個包含全部無
限個自然數的模式。我們要如何證明一個模式對無限多個物件都成立
呢？想當然不是個別檢查囉。

這裡就是數學歸納法出場的時候了。就像一列骨牌一樣，為了要
證明 $P(n)$ 這特性對每個自然數 n 都成立，我們只要證明兩件事：第
一，$P(n)$ 在 $n=1$ 的時候成立，也就是說，$P(1)$ 是成立的；第二，假
設 $P(n)$ 對任意數 n 也成立，那麼，$P(n+1)$ 也成立。如果我們可以建

75

立這兩件事，就可以不用花費更多的力氣，斷定 $P(n)$ 對所有自然數 n 都成立。

　　利用歸納法，我們可以明確地核證上面的特定模式 P。當 $n=1$ 時，這個等式表示

$$1=1^2$$

這結果是極其顯然的。現在，假設這等式對一個任意數目 n 也成立。（這就像是假設第 n 個骨牌倒下了。）就是說，假設

$$1+3+5+...+(2n-1)=n^2$$

$(2n-1)$ 之後的下一個奇數是 $(2n+1)$。將這數字加到這上面等式的兩邊會得到

$$1+3+5+...+(2n-1)+(2n+1)=n^2+(2n+1)$$

根據初等代數，等式右邊的式子可以簡化成 $(n+1)^2$。因此，我們可以將最後的等式改寫成

$$1+3+5+...+(2n-1)+(2n+1)=(n+1)^2$$

這正是等式 $P(n+1)$。因此，以上的代數論證證明，如果 $P(n)$ 對於某些 n 來說成立，那麼，$P(n+1)$ 也會成立。（也就是說，我剛剛給出的小小代數論證，可以比喻為我展示第 n 個骨牌和第 $(n+1)$ 個骨牌夠接近，以致於能撞倒它。）

〔50〕

　　因此，由數學歸納法，我們可以斷定 $P(n)$ 對所有自然數 n 來說都成立。

　　這可是真的力量。我們絕對無法核證每個在下面等式裡的所有單

一例子：

$$1+3+5+...+(2n-1)=n^2$$

類似此等式的例子有無限多個。不過，基於以上證明，你可以絕對地知道，每一個這樣的等式都是成立的。

　　因此，歸納法提供給數學家一種建立特定模式對所有自然數 n 都成立的方法，而這將會帶我們進入（純）數學的真正核心（這裡指的「純」是和應用數學相對）。純理論的數學家喜歡建立模式。當一位數學家觀察到某種特性對前十、前一百，或者前一千個自然數都成立時，她會想到的自然問題是，這個特性對所有的自然數都成立嗎？觀察到的結果代表一般性的模式嗎？任何數量的計算檢查都無法回答這個問題——畢竟，檢查比如前一百萬個例子仍然沒有實質幫助，如此做只會顯示這模式對前一百萬個自然數都成立罷了。這類證據可能會加深我們的信心，認為的確有個一般性的模式，但是，卻不能構成證明。也許這模式會在數字 1,000,001 時不成立。曾經有許多模式給電腦檢查了超過百萬個例子，而之後還是在沒有檢查到的地方，發現該模式並不成立。當然，對於某些應用來說，我們只要知道一個特殊的性質對前五百萬個自然數都成立就可以了。如果是這樣，那用電腦來檢查這前五百萬個例子當然是可以的。但是，對純理論的數學家來說，那並不是數學，只是計算而已。數學是一門尋找「完美」模式的學問。為了建立一個模式，數學家必須找到一個證明。歸納法就是可以提供這種證明的諸多方法之一。

第二章

心智的模式

證明無疑

〔51〕

　　自希臘數學家泰利斯以降，證明在數學中已經扮演了核心的角色。正是藉由證明，數學家決定哪些敘述（statement）為真（譬如畢氏定理），哪些為假。然則證明究竟是什麼呢？比方說，在本書第 42 頁，有一個針對 $\sqrt{2}$ 不為有理數——亦即它無法表示為兩個整數的比——的「證明」。任何人細心地順著它的討論，思考每一步驟，必定都會發現它完全令人信服——事實上，它的確證明了 $\sqrt{2}$ 是無理數的斷言（assertion）。然而，那個特別的討論，和以特定順序書寫的特別中文句子，究竟如何形成一個證明呢？

　　這個論證（argument）固然用到一些簡單的代數記號，不過，那並不是整件事的癥結所在。想要刪除其中所有的代數，以語言中的詞彙和短句取代每一個符號，將會極為簡單，而且，其結果也仍然是該斷言的一個證明——事實上，它還會是一個同樣的證明！語言的選擇，無論是符號、言辭、甚或圖畫語言，可能會影響這個證明的長度，或我們能夠理解的難易度，然而，它卻不會影響該論證是否構成一個證明。按人文的說法，作為一個證明，意思是說它有能力完全說服任何一位受過充分教育、有智能的理性人，而且那種能力必定涉及與該論證有關的某些抽象模式或抽象結構。那種抽象結構是什麼，而我們可以針對它談論些什麼？

〔52〕

甚至，說得更基本一點，同樣的問題可以針對語言本身來提問。證明恰好是諸多能以語言表示的事物之一。究竟本頁裡幫助身為作者的我傳達思想給身為讀者的你的那些符號是什麼？正如證明的例子，同樣的思想可以被本書的外文版本所傳達，因此，答案同樣地必定無關該頁的物理或具體事物，抑或特殊語言的使用，而必定關乎該頁出現的事物連結起的抽象結構。這個抽象結構究竟是什麼？

人類所擁有、用來理解與利用的抽象模式，不僅在物理世界中被發現，同時，它還涉及我們的思維，以及與他人的相互溝通。

亞里斯多德的邏輯模式

最早有系統地描述證明所涉及之模式的是古希臘人，尤其是亞里斯多德。這些努力都歸結到我們今日稱為亞氏邏輯（Aristotelian logic）的創造。（我們並不完全明白，這一成果究竟有多少可歸給亞里斯多德本人，多少可歸給他的門徒。每當我使用「亞里斯多德」這個名字時，我所指涉的，是亞里斯多德與他的門徒。）

根據亞里斯多德的看法，一個證明，或是理性的論證（rational argument），或（合乎）邏輯的論證（logical argument），包括了一系列的斷言，這些斷言中的每一個，都按照某些邏輯法則（logical rule），從同一系列中的前面一些斷言推演得到。當然，這個描述並非完全正確，因為它未曾提供任何方式讓證明可以開始：在一個論證中，第一個斷言無法遵循其前之斷言，因為在該例中，其前之斷言並不存在！不過，任何證明都必須依賴某些起始事實或假設，因此，在列舉了那些起始假設或至少其中的部分之後，這個證明系列就可以啟動。（在實作上，起始假設可以是明顯的或熟悉的，因而可能不會特別提及。在此，我將遵循正規的數學實作，並專注於理想情況，呈現

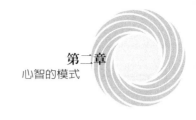

出其中的所有步驟。）

　　亞里斯多德的下一步，就是去描述可用以推得有效結論的邏輯法則。為了處理這個議題，他假設任何一個正確的論證（correct argument）都可以構成具有特殊形式的一系列斷言：亦即所謂的主謂命題（subject-predicate proposition）。

　　一個命題（proposition）只不過是一個非真即假的句子（sentence）。亞里斯多德考慮的主謂命題，包括了兩個物件——一個主詞與歸屬給它的一個性質（property）或謂詞（predicate）。這樣的命題例子如下： 〔53〕

> 亞里斯多德是一個人。
> 所有的人都會死。
> 某些音樂家喜歡數學。
> 沒有豬能飛。

你可能也會懷疑，當亞里斯多德假設任何有效論證（valid argument）可以分解成一系列這種格外簡單的斷言形式時，他是否正確。答案是否定的。例如，許多數學證明就無法依此分析，甚至當這樣的分析可能時，想確實碎解這個論證為幾個這類的步驟，仍然極其困難。因此，亞里斯多德的分析其實並未辨認出一個適用於所有正確論證的抽象結構；相反地，他的分析只應用在某些非常侷限的有效論證上。

　　儘管如此，賦予亞里斯多德的工作恆久歷史價值的原因，在於他不僅尋找正確論證中的模式，還真的找到了一些。那是在任何人有意義地推進理性論證模式（patterns of rational argument）研究之前將近兩千年。

　　亞里斯多德為了建構一個正確的證明（使用主謂命題）而辨認出

81

的必須遵循的邏輯法則，稱爲三段論法（syllogisms）。這些是從恰好兩個斷言推演出一個的法則。三段論法的一個例子如下：

> 所有的人都會死。
> <u>蘇格拉底是一個人。</u>
> 蘇格拉底會死。

其中的理念，在於第三個斷言（底線之下）由前兩個邏輯地推演而得到。在這個簡單——且非常老套——的例子中，這個演繹看來雖然很明顯，但是的確夠正確。讓亞里斯多德的貢獻如此重要的原因，在於他從這樣的例子中，抽象出了一般的模式。

他的第一步驟，是從任一特例抽離得到一個通例（general case）。其中的一般性理念如下：令 S 代表任意主謂命題中的主詞，P 代表謂詞。在蘇格拉底是一個人這個命題中，S 代表蘇格拉底，P 代表謂詞「是一個人」。這個步驟極類似運用代數符號如字母 x，y 和 z 取代數目。不過，符號 S 與 P 所代表的分別是任意的主詞與任意的謂詞，而不是任意的數目。按這種方式消除殊相（the particular），就搭好了舞台讓我們得以檢視推論的抽象模式。

〔54〕　　　根據亞里斯多德的看法，命題中的謂詞可以是肯定或否定，譬如

> S 是 P 或 S 不是 P

同時，主詞也可以量化（quantified），而表現爲下列形式：

> 所有 S 或某些 S

這兩種主詞的量化可以結合兩種肯定與否定謂詞，而給出總共四種量化的主謂命題：

所有 S 是 P。（$All\ S\ is\ P.$）

所有 S 不是 P。

某些 S 是 P。

某些 S 不是 P。

上述第二個如果改寫成下列等價形式

沒有 S 是 P。

則更容易閱讀，而且更符合文法。如果我們將上述第一個寫成複數形式

所有 S 都是 P。（$All\ S\ are\ P.$）

則似乎也更符合文法。不過，這個議題在抽象化過程的下一步就消失了，其中這四個三段論法縮寫成爲下列形式：

SaP：所有 S 是 P。

SeP：沒有 S 是 P。

SiP：某些 S 是 P。

SoP：某些 S 不是 P。

這些簡式將亞里斯多德所尋找的命題之抽象模式，表現得十分清楚。

　　大部分與三段論法有關的研究都專注於剛才敘述的四種量化形式上。表面上來看，這些形式看起來會忽略像前述的一個例子：蘇格拉底是一個人。然而，像這樣的例子，其中主詞是一個單一的個人，的確還是被包括在內。事實上，他們被包括了兩次。如果 S 代表所有「蘇格拉底們」的集體，且 P 代表「身爲一個人的性質」（the

〔55〕 property of being a man），那麼，形式 *SaP* 或 *SiP* 就捕捉了這個特別的命題。此處的要點就是：只有一位蘇格拉底，因此，所有的下列都等價：

> 「蘇格拉底」，「所有的蘇格拉底們」，「某一位蘇格拉底」

在日常用語中，這些之中只有第一個似乎是有意義的。但是，這個抽象過程的整個目的，乃是脫離日常語言，並運用以該語言所表示的抽象模式。

忽略個別的主詞，轉而專注於主詞的集體或種類，這種決定衍生了進一步的結果：在一個主謂命題中的主詞與謂詞也許可以互換。譬如說，所有的人都會死可能被改為所有會死的都是人。當然，這改變後的版本一般而言都將與原來意義不同，且可能為假或甚至沒有意義；不過，它仍然擁有與原來相同的抽象結構，也就是說，它們的形式都是：所有的某些物都是某些物。就被允許的主謂命題而言，稍早列舉的四種建構法則是可交換的（commutative）：在每一個之中，詞項 *S* 與 *P* 可以互換。

在描述了可以使用在亞氏論證中的命題抽象結構之後，下一個步驟就是去分析可以被建構以使用這些命題的三段論法。若 *S* 與 *P* 被用以代表結論中的主詞與謂詞，那麼，為了讓推論得以發生，必須有某個涉及那兩個前提（premise）的第三物件（third entity）。這個添加的物件被稱為中間項（the middle term）；我將以 *M* 代表它。

茲以下例進行說明：

> 所有的人都會死。
> 蘇格拉底是一個人。

蘇格拉底會死。

若令 S 代表蘇格拉底，P 代表會死這個謂詞，則 M 代表「身爲一個人」這個謂詞。以符號表示，這個特殊的三段論法就有下列形式：

MaP

$\underline{SaM}$

SaP

（第二個前提與結論的寫法也可以 i 取代 a）。涉及 M 與 P 的前提被 〔56〕稱作大前提（major premise），通常寫在第一位；另一個涉及 S 與 M 的前提，則被稱作小前提（minor premise），寫在第二位。

在將三段論法的表現方式標準化之後，接著必然會提及的明顯問題是：究竟有多少可能的三段論法？

每一個大前提可以寫成兩種順序中的一種，M 置首或 P 置首。同理，對小前提而言，也有兩種可能的順序，S 置首或 M 置首。因此，這些可能的三段論法將會落入四個不同的類別——三段論法的四個圖式（figure）——之中：

	I	II	III	IV
	MP	PM	MP	PM
	SM	SM	MS	MS
	—	—	—	—
	SP	SP	SP	SP

對每個圖式，各命題的主詞與謂詞之間的間隙可以填上 a，e，i 或 o

這四個字母中的任一個，如此總共就給出 4×4×4×4=256 種可能的三段論法。

當然，並非所有可能的模式都在邏輯上有效，而亞里斯多德的主要貢獻之一，就是找到所有那些有效的模式。在所有 256 種可能的三段論法中，亞里斯多德所列的有效清單，正好是下列的十九種。（不過，亞里斯多德犯了兩個錯誤。他的清單裡有兩個物件並沒有對應到有效推論，本書下一節將會說明。）

圖式 I　：*aaa, eae, aii, eio*

圖式 II　：*eae, aee, eio, aoo*

圖式 III：*aai, iai, aii, eao, oao, eio*

圖式 IV：*aai, aee, iai, eao, eio*

歐拉如何圈出三段論法

歐拉以簡單的幾何概念，發明一種用來確認三段論法是否有效的優雅方法。這種方法被稱為歐拉圓圈法（method of Euler circles）。這個概念是以三部分重疊的圓圈表示，如圖 2.1。標記為 *S* 的圓圈區域代表的是所有 *S* 類的物件，以 *P* 和 *M* 標記的圓圈也相同。用來確認三段論法的步驟，就是要看看兩個前提對於圖示裡標號 1 到 7 的各區域，各自代表什麼。

〔57〕　　要說明這個方法，讓我們想想之前碰到的例子，也就是三段論法：

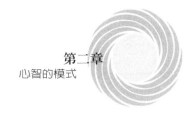

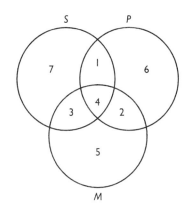

圖 2.1：歐拉圓圈。

MaP

<u>*SaM*</u>

SaP

大前提「所有 *M* 都是 *P*」表示區域 3 和 5 是空的。（所有 *M* 裡面的項目都在 *P* 裡面——也就是說，在標示為 2 和 4 的區域裡面。）而小前提「所有 *S* 都是 *M*」表示區域 1 和 7 是空的。因此，兩個前提結合的效果，就表示區域 1, 3, 5 和 7 是空的。

　　現在的目標，就是要構造出一個包含 *S* 和 *P* 並且和各區域的資料一致的命題。區域 3 和 7 是空的，因此，在 *S* 裡的任何物件一定會在區域 1 或者區域 4 裡，也因此會在 *P* 裡面。換句話說，所有 *S* 都是 *P*。而這也證實了這個特定的三段論法。

　　雖然不見得所有的三段論法都像這個例子這麼容易分析，不過，其他有效的三段論法都可以用此方式核證。

　　歐拉圓圈簡單易懂，不過，其最卓越之處，在於提供了一種有關演繹的幾何思考方式。在以上的討論裡，思考模式先是變成了代數模式，然後再變成簡單的幾何模式。這又再一次示範抽象化數學方法的

驚人力量。

我們已經將可能的三段論法集體縮小成有效的範圍，因此，現在可以更進一步簡化亞里斯多德的列表，將表內有複製邏輯模式的三段〔58〕論法移除。舉例來說，在任何涉及 *e* 或 *i* 的命題裡，主詞和謂詞可以在不改變命題的情況下互換，而此種互換都會得到一個邏輯上的複製。當所有多餘的模式都被移除之後，就只剩下以下的八個形式：

圖式 I ：*aaa, eae, aii, eio*

圖式 II ：*aoo*

圖式 III：*aai, eao, oao*

第四個圖式完全消失了。

之前提到的，亞里斯多德列表裡的兩個無效三段論法還存在著。你現在可以看出它們了嗎？試著利用歐拉圓圈的方法來檢查列表裡的每一個論證。如果你找不出這些錯誤也不用灰心：這些錯誤經過了兩千多年才曝光。下一節將會解釋這些錯誤如何被修正。解決這議題所花的時間這麼久，並不是因為三段論法不受到重視。亞里斯多德的邏輯論在接下來的幾百年間，於人類的學習中獲得了崇高的地位。舉例來說，在最近的十四世紀，牛津大學的法令便包含了「不遵從亞里斯多德哲學的文學學士和碩士，每有一點分歧就得繳納五先令的罰款。」看吧！

有關思想研究的一種代數進路

自古希臘時代到十九世紀為止，有關理性論證模式的數學研究，幾乎沒有進展。在亞里斯多德之後的第一個重要突破，是英國人喬

圖 2.2：喬治・布爾（1815-1864）。

治・布爾（George Boole）（見圖 2.2）出現在數學舞台上時發生的，因爲他找到了一種將代數學應用在人類推論上的方法。生於一八一五年愛爾蘭的東英吉利（East Anglia），布爾完成數學的成熟歷練之時，恰好是數學家開始理解代數符號可以用來表示數目以外的物件，以及代數方法可以用來應用在尋常算術之外領域的時候。比如說，在十八世紀末，我們看到了複數算術（一種實數的延拓，我們會在第三章碰到）的發展，以及赫曼・格拉斯曼（Hermann Grassmann）有關向量代數的發展。（一個向量就是一個同時具有數量和方向的物件，如速度或是力。向量可以用幾何和代數的方法來研究。）

布爾著手試圖以代數的方式捕捉想法的模式。特別是，他尋找一種可以將亞里斯多德三段論邏輯化爲代數處理的方法。當然，如同我剛剛做的一樣，將亞里斯多德自己的分析用代數符號表現出來，是再簡單不過了。但是，布爾卻更進一步：他提供了一種用代數處理邏輯 〔59〕

89

的方式，使用的不只是代數記法，更加入了代數結構。尤其他指出如何用他的代數寫出等式，以及如何解它們——然後說明這些等式和解答在邏輯的術語裡是什麼意思。

布爾將他這個傑出的分析出版在一八五四年的《思想律則之研究》（*An Investigation of the Laws of Thought on Which are Founded the Mathematical Theories of Logic and Probabilities*）裡，通常簡稱爲《思想律則》（*The Laws of Thought*）。這本重要的書奠基於布爾很早之前的一本並不怎麼有名的專著《邏輯的數學分析》（*The Mathematical Analysis of Logic*）之上。

《思想律則》的第一章開頭寫道：

> 以下專著的構思，是要檢視心智執行推論運作的基本原則；以計算的符號言語來表示它們，然後，以此爲基石建立邏輯的科學，並且構造它的方法。

布爾邏輯的出發點和歐拉圓圈法的概念是一樣的；也就是，將命題視爲處理物件的類或集體，然後，運用那些集體來進行推論。舉例來說，命題「所有的人都會死」可以思考爲「所有的人」的類是「都會死（的東西）」的一個子類（或子集體，或者部分）。換句話說，「所有的人」這個類的所有成員，皆是「都會死（的東西）」這個類的成員。不過，布爾並沒有在這些類的成員層次上尋找結構，而是集中注意力在類本身，發展有關類的一種「算術」。他的想法既簡單又優雅，並在之後證實極爲有力。

首先，以字母來表示物件的任意集體，比如說 x，y，z 好了。將 x 和 y 共有的物件集體寫成 xy，然後用 $x+y$ 來表示在 x 或 y 或者兩者都是的集合。（事實上，在定義「相加」的運算時，布爾將 x 和

〔60〕

90

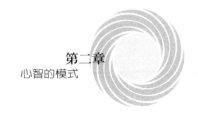

y 沒有共同成員的例子和有重複成員的例子做了區分。現代的處理方法——本書也是如此——通常不會做此區分。）

令 0 代表一個空的集合，並使 1 代表所有物件的集體。因此，等式 $x=0$ 表示 x 沒有任何成員。不在 x 裡的所有物件的集體即可寫成 $1-x$。

布爾觀察到他的新集體的「算術」具有以下特性：

$x+y=y+x$　　　　　　　　$xy=yx$

$x+(y+z)=(x+y)+z$　　　$x(yz)=(xy)z$

$x(y+z)=xy+xz$

$x+0=x$　　　　　　　　　$1x=x$

$2x=x+x=x$　　　　　　　$x^2=xx=x$

前五個等式和尋常算術的特性類似，其中，布爾以字母代表數目：它們是兩個交換律，兩個結合律，還有一個分配律。

下兩個等式指出 0 是個「相加」的等式運算（identity operation）（也就是說，布爾的 0 和數字的 0「行為」是一樣的）。然後，1 則是「相乘」的等式運算（亦即，布爾的 1 和數字的 1 行為是一樣的）。

最後兩個等式在第一次看到時，會覺得非常怪異；它們對於尋常算術來說，的確是不成立的。它們被稱為冪等律（idempotent laws）。

在現在的術語裡，任何物件的集體，以及任兩種使用在它們身上的運算（「相乘」和「相加」），並遵守以上所有等式，即稱為布爾代數（Boolean algebra）。事實上，剛剛描述的系統並不完全是布爾

本人想出來的；尤其，他處理「相加」的方式，表示他的系統並不包括相加的冪等律。就有如數學裡——甚至各行各業——常常發生的事情一樣，其他人都有改進一個好想法的機會；而在這裡，布爾的系統接著被修改成我們這裡描述的這樣。

〔61〕

布爾的代數式邏輯提供了一種優雅的方法，來研究亞里斯多德的三段論法。在布爾的系統裡，亞里斯多德考慮的四種主謂命題可以寫成這樣：

$Sap：s(1-p)=0$

$SeP：sp=0$

$SiP：sp \neq 0$

$SoP：s(1-p) \neq 0$

將三段論法寫成這樣的好處，就是使用簡單的代數，便可以確定哪個是有效的。舉例來說，一個三段論證有以下兩個前提：

所有的 P 是 M。

沒有 M 是 S。

將這些以代數寫出，我們會得到兩個等式：

$p(1-m)=0$

$ms=0$

以尋常代數來看，第一個可以改寫成這樣：

$p=pm$

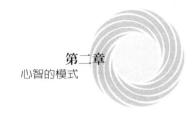

然後，互換一下讓等式只剩下 p 和 s（結論不得包含中項），我們會
發現

$$ps = (pm)s = p(ms) = p0 = 0$$

以文字表示則為：

　　沒有 P 是 S。

　　布爾的邏輯就這麼簡單。一切事物都被化約成初等代數，只是符
號代表的是命題而非數目（就有如格拉斯曼能將有關向量的論證化約
成代數一樣）。

　　利用布爾的代數邏輯，亞里斯多德原本的三段論法裡的兩個錯誤
終於被發現了。兩個亞里斯多德視為有效的圖式，事實上是無效的。　〔62〕
它們都在第三個圖式 aai 和 eao 裡。

　　以文字來表示，第一個圖式是說：

　　所有的 M 是 P。
　　所有的 M 是 S。
　　―――――――――――
　　某些 S 是 P。

寫成代數，它看起來會是這樣：

　　$m(1-p) = 0$
　　$m(1-s) = 0$
　　――――――――
　　$sp \neq 0$

於是，問題就成為：第三個等式會從前面兩個導出嗎？答案是否定
的。如果 $m = 0$，那前兩個等式都成立，不管 s 和 p 代表的是什麼。

結果是，在兩個前提都是真的情況下，結論也有可能是假的，因此，該圖式無效。

同樣的事情也發生在另外一個亞里斯多德錯誤分類的三段論法上。

當 $m \neq 0$ 時，這兩個三段論法都行得通，倒是真的。而這也無疑地說明了爲什麼這錯誤一千多年來都沒被發現。當我們憑藉著文字，譬如謂詞來思考時，我們自然不會想到是否其中一個謂詞描述的是一件不可能的事。但是，當我們只操作簡單的代數等式時，檢視該項是否爲零，不只是自然的舉動，甚至對數學家來說，是他們的第二天性。

重點是，將邏輯的模式翻譯成代數的模式並沒有改變這些模式的本質，不過卻會改變人們能夠思考這些模式的方法。在一個架構底下看起來不自然且困難的問題，在另一個架構之下可能很自然且簡單。在數學以及其他各行各業裡，重要的通常都不是你所說的*什麼*，而是你說它的*方法*。

研究邏輯的原子進路

布爾的代數系統成功了，而且是非常成功地捕捉到亞里斯多德的三段論邏輯。不過，它的重要性卻不只是因爲這樣而已。

儘管有著所有內稟的意義，亞里斯多德的系統實在是太窄了。雖然許多論證都可以重新改寫成一系列的主謂命題，但是，這通常並不是用來表示論證的最自然方法。除此之外，許多論證實在無法放到三段論法的模組（syllogistic mold）裡面。

自從布爾大膽地將代數應用在推論的模式上，邏輯學家在尋找推理模式時使用的進路更爲廣泛。他們接受任何的命題，而非研究和特定命題有關的論證（就像亞里斯多德做的一樣）。如此做的同時，

〔63〕

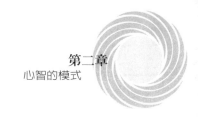

他們復甦了一種亞里斯多德的競爭對手斯多噶學派（the Stoics）所發展，但已遭遺忘許久了的邏輯進路。

在斯多噶的進路中，你以一些基本、未經過分析的命題作為起點。關於這些命題你唯一瞭解的是：它們就是（are）命題；也就是說，它們不是真的就是假的敘述（雖然一般來說，你並不知道是哪個）。一些精確限定的規則（概述如下）使你可以將這些基本的命題結合成更為複雜的命題。於是，你分析包含一系列這些合成命題的論證。

這個系統我們今天稱為命題邏輯（propositional logic）。它非常抽象，因為找到的邏輯模式完全沒有任何脈絡（或上下文）。這個理論完全獨立於各種命題所涉及的事。它和物質的分子理論非常相像，也就是說，你將分子視為由不同的原子組成，但是，你不去分析這些原子，而專注在它們如何組合在一起上。

就像亞里斯多德的三段論邏輯一樣，命題邏輯同樣也有限制太多這個缺點；畢竟不是所有論證都屬這一類。但是不管如何，非常多的論證可以運用命題邏輯來分析。除此之外，利用此一進路所發現的邏輯模式，對於數學證明的概念，以及一般的邏輯演繹，提供了相當可觀的洞識。因為這理論獨立於各種命題的指涉，所以其中發現的模式，就是純粹（pure）邏輯的模式。

我們今日用來合併命題以獲得更複雜合成命題的大多數規則，斯多噶基本上都曾經考慮過（之後，布爾也有想到）。不過，我在這裡將提出的描述，考慮了之後許多年經過多次改善的版本。

由於我們對於一個命題所知道的唯一事實，就是它非真即假，因此，「真理」（truth）和「假偽」（falsity）這些概念在這個理論裡舉足輕重，也就一點都不令人意外。當命題被合併時所出現的邏輯模式，就是有關真理的模式（pattern of truth）。

　　舉例來說，一種合併命題的方法就是合取（conjunction）的運算：給定命題 p 和 q，建立新命題〔p 且 q〕。例如，約翰喜歡冰淇淋以及瑪莉喜歡鳳梨這兩個命題的合取，就是合成命題約翰喜歡冰淇淋和瑪莉喜歡鳳梨。一般來說，我們對於合成命題〔p 且 q〕所能希望知道的事，就是給定 p 和 q 的真假地位（truth status）時，合成命題〔p 且 q〕的真假地位為何。思考一下，就會想到適當的模式。如果 p 和 q 兩個都是真的，那麼，合取〔p 且 q〕就會是真的；如果 p 和 q 其中一個或兩個都是假的，那麼，〔p 且 q〕就會是假的。

〔64〕

　　這個模式也許用表格形式來表示，亦即我們稱為真值表（*truth table*）的東西，最為清楚不過。這裡有合取和其他三種命題運算，即析取（disjunction）〔p 或 q〕、條件（the conditional）〔$p{\rightarrow}q$〕，以及否定（negation）〔不是 p〕的真值表。

p	q	p 且 q
T	T	T
T	F	F
F	T	F
F	F	F

p	q	p 或 q
T	T	T
T	F	T
F	T	T
F	F	F

p	q	$p{\rightarrow}q$
T	T	T
T	F	F
F	T	T
F	F	T

p	非 p
T	F
F	T

　　在這些表裡，T 代表的值是「真的」，而 F 代表的值是「假的」。按

列來讀，每個表指出的，就是合成命題的眞值源自其各自成分的眞值。這些表提供了這些邏輯運算的形式定義。

表裡面最後的「非 p」是不釋自明的，不過，其他的兩個則需要解說一下。在我們的日常語言裡，「或」這個字有兩個意義。它的意義可以是不相容的，比如說「這扇門是鎖著的或不是鎖著的」。在這例子裡，這兩個可能性裡面只有一個是眞的。除此之外，它也可以是相容的，比如說「等一下會下雨或下雪」。在這例子裡，兩者都會發生的可能性是有的。在日常溝通裡，人們通常要依賴上下文以明白表達自己的想法。但是，在命題邏輯裡並沒有上下文，只有眞或假的赤裸裸知識而已。因為數學需要無疑義的定義，所以，數學家必須在制定命題邏輯的規則時做出選擇，而他們所選擇的是相容性的版本。我們可以在析取的眞值表裡，看到他們的決定。因為要以相容性的「或」，以及其他邏輯運算來表示不相容的「或」，是一件很簡單的事；做出這個特別的決定，並不會造成什麼損失。不過，這選擇並非隨意決定的。數學家選擇了相容性的「或」，是因為它所衍生出的邏輯模式，和我們上一節所敘述的布爾代數非常相似。 〔65〕

沒有通用的英文字可以直接對應到條件運算（conditional operation）。它和邏輯蘊涵（logical implication）相關，因此，「蘊涵」應該是意義上最接近的字。但是，條件並沒有完全捕捉到蘊涵的概念。蘊涵會牽涉到某些因果關係；如果我說 p 蘊涵 q（「若 p，則 q」的另一種說法），你就會瞭解 p 和 q 之間會有某種連結。但是，命題邏輯的運算完全定義在眞理和假僞之上，而這個定義方法對於捕捉蘊涵的概念，還是太狹隘了。藉由捕捉到兩種由蘊涵衍生出的有關眞理的模式，條件蘊涵已盡其所能了：

- 如果 p 蘊涵 q，那麼，q 為眞就可以從 p 為眞導出。
- 如果情況是 p 為眞而 q 為假，那麼，就不可能有 p 蘊涵 q 的情況發生。

這些考慮給了你條件蘊涵眞值表的前兩行。表裡所剩下的，即兩個 p 是假的例子，是按一種導出最有用理論的慣例來完成。這裡你有一個例子，其中你被一個數學的模式，而非存在於眞實世界裡的模式所引導。

因為這些各式各樣的邏輯運算純粹以它們有關眞理的模式來定義，假設兩個合成命題在眞值表的列對列（row-by-row）上完全相同，那麼，這兩個合成命題在意圖與目的上是相等的。藉由眞值表之計算，我們可以導出邏輯代數的各種定律。假設符號 $\otimes$ 代表且，符號 $\oplus$ 代表或，一個減法的符號代表否定，你就可以瞭解這些邏輯連詞（logical connectives）各別與算術運算裡的 ×、＋和－相似及不相似的地方。為使其和算術的對比更明顯，我這裡用 1 代表為眞的任何命題（比如說 5＝5），用 0 代表為假的任何命題（比如說 5＝6）。

$$p \otimes q = q \otimes p \qquad\qquad p \oplus q = q \oplus p$$

$$p \otimes (q \otimes r) = (p \otimes q) \otimes r \qquad\qquad p \oplus (q \oplus r) = (p \oplus q) \oplus r$$

$$p \otimes (q \oplus r) = (p \otimes q) \oplus (p \otimes r) \qquad\qquad p \oplus (q \otimes r) = (p \oplus q) \otimes (p \oplus r)$$

$$p \otimes 1 = p \qquad\qquad p \oplus 1 = 1$$

$$p \otimes 0 = 0 \qquad\qquad p \oplus 0 = p$$

$$-(p \otimes q) = (-p) \oplus (-q) \qquad\qquad -(p \oplus q) = (-p) \otimes (-q)$$

$$-(-p) = p$$

$$p \rightarrow q = (-p) \oplus q$$

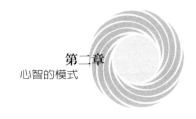

一個更強力的關係將以上的模式和布爾代數連接在一起。如果 $p{\otimes}q$　〔66〕
符合布爾的乘積 pq、$p{\oplus}q$ 符合布爾的和 $p+q$，$-p$ 符合布爾的 $1-$
p；如果 1 和 0 各別符合布爾的 1 和 0，那麼，上述除了最後一個之
外的所有等式，對於布爾的邏輯都成立。

在這些所有的等式裡，「相等」並不是名副其實的相等。它只表
示兩個相關的命題有相同的真值表。特別是，按這個「相等」的意義
來看，下列為真：

7 是質數＝三角形的內角和是 180°

因為這個「相等」的特別意義，數學家通常會在類似的等式裡，
使用一個不同的符號，寫成↔或者是 ≡，而不是＝。

附帶一提，雖然以上列出來由代數等式表示的許多邏輯性質，都
是由斯多噶學派發現，但是，他們完全沒有使用代數記號，而是全以
文字書寫。正如你可以想像的，這表示他們必須應付很長、實際上無
法閱讀的句子。這應該就是斯多噶式邏輯在布爾指出如何使用代數記
號來研究邏輯模式之前，為何一直處在乏人研究的狀態。

理性的模式

真實的模式解釋了合併命題的規則，但到底是什麼模式和推斷一
個命題到另一個命題有關呢？尤其，在命題邏輯中，到底是什麼取代
了亞里斯多德的三段論法？

答案就是斯多噶已知道的，稱為肯定前件（modus ponens）的簡
單推論法則，如下：

從 $p{\rightarrow}q$ 且 p，推斷 q。

這個法則明確地呼應了條件式（the conditional）對應到蘊涵概念的直觀。

這裡必須強調的是，p 和 q 並不需要是簡單、非合成的命題。對於肯定前件來說，這些符號可以代表任何的命題。的確，遍及在命題邏輯裡，這些幾乎不變的代數符號的使用，代表的是任意的命題，不管是簡單的抑或是合成的。

在命題邏輯裡，一個證明或有效的演繹，會包含一系列的命題，使得每個系列裡的命題，不是從先前的命題以肯定前件推斷出來，就是底蘊於證明的假設之一。證明的過程之中，可使用前節所述的任何邏輯的等式，就像是計算過程中可以使用所有算術定律一樣。

〔67〕

雖然命題邏輯並沒有捕捉到所有類別的推論，甚至所有類別的數學證明，但它還是非常有用。尤其是今日的電腦，簡單來說就是一個可以運用命題邏輯來執行演繹的設計。的確，計算理論的兩位偉大先驅，亞倫‧圖靈（Alan Turing）和約翰‧馮紐曼（John von Neumann）都是數學邏輯的專家。

分裂邏輯原子

試圖捕捉和數學證明有關的模式，最後一步是由蓋斯沛‧皮亞諾（Guiseppe Peano）和郭特洛‧弗列格（Gottlob Frege）在十九世紀末提出。他們的想法是要「分裂邏輯的原子」（split the logical atom）；也就是說，他們說明要如何分解基本命題，其中的命題邏輯採用了未分析的、原子（型）的物件。明確地說，他們在命題邏輯上加入了更多必須依賴命題本質的演繹機制，而不只是真值而已。就某種意義而言，他們的邏輯系統結合了下列兩個強項：亞里斯多德的進

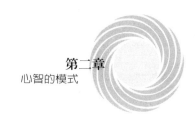

路（其中，演繹法則需要依賴命題的本質），以及能捕捉到純粹邏輯演繹模式的命題邏輯。不過，用來產生後來稱為謂詞邏輯（predicate logic）這個新理論的外加法則，卻比亞里斯多德的三段論法來得更為一般（雖然都有包含「所有」和「有些」這些構成三段論法圖式基礎的概念）。

謂詞邏輯沒有任何未分析的、原子（型）的命題。所有的命題都被視為由更基本的元素建立。換句話說，在謂詞邏輯裡，演繹模式的研究後於且奠基於某種用來形成命題的語言模式之研究。

這個邏輯系統所使用的基本元素並不是命題，而是性質，或者是謂詞。這裡面最簡單的與亞里斯多德邏輯裡的謂詞一樣，比如說：

…是人。

…會死。

…是一個亞里斯多德。

不過，謂詞邏輯允許更複雜的謂詞，包含兩個或更多的物件，比如說：

…嫁給了…

這關係到兩個物件（人），或者是   〔68〕

…是…與…的（總）和

這關係到三個物件（數目）。

謂詞邏輯延伸了命題邏輯，不過，焦點卻從命題轉移到句子（專門的術語是公式〔formula〕）上。這個焦點的轉移是必須的，因為謂詞邏輯允許你構造不見得是真或假的句子，也因此不代表命

題。構造法則包含了命題運算「且」、「或」、「非」，以及條件
式（→），和兩個量詞「全部」及「一些」。和亞里斯多德的邏輯一
樣，「一些」代表的意義是「至少有一個」，比如句子有些偶數是質
數。另外一個意義相同的片語是存在有（there exists），比如說存在
有一個偶數的質數。

　　句子構造的實際法則──謂詞邏輯的文法──很難精準且完全地
寫下來，但是，接下來的簡單例子可以給我們一個大致的概念。

　　在謂詞邏輯裡，亞里斯多德的命題所有的人都會死是如此構造
的：

　　　對於所有的 x，如果 x 是個人，那麼，x 就會死。

這構造看起來比原來的版本更複雜，而要說的話也的確變多了。不
過，好處就是這命題已經被分成它的組成要素，顯示出其內在的邏輯
構造。這個構造在使用邏輯學家的符號而非英文單字和片語時，會更
顯而易見。

　　首先，邏輯學家會將謂詞 x 是個人簡寫成式子男人(x)（Man
(x)），以及謂詞 x 會死寫成會死的(x)（Mortal (x)）。這個記號的改
變，有時候可能使得一些簡單的事情看起來更複雜且神祕，不過，的
確並無此意圖，而是要將直接注意力轉移到有關的重要模式。一個謂
詞的決定性面向，就是它對某個或一些特定物件的真或假。真正算數
的是（1）性質和（2）物件；其他所有東西都是無關的。

　　因此，命題亞里斯多德是個（男）人會被寫成：

　　　（男）人（亞里斯多德）

命題亞里斯多德不是羅馬人會被寫成：

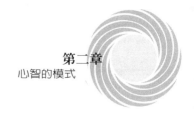

非羅馬人（亞里斯多德）

命題蘇珊嫁給比爾會被寫成：

嫁給（蘇珊，比爾）

這種記號強調的重點，是有關一個謂詞對於某些物件是眞或假的一般　〔69〕
模式：

謂詞（物件，物件，…）
非一謂詞（物件，物件，…）

我們可以使用更進一步的兩種符號。文字全部（All）或者片語
對全部（For all）可以簡寫成上下相反的字母 A：∀。文字一些或者
片語存在有可以簡寫成前後相反的字母 E：∃。使用這種記號，所有
的人都會死看起來就像這樣：

∀x：男人(x)→會死的(x)

用這種方法寫出來，就可以很明顯地立刻看出所有邏輯的組成要素，
以及其底蘊的邏輯模式：

- 量詞∀；
- 謂詞，男人與會死的；
- 在謂詞之間的邏輯連詞，即→。

舉最後一個例子來說明，命題有個男人沒在睡覺可以寫成這樣：

∃x：男人(x)與非睡覺(x)

雖然寫成這樣的命題，對於第一次看到它們的任何人，都會感到有點奇怪，但是，邏輯學家卻發現這記號非常重要。除此之外，謂詞邏輯強力到可以表達所有的數學命題。一個以謂詞邏輯書寫的定義或命題，對於不識此道的人，看起來可能會令他怯步。不過，這是因為這種表現方法沒有隱藏任何的邏輯結構；你在表式中所看到的複雜度，就是被定義的概念，或者是被表示的命題。

和命題邏輯一樣，也存在有法則用來描述謂詞邏輯運算的代數性質。舉例來說，有個法則

$$非 \left[\forall x : P(x) \right] \equiv \exists x : 非 \, P(x)$$

在這法則裡，$P(x)$ 可以是應用在單一物件的任何謂詞，比如說會死的 (x)。以中文寫出來，這個法則的例子就會是

不是所有男人都喜歡足球。 ≡ 有些男人不喜歡足球。

〔70〕　同樣地，就像命題邏輯的例子一樣，符號 ≡ 是說兩種表達方式「是一樣的」。

謂詞邏輯的發展提供給數學家一種用來捕捉數學證明模式的正規方法。這並不代表有人曾經贊成一種對謂詞邏輯法則一味模仿的堅持。沒人堅持所有的數學斷言必須以謂詞邏輯來表示，或者所有的證明都得以肯定前件的形式及牽扯到量詞（這裡沒交代）的推論法則來建構。除了最簡單的證明之外，要如此做會極度吃力，而且得到的證明幾乎讓人無法理解。不過，藉由執行一個對於謂詞邏輯模式的詳細研究，數學家除了更理解正式證明的概念之外，他們更確定了這是個建立數學真理的有效方法。而且，那對同時代數學的其他發展，也具

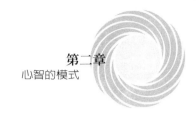

有至大的重要性,這也是我在下節將要討論的。

現代世紀的黎明

十九世紀後半葉是數學活動的光輝年代。尤其是,數學家終於在這段時期設法想出實數連續統(continuum)的恰當理論,也因此為牛頓和萊布尼茲三百年前發展的微積分方法,提供了一個嚴密的基礎(見第三章)。在這個過程中非常重要的就是對於公理(或公設)方法(axiomatic method)的逐增(甚至完全的)依賴。

所有的數學家都要和抽象性打交道。雖然數學的許多部分是被物理世界所引發,從而被用來描述物理世界,不過,數學家實際上要處理的物件——數目、幾何圖形、各式各樣的模式和結構——卻是純粹的抽象。在類似微積分這種主題裡,許多抽象都會牽扯到無窮這個數學概念,也因此不可能和現實世界裡的任何東西相對應。

一個數學家要如何決定一些關於抽象的斷言是真或假?物理學家、化學家或者生物學家通常是以實驗作為接受或拒絕一個假設的基礎,但是,大多數時候數學家並沒有這個選擇。在可以訴諸直接的數字運算來解決的例子裡,是沒有問題的。不過,一般來說,真實世界事件的觀察對於數學事實來說,最多只能算是提示性的,甚至某些時候更會讓人完全誤解,畢竟數學真理與我們的日常經驗與直覺,還是有不小的差異。

非有理的實數之存在,就落在這個反直覺的數學事實範圍裡。在〔71〕兩個有理數之間會有第三個:也就是前兩數的平均數。對於日常經驗來說,我們會認為在一條有理線上已無任何放置其他數字的空間是合情合理的。但是,畢氏學派卻非常沮喪地發現,事情完全不是這麼一回事。

　　雖然畢氏學者對於他們的發現極為震驚，不過，後來的數學家卻因為無理數的存在被證實而接受了它們。自從泰利斯以來，數學的核心就是證明。在數學裡，真理不是以實驗、多數投票或是命令——即使發令者是世界上最偉大的數學家——來決定。數學的真理是由證明來決定。

　　這並不是說數學裡只有證明而已。身為模式的科學，許多數學家關心的是要在世界中找到新的模式、分析這些模式、建構法則以用來描述它們並促進它們更進一步的研究、在其他新領域觀察到的模式裡尋找它們的出現，並且將這些理論與結果應用在日常生活的現象上。在這許多的活動之中，一個合理的問題就是：這些數學的模式與結果，和實際觀察到的或計算出來的，會有多一致呢？然而，就建立數學真理而言，這裡只有一種遊戲：證明。

　　數學的真理基本上都是如下形式：

　　若 A，則 B。

換句話來說，所有的數學事實都是以一些最初的假設，或稱為公理（axiom，由拉丁文 axioma 而來，意指「一個原理」）演繹而來。當一位數學家說某個事實 B 為「真」，她想要表達的是：B 是由某一系列公理 A 為根據而證明出來的。當公理 A 非常明顯，或者數學社群都接受它們時，我們就允許「B 為真」這個簡單說法。

　　舉例來說，所有的數學家都會同意，在「正整數 N 和它的兩倍數 $2N$ 之間會有一個質數」是真實的。他們為何可以如此確定？他們無疑沒有檢驗過每個可能的例子，畢竟這種例子有無窮多個。原因呢，當然是因為這結果是經過證實的。除此之外，這證明只需要每個人都接受確定為關乎自然數的一組公理。

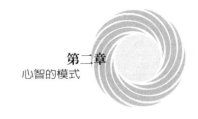

在我們已經確定一個證明有效的前提之下，這過程裡唯一可能有問題的地方就是，這些公理是否和我們一開始的直覺相呼應。在我們 〔72〕 寫下一組公理時，我們從這組公理的物件系統證明出來的任何事情，都會在數學上為真。（嚴格來說，我應該講「任何物件的系統」，因為大多數公理系統都會描述一個以上的物件系統，而不管這些公理一開始為何制定。）不過，也有可能我們公理所描述的系統，並不是你一開始想要描述的那一個。

舉例來說，大約在西元前三五○年，歐幾里得寫下了一組環繞我們世界的平面幾何學公理。從這組公理，他證明了許多結論，而這些結論不只證明得漂亮，在日常生活中更是非常地有用。但是，在十九世紀，有人發現了歐幾里得公理所描述的幾何，也許並不是環繞我們世界的幾何學。它也許只是近似的正確，儘管這個逼近程度無法在每日生活中察覺。事實上，今日物理學理論所假設的幾何學和歐幾里得的不一樣。（我們將會在第四章詳加描述這個精彩的故事。）

在這裡，為了說明公設方法，我們將以十九世紀時為整數（含正、負整數）制定的初等算術公理為例。

1. 對於所有 m，n：$m+n=n+m$ 且 $nm=mn$（加法和乘法的交換律）。

2. 對於所有 m，n，k：$m+(n+k)=(m+n)+k$ 且 $m(nk)=(mn)k$（加法和乘法的結合律）。

3. 對於所有 m，n，k：$k(m+n)=(km)+(kn)$（乘法對加法的分配律）。

4. 對於所有 n：$n+0=n$（加法么元律）。

5. 對於所有 n：$1n=n$（乘法么元律）。

6. 對於所有 n，有個數 k 會使 $n+k=0$（加法反元素）。

7. 對於所有 m，n，k，$k \neq 0$ 時：如果 $km=kn$，那麼，$m=n$（消去律）。

數學家大都會接受這些描述整數算術的公理。特別是，任何以這些公理作爲根據所證明出來的東西，都會被數學家描述爲「眞實的」。不過，要寫下沒有人有希望檢查是非的「事實」，不管是直接計算或是類似數一大堆零錢這種實驗過程，還是非常容易的。舉例來說，下列的等式是眞的嗎？

$$12{,}345^{678{,}910} + 314{,}159^{987{,}654{,}321} = 314{,}159^{987{,}654{,}321} + 12{,}345^{678{,}910}$$

[73] 這個等式是以 $m+n=n+m$ 的形式來表現，因此以公理爲根據，我們知道它是「眞實的」。（事實上，加法的交換律說它是眞的；我們甚至連建構證明都不需要。）然則這是一種「知道」某種東西的可靠方法嗎？

在寫下以上的整數算術公理時，數學家正在描述觀察到的某種模式。每天和小數目相處的經驗告訴我們：相加或相乘兩個數字的順序，並不會影響答案。舉例來說，我們可以數銅板來證明 $3+8=8+3$。如果我們數出三枚銅板再加上八枚，我們得到的銅板總數和先數八枚再加三枚的結果是一樣的，都會是十一枚。這個模式會在我們遇到的所有一對的數字裡重複。更有甚者，我們可以合理地假定：這個模式在明天或後天遇到的其他一對數字上，還會是眞實的，或者其他任何人可能在未來任何時間碰到的任何一對數字，也會是眞實的。數學家引用以日常經驗爲根據的這個合理假設，然後，斷言它對所有一對的（不管是正或負的）整數，都是「眞實的」。

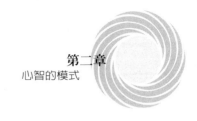

　　因為此類的法則被設為公理，任何遵守所有以上列出法則的物件集體，都會具有以這些公理為根據而證明出來的任何性質。舉例來說，使用以上的公理，我們可以證明任何「數目」的加法反元素（additive inverse）都是唯一的；也就是說，對於任何「數目」n，會使 $n+k=0$ 的「數目」k 就是唯一的。因此，當我們有一個符合所有這些公理的「數目」系統時，這個系統就絕不會包含一個有兩個加法反元素的「數目」。

　　將上一段的「數目」以引號來表示的原因，乃是之前曾經有提過，當我們寫下一組公理時，一般來說都會有一個以上物件系統滿足這些公理。滿足以上這些公理的整數算術系統，就稱為整數域（integral domains）。

　　數學家在整數形成的整數域外，還碰到許多物件。舉例來說，多項式表式也會形成整數域。之前在第一章描述的有些有限算術也是。事實上，有質數模數的有限算術也會滿足一個整數域公理之外另加的第八個公理，即：

　　8. 除了 0 之外的所有 n，有個 k 可以使 $nk=1$。

這就是乘法反元素律（multiplicative inverse law）。它蘊涵了公理 7，即消去律。（更精準地說，假設公理 1 到 6 和 8，是可以證明公理 7 的。）符合公理 1 到 8 的系統稱為體（fields）。

　　在數學裡有許多體的例子。有理數、實數和複數都是體（見第三章）。也有許多體的重要例子裡的物件，並不是「數（目）」——按大多數人所瞭解的這個字的意義。　〔74〕

抽象的力量

對於一個剛和現代抽象數學見面的人來說，它可能像是個無聊的遊戲。不過，公理的形成和各式各樣由這些公理所推論出來的結果，這許多年間被證實是一種處理許多現象極為有力的方法，並且直接影響到我們的日常生活，不論是好是壞。的確，現代生活的許多組成元素，都是以人類利用公理方法所獲得的知識為根據。（當然，並不是所有的東西都根據公理方法，不過，它的確是個本質上不可或缺的成分。比如說，如果沒有公理方法，那麼，科技的發展不會和一個世紀前差多少。）

公理方法為何會如此成功呢？答案大部分要歸功於，公理通常做的確實捕捉到有意義和正確的模式。

哪些陳述會被接受為公理，通常靠的都是吾人的判斷。比如說，在幾乎沒有具體的證據之下，大部分的人們都可以將自己的生命，賭在加法交換律的有效上。（我們在一生之中，曾經有幾次用特殊的一組數字去檢查這個定律的正確性？下次搭飛機時好好想一想，因為我們的生命真的要依靠它！）

這裡當然沒有一個可以解釋這種信念的邏輯基礎。數學充滿了許多有關數目的陳述，它們對於幾百萬個案例都成立，但是，一般而言，並不為真。舉例來說，莫頓猜測（Mertens conjecture）是個關於自然數的陳述，在一九八三年被證明為假之前，它曾經由電腦確認對前 78 億個自然數都正確。然而，在它被證實為假之前，沒有任何人建議將這陳述加到自然數的公理之中。

數學家為何會視數值證據稀薄的交換律為公理，而略去有極多數值證據的假設呢？這決定實質上就只是個判斷而已。要一個數學家採

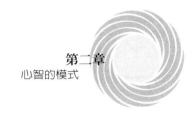

用某個模式爲公理，該模式除了要是個有用的假設之外，還必須得是　〔75〕
「可以相信的」，和她的直覺相呼應，並且愈簡單愈好。和這些要素
比較，支持的數值證據相對來說並不重要——儘管只要一件對立的數
值證據，就可以立刻推翻該公理！

　　當然，沒有任何事情可以阻止任何人寫下一系列的假設，並且用
這些假設來證明定理的眞假。但是，這些定理會有任何實際用途，或
甚至在數學裡應用的可能性，卻是非常地低。因此，這類活動通常
在數學社群裡不會被接受。數學家不會因爲自己的研究被稱爲「玩
遊戲」（playing game）而感到困擾。不過，如果形容他們的研究爲
「無意義的遊戲」（meaningless game），那可就會惹惱他們了。而
且，文明的歷史是站在他們這一邊的：他們獲得的結果，在實際應用
上並不乏見。

　　數學家之所以針對某一系統尋求以一組可信的（believable）公
理作爲開頭，是因爲一旦他試圖以這些公理證明結果，以便瞭解這系
統時，他所做的所有事情都要依據這些最初的公理。公理就像是建築
物的地基。不管數學家多麼小心建造牆壁和其他結構，如果地基不穩
固，整個結構就可能會崩塌。只要一個假的公理，就會使接下來的所
有東西變成錯誤或是無意義的。

　　就像之前概述的，確認某個模式是發展數學新分支的第一步。接
下來，就是該模式對數學物件或結構的抽象化，比如說自然數或三角
形等概念。在數學家研究抽象概念的同時，他們觀察到各式各樣的模
式可能會導致公理的形成。在那時候，就不需要知道一開始導致那些
公理的現象了。一旦公理唾手可得，所有事情都可以邏輯證明爲根
據，在一個純粹抽象的環境中進行。

　　當然，開始這一整個過程的模式，也許是日常生活都會看到的現

象；舉例來說，歐幾里得幾何學裡研究的模式，以及（某種程度上）初等數論的模式都是如此。不過，直接從數學中出現的模式並用同樣的抽象過程來處理它們，也是有可能的。在這情況下，結果就會是一種新層次的抽象。整數域的定義就是這種高層次抽象過程的例子。一個整數域的公理需要捕捉的，不只是整數所顯現出來的模式，還必須捕捉到多項式以及其他數學系統的模式，其中每項本身都是捕捉其他低層次模式的一種抽象化。

〔76〕

十九世紀時，這個從抽象中抽象化的過程，被帶到某種地步，使得所有數學家中只有極少例外可以欣賞大部分的數學新發展。抽象被堆疊在抽象之上，形成一座巨大無比的高塔，直到今天這個過程還在繼續。雖然高層次的抽象可能會使人們迴避現代數學，但是，增加抽象層次本身並不會導致更困難的數學。在每個抽象層次，做數學實際使用的方法（mechanics）大致上是一樣的。只有抽象層次有所改變而已。

有趣的是，這個在過去百年間逐漸增加抽象的**趨勢**，並非只發生在數學裡。同樣的過程在文學、音樂和視覺藝術裡都在發生——而且那些沒有直接參與的人通常也不會欣賞。

集合的多面向概念

在數學抽象層次增加的同時，數學家變得更加依賴抽象集合（set）的概念（「集合」是他們採用的專業術語，意指某些種類物件的任何集體。）

新的數學概念，比如群（group）、整數域、體、拓樸空間（to-pological space）和向量空間（vector space），逐漸被引入和研究，而這裡面的許多學問，都被定義成可以在其上執行某些運算（比如各

種「加法」和「乘法」的運算）的物件之集合。幾何學裡的舊概念，像是直線、圓、三角形、平面、立方體、八面體等等，則被賦予新的定義，也就是符合各種情況的點集。當然，布爾也是以集合的概念來考慮三段論法，以便發展他的邏輯代數研究。

第一個完整的數學抽象集合論，是由德國數學家蓋窩格・康托爾（Georg Cantor）在十九世紀末想出來的，儘管這理論的開頭在布爾的研究裡已經出現。康托爾理論的基本想法可以在布爾處理三段論法的方法裡找到。這理論是以發展集合的「算術」為開頭：

> 如果 x 和 y 是集合，令 xy 代表包含 x 和 y 共有的所有成員的集合，然後令 $x+y$ 代表包含 x 的所有成員和 y 的所有成員的集合。

這個定義和之前給的布爾式邏輯定義之間，唯一的差別就是符號 x 和 〔77〕
y 可以代表任何集合，而不只是命題邏輯裡出現的集合。以下的「算術」公理，之前曾由布爾的類所給出，在此一更普遍的情況下是真實的：

$$x+y=y+x \qquad\qquad xy=yx$$
$$x+(y+z)=(x+y)+z \qquad\qquad x(yz)=(xy)z$$
$$x(y+z)=xy+xz$$
$$x+0=x$$
$$x+x=x \qquad\qquad xx=x$$

　　（涉及物件 1 的布爾公理並沒有出現，因為在集合論之中不需要這類物件，引入這類物件也會造成技術上的問題。）

在現今的集合論中，集合 xy 被稱爲 x 和 y 的交集（intersection），集合 $x+y$ 則被稱爲聯集（union）。這種運算更常見的一個標記法就是 $x\cap y$ 代表交集，$x\cup y$ 代表聯集。除此之外，當代的數學家都會以 Ø，而不是 0，來代表空集，亦即沒有成員的集合。（空集對於集合論，就像是零這個數目對於算術一樣。）

對於不超過一打左右成員的小集合來說，數學家會使用一種明確標示成員的標記法。舉例來說，包含數字 1，3 和 11 的集合寫成這樣：

$$\{1, 3, 11\}$$

更大的或者無窮的集合顯然無法以這種方法表示；因此，在這種例子中，需要找出描述該集合的其他方法。如果一個集合裡的成員有個明顯的模式，那麼這模式就可以用來描述該集合。舉例來說：

$$\{2, 4, 6, \cdots\}$$

代表的是所有偶數的無窮集合。通常，唯一合理用來描述這種集合的方法，就是用說的，比如說「所有質數的集合」。

當物件 x 是集合 A 的成員時，寫成 $x \in A$ 是很普遍的；同理，當 x 不是 A 的成員時，也會寫成 $x \notin A$。

無中生有的數目字

集合論看起來雖然簡單，卻極爲有力。數學家甚至利用集合論回答了最根本的問題：數（目）到底是什麼？

〔78〕　當然，大多時候數學家都不會問自己這個問題。他們和其他人一樣，只是簡單地使用數目。但是在科學裡，我們都有想要將某個概念

化約成更簡單和更基本的欲望。數學也不例外。

要回答「數目是什麼?」這個問題,數學家說明了實數如何可以運用有理數來描述,有理數可以運用整數來描述,整數以自然數來描述,然後自然數以集合來描述。在不深入的情況下,以下就是前三個化約(reduction):

實數可以被定義為有理數的某個(無窮)集合裡的某些數對(pairs)。

有理數可以被定義為整數對的某個(無窮)集合。

整數可以被定義為自然數的數對。

假如接受任意集合的概念為基本,這個解開謎題的過程,會在提供自然數一個描述時結束。更有甚者,它結束的方式讓人吃驚。在集合論中,要構成一個由無——準確來說,是空集 Ø——開始,包含全部自然數的集合是有可能的。步驟就是這樣:

將數目 0 定義為空集 Ø。

數目 1 於是就會被定義成集合{0},剛好有一個成員的集合,而該成員就是數目 0。(如果我們解讀這一步驟,會發現數目 1 會等於集合{Ø}。仔細想想,我們會發現這和空集不太一樣;Ø 沒有成員,但是,集合{Ø}卻有一個成員。)

數目 2 則會被定義成集合{0, 1},數目 3 是集合{0, 1, 2},等等。

當一個新數目字被定義時,我們會使用它和之前所有的數目字,來定義下一個。一般來說,自然數 n 是包含 0 以及所有小於 n 的自然數的集合:

$$n = \{0, 1, 2, \cdots, n-1\}$$

（因此，自然數 n 是個有剛好 n 個成員的集合。）注意到這整個程序都是由空集 Ø 開始的，也就是說，從「無」開始的。非常聰明吧。

基礎的裂痕

〔79〕　　二十世紀剛開始時，威力爲眾人所知的集合論已經成爲數學裡很一大部分的普遍架構。因此，數學界在一九〇二年六月的某個早晨甦醒，並發現集合論有著根本的不一致——也就是說，利用康托爾的集合論，可以證明 0 等於 1——的時候，造成了相當大的恐慌。（嚴格來說，這個問題是瑞典數學家弗列格在公理化集合論時發生的。不過，弗列格的公理只單純地形式化了康托爾的想法而已。）

在所有可以於公理系統中出現的錯誤裡，不一致（或不相容）絕對是最壞的。我們可以處理難以理解的公理。我們可以處理反直覺的公理。甚至，如果我們的公理在沒有精準敘述我們企圖想要捕捉的構造時，它們也許會找到其他的應用，而這情況也發生過不只一次。但是，一個不一致的公理集合完全沒有用。

這個不一致是貝傳德・羅素（Bertrand Russell）在弗列格新理論的著作第二卷正要印刷時發現的。羅素的論證驚人地簡單。

根據康托爾和弗列格，以及大部分任何當時在意思考這一議題的數學家來說，對於任何性質 P，一定會有一個擁有性質 P 的所有物件的對應集合。舉例來說，如果 P 是有關成爲三角形的性質，那麼，對應 P 的集合就是所有三角形的集合。（弗列格的研究大部分都是要發展一個和這想法對應的有關性質的形式理論；這理論就是本章之前討論的謂詞邏輯。）

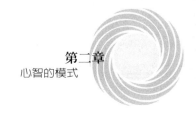

擁有性質 P 的所有物件 x 的標準標記法是

$\{x \mid P\}$

舉例來說，所有質數的集合可以寫成

$\{x \mid x \text{ 為質數}\}$

在這例子中，性質 P 可被應用在自然數上，結果得到的集合就是個自然數的集合。羅素的論證和可以應用在集合上的性質 P 有關；對於這種性質，對應的集合就會是個諸集合的集合。

一個應用在集合上的性質 P 就是，一個集合為它自己的成員之一。有些集合有這個性質；它們是自己的成員。舉例來說，如果 M 代表本書裡所有明確命名集合的集合，那 M 就是自己的成員（$M \in M$）。另一方面，也有些集合沒有這個性質 P；這些集合不是自己的成員。舉例來說，所有自然數的集合（N）本身並不是個自然數，因此，不是自己的成員之一（$N \notin N$）。

為了推出矛盾，羅素注意的不是性質 P，而是有密切關係的性質 R，亦即集合 x 不是自己的成員。有些集合有這個性質（N）；其他的就沒有（M）。R 雖然有點新穎，不過，看起來仍是個非常合理的性質，因此，根據康托爾和弗列格，應該會有個對應的集合——先稱呼它為 ℓ。ℓ 就是擁有性質 R 的所有集合的集合。以符號表示，就是： 〔80〕

$\ell = \{x \mid x \text{ 是集合，且 } x \notin x\}$

目前看起來一切都好。但是，羅素又再問了一個非常合理的問題：這個新的集合 ℓ 是否為自己的成員之一？

　　羅素指出如果 ℓ 是自己的成員之一，那麼，ℓ 一定會有定義 ℓ 的性質 R。而這也表示 ℓ 不是自己的成員之一。因此，ℓ 同時是也不是自己的成員，這是個不可能的情形。

　　羅素繼續問道，如果 ℓ 不是自己的成員時會怎樣。在那情況之下，ℓ 必須不能符合性質 R。因此，這並非 ℓ 不是自己成員的例子。最後那一個尾句只是說明 ℓ 是它自己一員的複雜說法。因此，又一次地，無法迴避的結論說明了 ℓ 同時是也不是自己的成員，一個不可能的情況。

　　現在我們在一個完全的死巷裡。ℓ 不是自己的一員，就是自己的一員。不管怎樣，我們的結論就是：它同時是也同時不是。這個結果被稱為羅素悖論（Russell's paradox）。這個發現指出了康托爾的集合論出了一點問題——但，是什麼問題呢？

　　因為羅素的推論是正確的，要解決悖論的方法看起來只有一種：集合 ℓ 的定義在某個地方一定有錯。不過，它的定義已經簡單到不能再簡單了。用來構成各式各樣數系的集合還要更為複雜。雖然有點不情願，數學家也只好拋棄對於任何性質都會有個對應集合——擁有該性質的物件的集合——這個假設。

　　這個情況有點類似畢氏學派發現有長度無法和任何已知數對應的時候。而且再一次地，這次也沒有選擇的餘地。面對一個已經證明基礎有錯的情況，一個理論不管多簡單、優雅或是直觀，都必須被修改或取代。康托爾的集合論就擁有這三者：簡單、優雅、直觀。它終究得被捨棄。

　　取代康托爾集合論的，是一個由厄斯特·策梅洛（Ernst Zerme-lo）和亞伯拉罕·法蘭克（Abraham Fraenkel）發展出的一個公設集合論（axiomatic theory of sets）。雖然策梅洛－法蘭克集合論得以在

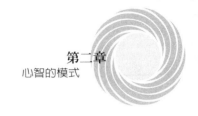

精神上勉力地接近康托爾抽象集合的高度直觀概念，也證明了它是所有純數學的適當基礎，不過，我們必須承認這個理論並不怎麼優雅。〔81〕和康托爾的集合論相比，策梅洛引進的七個公理，以及法蘭克引進的細微的額外公理，其組合還真是雜亂無比。它們描述的法則導致數學所需的各種集合，同時，也小心繞過羅素所揭開的種種困難。

策梅洛和法蘭克對於集合的分析，對大多數數學家來說是足夠的，他們也接受由此而得的公理是正確的，並可以作為數學的根據。但是，對許多人來說，與羅素悖論的初次接觸，以及必須採取的迴避步驟，產生了一種純真的失落。一個純集合的概念看起來可能是簡明的精髓；但是，更密切的分析顯示結果並不然。集合論可能是人類智能與抽象精髓的終極純粹創造，不過，就像所有數學的偉大構造一樣，它規定了自己的性質。

希爾伯特綱領的崛起和沒落

在羅素摧毀康托爾直覺性的集合論後三十年，一個類似的動盪發生了，而且有著同樣令人震驚的後果。在這第二次的場合裡，受害者則是公理方法本身，而當時它最有影響力的鬥士，就是德國數學家大衛·希爾伯特（David Hilbert）。

數學的公理進路使數學家可以分開有關可證性（provability）和真理（truth）的議題。假如你可以找到由適當的公理推論出來的邏輯有效論證，就表示一個數學的命題是可證明的（provable）。一個已證明的命題在假設的公理為真的情況之下，就是真（實）的（true）。前面那個概念——可證性——是個數學家至高無上世界裡的純粹技術想法；後面的概念——真理——則牽扯到深入的哲學問題。將這兩個想法分開之後，數學家繞過和真理有關的棘手問題，

而專注在證明之上。在將自己限制於以假設的公理系統爲根據，以證明其結果這個任務上，數學家可以將數學視爲一種形式遊戲（formal game）——一個從相關的公理開始，以邏輯爲規則的遊戲。

發現適當的公理，很顯然是這種後來稱之爲數學形式主義進路（formalistic approach）的重要因素。隱藏於形式主義背後的假設是，假如我們尋找得夠久，我們總會找到所有需要的公理。這麼一來，公理系統的完備性（completeness）就成爲一個很重要的議題了，即是：已經找到足夠的公理來回答所有問題了嗎？舉例來說，在自然數的例子裡，已經有一個由皮亞諾制定的公理系統。這個公理系統是完備的，還是需要額外的公理呢？

〔82〕

第二個重要問題是：公理系統是前後一致的（consistent）嗎？以羅素悖論極爲明顯的示範來說，寫下一個描述高度抽象數學的公理，是一件極爲困難的差事。

這個尋找前後一致、完備公理系統的純粹形式主義進路，後來被稱爲希爾伯特綱領（Hilbert program），以當時一位傑出數學家大衛‧希爾伯特（David Hilbert）命名。雖然他不是和弗列格及羅素一樣的邏輯學家，然而，數學的基礎問題對希爾伯特來說特別重要，因爲他自己的研究本質上是高度抽象的。比如說，他留給數學的遺產有一個叫作希爾伯特空間（Hilbert space），一種三維歐幾里得空間的無窮多維類比（analogue）。

任何相信希爾伯特綱領可以達成的夢想，在一九三一年被粉碎了，當時，一位年輕的奧地利數學家克特‧哥德爾（Kurt Gödel）（見圖 2.3）證明出一個結果，永遠改變我們對數學的看法。哥德爾定理是說：如果我們爲數學的某個大部分寫下任何前後一致的公理系統時，那麼該公理系統一定是不完備的，因爲永遠都會有以這些公理

〔83〕

圖 2.3：克特‧哥德爾（1906-1978）。

為基礎而無法回答的問題。

上段裡的「大部分」（reasonably large），表示要排除像單點幾何（0─維幾何）這樣無聊的例子。為了證明哥德爾定理，你必須瞭解，相關的公理系統應包括初等算術的所有公理，或者是豐富到容許它們的推論。這大概是能放進數學的公理系統的最薄弱需求了。

哥德爾讓人完全意外的結果證明是高度技術性的，不過，他的想法很簡單，乃是源自古希臘的騙子悖論（paradox of the liar）。假定一個人站起來，並且說「我在說謊」。如果這個斷言是真實的，那麼，這人的確在說謊，也就是說他說的是假的。另一方面，如果斷言是假的，那麼，這人一定沒在說謊，那表示他說的是真的。不管怎樣，這個斷言都是矛盾的。

哥德爾找到一種方法，將這個悖論翻譯到數學裡去，以可證性取代真理。他的第一步就是說明如何將命題邏輯翻譯成數論。包括在這

121

個翻譯過程之中的，是一個由公理而來的形式證明想法。他還提出了一個特別的數論式命題（number-theoretic proposition），即

（＊）本頁標上星號的命題是不可證的。

首先，命題（＊）（或者是說，哥德爾的形式版本）必須是眞的或假的（這裡考慮的數學構造有，比如說，自然數的算術或集合論）。如果命題是假的，那它一定可以被證明。你光看（＊）就可以達成這個結論。但是，因爲公理系統的前後一致是被假設的，任何可以證明的都一定是眞的。因此，如果（＊）是假的，那它就是眞的，也就成爲一個不可能的情況。因此，（＊）一定是眞的。

命題（＊）是可以（以相關的公理爲根據）證明的嗎？如果是，那和剛才提到的一樣，它對那系統就一定是眞的，也就代表它是不可證明的。這又一次是個前後矛盾的情況。結論就是，命題（＊）無法由給定的公理證明出來。因此，（＊）是個結構上眞實的命題，但是，該結構的公理卻無法證明它。

哥德爾的論證對於你能寫下的數學結構的任何一組公理都行得通。你必須可以寫下公理，這個規定很重要。畢竟，存在有一個無聊的方法，可以獲得一個公理系統，並且可以用來證明所有該結構的眞實命題，而該方法聲明所有眞實命題的集合就是公理的集合。這和公理進路的精神不符，因此，是一個毫無用處的公理化。

〔84〕

另一方面，「寫下來」（write down）這一詞的意義，可以是非常廣闊和理想化的。它所允許的，不僅是只能原則上被寫下的極大之有限公理集合，更允許某種特定公理的無窮集合。關鍵的要求就是你必須擬定一個或更多的規則，說明這些公理可以被寫下來。換句話說，公理本身必須顯現出一個非常明確的語言模式（linguistic pat-

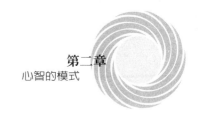

tern）。自然數的皮亞諾公理和集合論的策梅洛－法蘭克公理，都是這一類的無窮公理系統。

哥德爾的發現，在數學重要的領域上，比如數論或集合論，說明了沒有一個前後一致的公理集合可以是完備的，它明確地顯示希爾伯特綱領所要達成的目標是不可能的。事實上，情況甚至更嚴重：哥德爾進一步說明，眞實性無法由公理證明的命題，正是聲稱這些公理前後一致的命題。因此，你甚至連證明自己的公理前後一致的希望都沒有。

總之，在公理化的遊戲裡，你唯一能做的，就是假設自己的公理前後一致，並且希望它們足夠豐富，讓我們可以解決對我們來說最重要的問題。我們必須接受自己的公理無法解決所有問題的事實；永遠都會有我們無法由這些公理證明的眞實命題。

邏輯的黃金年代

雖然哥德爾定理標示了希爾伯特綱領的結束，但是，它的證明所引進的，卻可形容爲邏輯的黃金年代。這個從一九三〇到一九七〇年晚期的時期，在現今普遍被稱爲「數理邏輯」（mathematical logic）的領域中，見證了許多熱絡的活動。

從一開始時，數理邏輯就被分成許多相關的部分。

證明論（proof theory）在由亞里斯多德開頭，並由布爾接手的數學證明研究上，展開了新的領域。最近幾年裡，這個數理邏輯分支所使用的方法和獲得的結果，在電腦運算，尤其是人工智慧上發現了許多用途。

由波蘭裔美國數學家阿爾弗列德・塔斯基（Alfred Tarski）和其他人發明的模型論（model theory），則探討數學結構裡眞實和該結

構命題之間的連結。結果就是之前稍微提到的，任何公理系統對於一
〔85〕 個以上的結構都會是真實的，這就是模型論的定理。一九五○年代，
美國邏輯學家和應用數學家亞伯拉罕‧羅賓遜（Abraham Robinson）
利用模型論的技巧，想出一個無窮小量（infinitesimals）的嚴密理
論，從而提供了一種方法，發展出不同於十九世紀的微積分（見第三
章），而且在許多方面上更加優秀。

　　集合論在模型理論技巧被導入到策梅洛－法蘭克集合論的研究
時，獲得了新的動力。一個巨大的突破出現在一九六三年，年輕的
美國數學家保羅‧柯亨（Paul Cohen）找到了一個方法，嚴密地證明
某種陳述是不可決定的（undecidable）──也就是說，可以根據策梅
洛－法蘭克的公理，來證明它既不眞也不假。這個結論的範圍比哥德
爾的理論還要廣泛。哥德爾定理只簡單地告訴我們，對於一個類似策
梅洛－法蘭克集合論的公設系統，將會有某些不可決定的陳述存在。
柯亨的技巧使數學家可以取特定的數學陳述，並且證明這些特殊的陳
述是不可決定的。柯亨本人便利用這個新技巧，處理由希爾伯特在一
九○○年提出的連續統問題。柯亨說明了這問題並非不可決定的。

　　可計算性理論（computability theory）也是從一九三○年開始
的，而且哥德爾本人在這領域也做出不少重要的貢獻。從今天的觀點
回溯可計算性的想法，在任何眞實電腦都還沒組裝出來的二十年前，
以及桌上型電腦問世的五十年前，它如何被操作，是非常有趣的。尤
其，英國數學家圖靈證明了一個抽象定理，建立了一個事實：單台計
算機器可以用來執行任何計算的理論可能性。美國邏輯學家史蒂芬‧
柯爾‧克林（Stephen Cole Kleene）則證明了另一個抽象定理，說明
給這台機器的程式和它執行的資料基本上是一樣的。

　　這些數理邏輯領域的共通點就是，它們都是數學的。我這樣講，

並不是說這些研究只以數學的方式進行，而是總的來說，它們的主題內容都是數學本身。因此，這時期作出的邏輯巨大進步，代價是很高的。邏輯是從古希臘人企圖分析人類推論的時候開始，而不單指數學的推論。布爾的邏輯代數理論將數學的方法帶入推論的研究之中，不過，被檢視的推論模式還是可以被認定為一般性的。然而，二十世紀的高度技術數理邏輯在使用的技巧和推論的研究種類上，都專屬於數學。在達成數學面向的完善之際，邏輯很大程度上已脫離了固有的、利用數學來描述人類心智模式的目標了。 〔86〕

不過，當邏輯學家將數理邏輯發展為數學的一個新分支時，利用數學來描述心智模式又再度開始了。這一次不是數學家在做這些研究，而是另外一組非常不同的學者們。

語言的模式

對於大數人來說，發現數學可以用來研究語言的結構——他們每天使用，真實的、人類的語言：英語、西班牙語、日語等等——的時候，都是很吃驚的。無疑地，日常語言一點都不數學，不是嗎？

看看下面列出的 A、B 和 C。在每個例子裡，迅速決定你看到的是否為名符其實的句子。

A. 生物學家發現 *Spinelli morphenium* 是個可研究的有趣物種。

B. 許多數學家都被二次互反所吸引。

C. 香蕉粉紅因為數學指定。

你會在幾乎不用多想的一瞬間決定，A 和 B 是恰當的句子，但 C 不是。

然而 A 卻含有一些你從來沒看過的文字。我為何可以如此確定

呢？因為這兩個字 *Spinell i*和 *morphenium* 是我虛構的。所以實際上，你相當快樂宣稱的恰當句子，只是一串「文字」，其中有些甚至不是文字！

在 B 例裡，所有的文字都名符其實，而這句子也的確為真。但除非你是位職業數學家，否則碰到二次互反（律）（quadratic reciprocity）這個詞的機率微乎其微。不過又一次地，你會很快樂地認為 B 是一個名符其實的句子。

另一方面，我很確定你會毫不猶豫地決定 C 不是句子，雖然你很熟悉裡面相關的所有字。

你是怎麼幾乎不費力地執行這個看似神奇的技藝呢？更準確地說，是什麼區別了例子 A、B 和例子 C 呢？

〔87〕　很明顯地，這和句子是否為真無關，甚至也和你是否瞭解句子的意義無關。同時，也無關你是否知道句子裡的所有字，或甚至這些是否為真的字。真正算數的是句子（或者例子裡的非句子）的全面結構。也就是說，決定性的特色就是文字（或者非文字）擺在一起的方式。

這個結構呢，當然是一個高度抽象的東西；你無法像指出個別字或句子那樣指出這個結構。你所能做的，就是觀察到例子 A 和 B 有適當的結構，而例子 C 沒有。這也就是數學出面的地方，因為數學就是抽象結構的科學。

為了彼此之間的說、寫和相互瞭解，我們潛意識地、毫不費力地依賴的語言抽象結構，就稱為語法結構（syntactic structure）。一個用來描述該結構的「公理」集合，就是該語言的文法。這種運用另一角度審視語言的方法相當新穎，而且是從一九三〇和一九四〇年代發展出的數理邏輯中得到靈感。

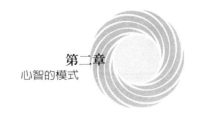

在二十世紀剛開始時，相關學術焦點從語言的歷史面向研究，講它們的根源和演化（通常被稱爲歷史語言學或考據學），轉移到將語言視爲任意時間點所存在的溝通系統之分析，而不去管它們的歷史。這類的研究通常稱爲共時語言學（synchronic linguistics）。以數學爲根據的現代語言學，就是從這個發展之中萌芽的。這個自歷史語言學轉向視語言爲一個系統來研究的變化，是由歐洲的墨金－費得南・戴・索緒爾（Mongin-Ferdinand de Saussure）以及美國的法蘭克・包爾斯（Frank Boas）和李歐納・布倫斐爾德（Leonard Bloomfield）所促成。

布倫斐爾德特別強調一種語言學的科學進路。他是邏輯實證論（logical positivism）的積極擁護者，這個哲學立場由哲學家魯道夫・卡納普（Rudolf Carnap）和維也納學圈（Vienna Circle）倡導。邏輯實證論從數學的基礎，尤其是希爾伯特綱領，和近期邏輯的研究之中獲得靈感，企圖將所有具意義的陳述化約爲命題邏輯和感官資料（我們看、聽、感受、或者聞）的組合。有些語言學家，尤其是美國的查林・哈里斯（Zellig Harris）甚至比布倫斐爾德更進一步，指出數學方法可以應用在語言的研究上。

尋找描述語言的語法結構之公理這一過程，是由美國語言學家諾姆・喬姆斯基（Noam Chomsky）（見圖 2.4）開始的，雖然這個進路的想法早在一世紀之前，就已由威爾赫姆・馮・赫伯特（Wilhelm von Humboldt）提出。喬姆斯基提議，「要爲一個語言寫文法，就是要建立一組延拓，也就是一個理論，來解釋吾人對語言的觀察。」

喬姆斯基在他一九五七年出版的《語法結構》（Syntactic Structures）裡，描述了他用來研究語言的革命性新方法。在這方法出現的幾年之後，這本簡短的專著——正文本身僅佔 102 頁——完全 〔88〕

圖 2.4：麻省理工學院的諾姆‧喬姆斯基。

改變了美國的語言學，將它從人類學的分支變成一門數學的科學。
（在歐洲的效果比較沒那麼戲劇性。）

　　讓我們來看看喬姆斯基風格的英語文法的一小片段。我必須在一
開始先說英語是非常複雜的，而這個例子列出了英語文法裡許多規則
的七個。不過，這已足夠指出文法所捕捉到的結構，其數學的本質。

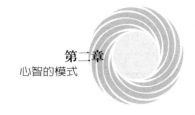

$DNP\ VP \rightarrow S$ 〔89〕

$V\ DNP \rightarrow VP$

$P\ DNP \rightarrow PP$

$DET\ NP \rightarrow DNP$

$DNP\ PP \rightarrow DNP$

$A\ NP \rightarrow NP$

$N \rightarrow NP$

按文字表面來解釋，這些規則裡的第一個是說，一個確定名詞組
（definite noun phrase, DNP）接一個動詞組（verb phrase, VP），會
給我們一個句子（sentence, S）；第二個是說，一個動詞（V）接一
個確定名詞組，會得到一個動詞組；第三個是說，介系詞（preposition, P）接一個確定名詞組，會得到一個介系詞組（prepositional
phrase, PP）；下一個是限定詞（determiner, DET）（比如說 the）接
一個名詞組（noun phrase, NP），會給我們一個確定名詞組。已知 A
（adjective）代表形容詞，N 代表名詞，我們就可以自行推論出剩下
的三個規則。

爲了利用文法來產生（或是分析）英語句子，我們需要的只是一
本辭彙（lexicon）——即字的列表——以及它們的語言學分類範疇。
舉例來說：

$the \rightarrow DET$

$to \rightarrow P$

$runs \rightarrow V$

$big \rightarrow A$

$woman \rightarrow N$

$$car \rightarrow N$$

利用以上的文法和辭彙，我們可以分析如下英語句子的結構：

The woman runs to the big car.

這類的分析通常是以被稱為剖析樹（parse tree）的形式來表現，如圖 2.5。（雖然盡力想像一棵眞的樹，但剖析樹是上下顛倒的，由「根」在上。）

在樹的頂端是句子。每個從樹裡任一點走到下一階層的步驟，就指出文法裡一個規則的應用。舉例來說，由最頂點的第一步下來，代表的是如下規則的應用：

$$DNP \ VP \rightarrow S$$

〔90〕　剖析樹表現的是句子的抽象結構。任何有能力的英語說話者都可以（通常是潛意識地）認出這類結構。我們可以將剖析樹裡的字換成其他字，甚至是非字，而如果替換字對於每個文法分類範疇聽起來都正確的話，得到的句子串聽起來就會像一句英語句子。經由提供公理來決定所有類似分析句子的剖析樹，形式的文法也因此捕捉到英語句子裡的某些抽象結構。

喬姆斯基研究的成功，並不代表數學可以捕捉到我們對語言需要知道的一切。數學從來就沒有捕捉到我們對任何事情需要知道的一切。由數學得到的理解只是一小部分而已。像英語這樣的人類語言是個高度複雜的系統，隨時都在改變和進化。文法也只捕捉到更大圖像裡的一小部分，不過，卻是重要的部分。而那許多部分裡的這一個，〔91〕　也剛好是利用數學技巧最好處理的。英語文法是個複雜、抽象的結

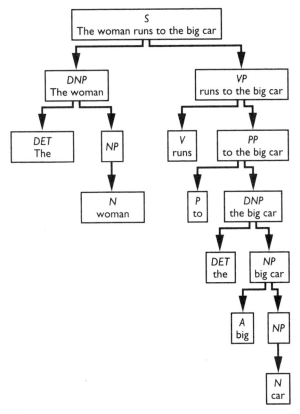

圖 2.5：剖析樹。

構，而數學剛好就是用來描述抽象結構的一個最佳思考工具。

我們文字裡隱藏的指紋

　　喬姆斯基使用代數來捕捉我們共有的語言模式。不過，數學家可以在語言中找到其他的模式，其中之一可以用來從我們書寫的文字辨認我們。在給定足夠長的段落之下，數學家可以確定最有可能書寫的人是誰。而使這情形成為可能的，就是我們經常使用的不同文字的相

對頻率，就像是從指紋辨認出我們一樣，會形成一個確定性的數值檔案（numerical profile），只是沒那麼準確而已。

這個辨認方法的初次應用是在一九六二年，美國數學家費特列‧摩斯特拉（Frederick Mostellar）和大衛‧華里斯（David Wallace）利用這個技巧解決到底是誰寫下了各篇的《聯邦論》（*Federalist*），一個對於研究美國憲法由來的學生們都很重要的問題。

《聯邦論》是一七八七到一七八八年間，由亞歷山大‧漢彌頓（Alexander Hamilton）、約翰‧傑（John Jay）和詹姆士‧麥迪遜（James Madison）著作的八十五份文件之文集。他們的目標是要說服紐約州的人民正式認可新的憲法。因為每份個別的文件上都沒有實際作者的署名，所以，憲法歷史學家碰到的問題就是：每份文件到底是哪位寫的？這個問題相當重要，因為這些文件提供了有關制定憲法以及架構美國未來的人們的洞識。除了十二份文件以外，其餘所有的歷史證據都提供了答案。人們普遍認為漢彌頓撰寫了五十一份、麥迪遜寫了十四份，傑寫了五份。這樣還有十五份不知道是誰寫的。這裡面有十二份的作者是在漢彌頓與麥迪遜之間爭執不下，而其他三份則咸認為是一起寫的。

摩斯特拉和華里斯的策略，就是要在書寫的字跡中尋找模式——不是喬姆斯基和其他語言學家研究的語法結構，而是數值模式。和之前提到的一樣，使這個處理方法成為可能，就是每個人都有一種特定的寫作風格，其元素可以用來進行統計分析。要決定著作者的身分，結合爭議文件的各種數值，可以拿來和已知作者的文件數值互相比較。

一個明顯要拿來細查的數目，就是一位作者在一個句子裡使用的平均字數。雖然這個數目可能依主題的不同而更改，但是，當一位作

者書寫單一主題時（比如《聯邦論》的文件時），每個句子的平均長度在每份文件之中，幾乎是令人驚異地固定。

不過，在《聯邦論》這個事件裡，此種處理方法太過粗糙了。在沒有爭議的文件中，漢彌頓的每個句子平均字數是 34.5，而麥迪遜的則是 34.6。要從句子長度分出作者是誰，是不可能的。

一些看來比較細微的進路，例如比較 while 相對於 whilst 的使用，也無法得到一個確定的結論。

最後終於成功的方法，是精心挑選出三十個每位作者使用的常 〔93〕
見字相對頻率來比較，這些字包括 by、to、this、there、enough 和 according。當這三位作者使用這些文字的比率被輸入到電腦分析中，以用來尋找數值模式時，結果非常戲劇化。每位作者的書寫法都展示了一種特殊的數值「指紋」（numerical fingerprint）。

舉例來說，在未有爭議的漢彌頓的文件中，他使用 on 和 upon 的次數幾乎是一樣的，大概 1,000 個字裡會出現 3 次。而對照的麥迪遜則幾乎從不用 upon 這個字。漢彌頓使用 the 的頻率 1,000 字裡平均 91 次，而麥迪遜則是 94 次，因此，這並無法分辨兩人；但傑使用的頻率是 67 次，所以 the 這個字的使用頻率可以用來分辨傑和其他兩人。圖 2.6 即說明了每位作者使用 by 這個字的不同比率。

這種單一文字的證據，就其本身而言，最多只是示意的，絕非可說服人的。不過，所有三十個字的字比率詳細統計分析，卻更為可靠，最後結論錯誤的可能性也非常地小。

結論就是，麥迪遜幾乎確定是這些爭議文件的原作者。

在一個許多人表明無力做數學的時代，語言學家和統計學家的研究說明了我們使用的語言和數學有關（儘管只是潛意識地），注意到這件事非常有趣。如喬姆斯基所示範的，文法句子的抽象模式是數學

133

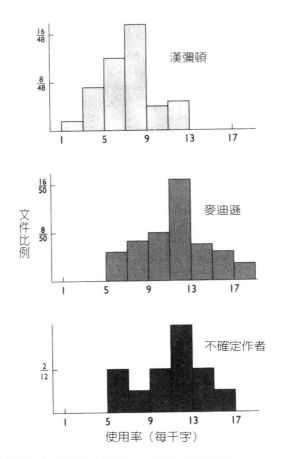

圖 2.6：《聯邦論》作者書寫中使用 by 這個字的頻率模式。

的——至少，它們可以被數學極為恰當地描述——而摩斯特拉和華里斯對於《聯邦論》的分析，說明了當我們書寫時，是用一種文字頻率的確定數學模式來如此做的，而這些文字頻率和我們的指紋一樣獨特。如同伽利略所觀察，數學不只是宇宙的語言，它甚至可用來幫助我們瞭解自己。

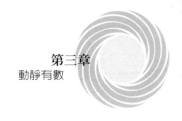

第三章

動靜有數

運動中的世界 〔95〕

我們生活在一個不停運動的世界之中，大部分的運動都可辨識出是規則的。

太陽每個清晨升起，且在白晝的天空掃過一條穩定的路徑。季節更迭，太陽路徑隨著高低升降，如此周而復始。

一個脫落的岩石將從山坡滾下，而一顆石子丟向空中，將會在落地之前畫出一條曲線。

移動的空氣掃過我們的臉龐；雨水落到我們的頭上；潮起潮落；晴空滿佈飄移的浮雲；動物奔跑與行走，或游水或飛翔；植物從地面蹦出、成長，然後死亡；疾病爆發後經由人口而擴散。

可見，運動無所不在，而且，要是沒有它，那將沒有像生命這樣的東西，因為運動以及從一類到另一類的變化，正是生命的核心本質。

某些運動看起來混亂不堪，但是，大部分都具有秩序與規律，展現了可以或至少應該順從數學研究的那種規則模式。不過，由於數學工具本質上都是靜態的，像數目、點、線、方程式等等都無法併入運動之中，因此，為了研究運動，吾人必須找出方法，使得這些靜態的工具，可以用來施加在有關變化的模式上。人類大約花了兩千年才完成這一項壯舉。其中，最大的進步就是十七世紀中葉微積分的發明。 〔96〕

這一個數學進展，在人類歷史上，標誌著一個轉捩點，它對我們的生活所產生的效用，正如同輪子或印刷術的發明一樣，充滿戲劇性與革命性。

本質上，微積分包括一大堆方法，用以描述、處理有關無限（無限大與無限小）的模式。正如古希臘哲學家吉諾（Zeno）藉由一系列誘人的悖論（我們馬上要看到）所指出的：理解運動與變化的關鍵，乃是找到馴服無限的方法。

這裡有另一個悖論：雖然無限並非我們生存世界的一部分，但是，為了分析這個世界的運動與變化，人類的心智似乎需要掌握無限。這麼說來，或許微積分的方法關乎我們本身與關乎物理世界一樣多——一個被它們應用得如此有效的世界。我們使用微積分所掌握的運動與變化的模式，的確對應了我們在這個世界所觀察到的運動與變化。不過，作為有關無限的模式，它們的存在落在我們的心智（靈）（mind）之外。它們是人類為了幫助自己理解這世界而發展出的模式。

一個簡單的實驗，可以演示一個因運動而出現的令人驚奇的特殊數目模式。茲取一條夠長的塑膠排水管，並將它固定為一條坡道（見圖3.1）。在頂端放置一顆球，將它鬆手。在這顆球滾動恰好 1 秒的時候，標記它的位置。現在，將排水管的整個長度標記成與第一個等長，其標數依序為 1，2，3，…。如果你現在再度從頂端鬆開一顆球，沿著它的下降，你將會注意到 1 秒後，它會抵達標數 1 的地方；2 秒後，它會抵達標數 4 的地方；3 秒後，它會抵達標數 9 的地方，而且，只要你的坡道夠長，下一秒的下降處將是標號 16。

此處的模式非常明顯：在 n 秒下降後，這顆球落在標數 n^2 的位置。還有，無論你如何傾斜這條坡道，這永遠為真。

〔97〕

136

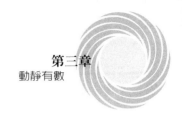

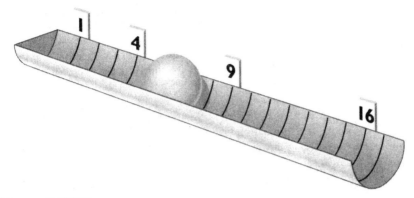

圖 3.1：滾球實驗。

　　雖然這個實驗極易觀察，但是，這個模式的完整數學描述，需要微積分的全部功力，那些技巧將在本章稍後加以解釋。

發明微積分的兩個人

　　微積分被英國的牛頓與德國的萊布尼茲（見圖 3.2）約莫同時、但彼此獨立地發明出來。這兩位的數學洞識即將永遠改變人類的生活方式，然則他們究竟是什麼樣的人呢？

　　牛頓在一六四二年的聖誕節生於烏爾索普（Woolsthorpe）的林肯郡（Lincolnshire）。一六六一年，在一間相當正規的文法學校接受完教育後，他進入了劍橋大學的三一學院，在那裡，他主要靠著自學而精通了天文學與數學。一六六四年，他被拔擢為「學者」（scholar），此身分可以提供他四年的財務支援，以便攻讀碩士學位。

　　一六六五年，劍橋大學因腺鼠疫被迫關閉，那正好是二十三歲的〔98〕牛頓回到烏爾索普老家，開啟史上前所未見的原創性科學思想最有收穫的兩年。流率法（method of fluxions，牛頓對今日微分法的稱呼）

圖 3.2：微積分之父：牛頓爵士與萊布尼茲。

與反流率法（inverse method of fluxions，即今日積分法）的發明，只不過是一六六五與一六六六年間他在數學與物理方面，如洪水奔流的成就之兩端而已。

一六六八年，牛頓完成了碩士論文，並且入選爲三一學院院士——一個終身職。翌年，當巴羅（Isaac Barrow）辭掉頗具威望的魯卡遜數學講座（Lucasian Chair of Mathematics），轉任英王的國教牧師時，牛頓便接下了這個講座。

牛頓因特別懼怕批評，導致一大堆研究成果未曾出版，其中就包括了微積分。不過，在一六八四年，天文學家艾德蒙·哈雷（Edmund Halley）還是說服了他準備部分運動與重力定律成果的出版。一六八七年，終於現身的《自然哲學的數學原理》（*Philosophiae Naturalis Principia Mathematica*，簡稱 *Principia*，《原理》）將永遠改變物理科學，並將牛頓推舉爲世上曾經有過最傑出的

科學家之一，無論是十七世紀或現在。

一六九六年，牛頓辭去劍橋講座，接任皇家造幣廠廠長（Warden of the Royal Mint）一職。在此工作期間，牛頓於一七○四年出版了《光學》（Opticks）一書，這部巨作是他在劍橋時期光學研究的成果概要。在這本書的附錄中，他給了一個自己在四十年前研發的流數法的簡要說明。這是他首度將相關成果公諸於世。一個更完整的說明，亦即《論分析》（De Analysi）則早在一六七○年代早期開始，就已經在英國的數學社群中私下流傳；但是，一直要等到一七一一年才出版。至於有關微積分完備解說的出版，則要等到一七三六年，在他謝世九年之後。

恰好在《光學》問世前，牛頓被推選爲皇家學會（Royal Society）主席，這是大不列顛的科學最高榮譽；一七○五年，英女皇安妮（Queen Anne）頒贈騎士勳章給他，這是皇家的最高頌讚。這一位來自小小的林肯郡，曾經害羞而羸弱的男孩，即將度過堪與國家寶藏比擬的餘生。

牛頓爵士去世於一七二七年，享年八十四歲，並安葬於西敏寺。他的墓誌銘這麼寫著：「人間的凡夫俗子們，你們要恭賀自己曾經有這樣一位偉人爲了人類的榮譽而活！」

微積分的另一位發明者萊布尼茲在一六四六年生於萊比錫。他從 〔99〕小就是個神童，充分利用他父親（一位哲學教授）可觀的學術藏書。到了十五歲時，年輕的萊布尼茲準備進入萊比錫大學。五年後，他完成了博士學位，而在正要展開學術研究生涯時，決定離開大學生活，進入政府部門服務。

一六七二年，萊布尼茲成爲駐守巴黎的一位高階外交官，因而有機會數度走訪荷蘭與不列顛。這些拜訪讓他接觸了當時許多頂尖的學

術領袖，其中荷蘭科學家克里斯丁‧惠更斯（Christian Huygens）啟發了這位年輕外交官重拾數學研究的興趣。這證明是一次幸運的會面，因為到了一六七六年時，萊布尼茲已經從一位數學的實質菜鳥，進步到自行發現微積分的基本原理。

或者他有嗎？也許有人懷疑。當萊布尼茲首度於一六八四年，在他自己所編的期刊《教學紀錄》（*Acta Eruditorum*）發表他的發現時，當時許多英國數學家都大聲喊冤，指控萊布尼茲偷了牛頓的想法。的確，當萊布尼茲在一六七三年造訪倫敦皇家學會時，曾經看過牛頓尚未發表的一些研究報告，而且，在一六七六年，為回應萊布尼茲要求他的發現的進一步資訊，牛頓曾經撰寫兩封回信，提供了某些細節。

儘管他們兩人本身對於此一爭議大都置身度外，不過，英德兩國數學家爭辯誰是微積分的發明者，卻逐漸加溫。牛頓的研究無疑是在萊布尼茲之前完成，但是這位英國人卻未發表任何一丁點東西。相反地，萊布尼茲不僅立即發表他的作品，同時，他比較幾何式的進路，卻在很多方面讓他的處理顯得更加自然，因而迅速地在歐洲風行。誠然，萊布尼茲對微分所採取的幾何進路（頁 161）今日廣被全世界的微積分課堂所採用；同時，導數的萊布尼茲記號（*dy/dx*，正如我們即將看到的）也廣泛使用。然而，牛頓藉由物理運動的進路以及他的記號，在物理學之外，卻極少見到。

時至今日，一般的意見是：雖然萊布尼茲從他閱讀牛頓的部分作品中，清楚地獲得了一些想法，但這位德國人的貢獻，卻十足地有意義，可以頒予兩人「微積分之父」的頭銜。

正如牛頓，萊布尼茲並不滿足於始終研究數學。他研究哲學，發展形式邏輯理論（theory of formal logic）──今日符號邏輯的先驅，

還成為梵文與中國文化的專家。一七○○年，他身任設立柏林科學院　〔100〕
的主力，並擔任院長直到一七一六年去世為止。

不同於牛頓以國葬規格埋骨於西敏寺，萊布尼茲這位微積分的德
國創造者，身後卻是默默無聞。

這些大概就是發明微積分的兩人的故事了。不過，正如數學經常
如此，這故事還得追溯回古希臘。

運動的悖論

微積分所應用的是連續而非離散的運動。不過，在進行首度分析
時，連續運動的核心理念似乎有一點似是而非。試想：在時間中的某
一特殊瞬間，任何物體必定在空間中的某一特殊位置。在那個瞬間，
那個物體與一個靜止的相似物體無法分辨。不過，如果這對於時間中
的每一瞬間都成立，那麼，這個物體怎麼可能運動呢？當然，如果這
個物體在每一瞬間都是靜止的，那麼，它將永遠靜止。

運動這個特別的悖論最早由希臘哲學家吉諾所提出，或許是用來
反對畢氏學派那種數目化基礎的數學研究。生活在西元前約四五○年
的吉諾，是創立伊利亞學派（Eleatic school of philosophy）的巴門尼
迪斯（Parmenides）的門徒，這個學派曾在大希臘（Magna Graecia）
的伊利亞（Elea）活躍過一段時期。吉諾的謎題原先是以飛箭表示，
如果吾人將空間視為原子型的（atomic），亦即空間包括多重的相鄰　〔101〕
原子，並將時間視為包括一系列離散的瞬間，那麼，它將是一個真正
的悖論。

另一個吉諾的謎題，則對那些相信空間與時間並非原子型而
是無限可分割的人，提出了挑戰。這就是阿基里斯與烏龜的悖論
（paradox of Achilles and the tortoise），這或許是吉諾論證中最有名

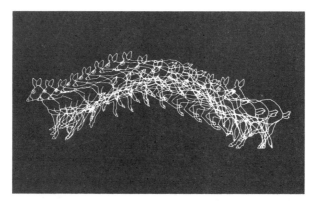

圖 3.3：運動的悖論。在任何一瞬間，一個物體必須靜止，這個想法可以藉由一隻跳躍的鹿的圖說來加以掌握。既然這對所有瞬間都成立，這個物體當然永遠靜止才是；如此一來，運動怎麼可能發生？希臘哲學家吉諾提出這個悖論，以挑戰時間由一系列離散瞬間所組成這一認定。

的一個。阿基里斯要在 100 米的歷程中追趕烏龜。由於阿基里斯可以跑得比烏龜快十倍，因此，烏龜的起跑點在 10 米前。比賽開始，阿基里斯飛奔追趕烏龜。當阿基里斯追過 10 米到達烏龜的起點時，烏龜已經跑了 1 米，因而是 1 米領先。到了阿基里斯跑過這額外的 1 米時，烏龜是十分之一米領先。當阿基里斯到達那一點時，烏龜是一百分之一米領先，如此等等一直到無限。因此，按照此一論證，這隻烏龜永遠領先，儘管邊緣愈來愈小，而阿基里斯永遠無法超越對手而贏得此一賽跑。

這些悖論的目的，當然不是爲了爭論箭無法移動，或阿基里斯永遠不可能超越烏龜。這兩者都是無法否認的經驗事實。不過，吉諾的謎題卻是企圖對當時提供空間、時間與運動的解析說明之挑戰──這些是希臘人無法迎接的挑戰。事實上，這些悖論眞正令人滿意的解決，一直要到十九世紀末才出現，當時的數學家終於可以掌握數學無限（the mathematical infinite）的概念了。

馴服無限

有關運動與變化的數學研究最終發展的關鍵，是找到一種處理無限的方法。而那也意味著描述與操弄涉及無限的各種模式之方法的探尋。

譬如說，要是你擁有一種可以處理其中所涉模式的方法，那麼，吉諾的阿基里斯與烏龜悖論即可消解。在此賽跑的每一階段中，烏龜領先阿基里斯的總量（以米表示）如下：

$$10, 1, \frac{1}{10}, \frac{1}{100}, \frac{1}{1,000}, \cdots$$

因此，這個悖論就鏈結到我們所做的無限和：

$$10+1+\frac{1}{10}+\frac{1}{100}+\frac{1}{1,000}+\ldots$$

其中的省略（那三個點點點）按該模式所指示，代表這個（總）和（sum）可以永遠加下去。 〔102〕

在這個總和裡，我們根本毫無希望把所有的無限多項加在一起。事實上，我甚至無法全部將它們寫出來。的確，我使用「（總）和」一詞可能帶來誤導，它不是「（總）和」這個字的正規意義。事實上，為了避免這種混淆，數學家指稱這樣的無限和為無窮級數（infinite series）。這是數學家取自日常用語並賦予專門技術性意義的諸多案例之一，經常是約略關連到日常用法而已。

在將我們的注意力從這級數中的個別項轉向整體模式時，我們極易找到這個級數的值。令 S 代表這個未知的值：

$$S=10+1+\frac{1}{10}+\frac{1}{100}+\frac{1}{1,000}+\ldots$$

這個級數的模式如下：每一個後繼項都是前一項的十分之一。因此，你可以將整個級數乘以10，然後，可以再次得到同一個級數，除了第一項之外：

$$S = 100 + 10 + 1 + \frac{1}{10} + \frac{1}{100} + \frac{1}{1,000} + \cdots$$

如果你現在從第二個等式減去第一個等式，那麼，第二等式右邊的所有項除了首項 100 之外，都會成對消去：

$$10S - S = 100$$

現在，你有一個尋常的、有限的方程式，它可以按平常的方法求解：

$$9S = 100$$

因此，

$$S = \frac{100}{9} = 11\frac{1}{9}$$

換言之，當阿基里斯奔跑了恰好 $11\frac{1}{9}$ 米之後，他就會與烏龜並駕齊驅。

在此的決定性因素乃是：一個無窮級數可以有一個有限的值；吉諾的悖論之所以似是而非，完全是因為你認為一個無窮級數必定有一個無限的值。

〔103〕 要注意尋找這個級數的值的關鍵，是從針對個別項的相加，轉移到整體模式的相等與操弄上。簡而言之，這就是處理數學中無限的關鍵。

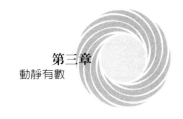

第三章
動靜有數

無限的反咬

可能你已意識到，是否能用固定數合法地乘遍一個無窮級數，像我上述所做的那樣；或者，是否能逐項地從一個級數減去另一個級數，如同我也做過的，並非十分明確。無限模式的油滑特性簡直惡名昭彰，操弄它們時極易出錯。考察下列的無窮級數，例如：

$$S = 1 - 1 + 1 - 1 + 1 - 1 + \dots$$

要是你以 -1 乘遍這個級數，你將得到一個同樣的級數，只差一個 1 被移走：

$$S = 1 - 1 + 1 - 1 + 1 - 1 + \dots$$
$$-S = \quad -1 + 1 - 1 + 1 - 1 + \dots$$

如果你從第一個減去第二個，那麼右式所有的項都會消去，除了第一個級數的第一項之外，而剩下

$$2S = 1$$

因此，所求結論就是 $S = \frac{1}{2}$。

你可能認為一切都很順利。然而，假設你取原來的級數，並且將它按照下列方式兩兩括號：

$$S = (1-1) + (1-1) + (1-1) + \dots$$

再一次地，這對於整體的模式而言，似乎是完全合理的操作，儘管這個級數有無窮多項，我已經以加上括號描述了這個模式。不過，這一次每個括號內的一對都是 0，因此，現在的結論如下：

145

$$S＝0＋0＋0＋...$$

亦即 $S＝0$。

或者你也可以按照下列方式應用括號：

$$S＝1＋（-1＋1）＋（-1＋1）＋（-1＋1）＋...$$

如此，你得到的是 $S＝1$。

〔104〕　　對於 S 的原級數是由一種完全可理解的模式給定。我按三種不同的方式操弄它，使用了三種不同的操弄模式（pattern of manipulation），而獲得了三種不同的答案：$S＝\frac{1}{2}$，0，1。然則哪一個答案是正確的？

事實上，沒有正確答案。這個級數的模式無法按數學方式處理：這個特別的級數就是沒有值。另一方面，由阿基里斯與烏龜悖論所產生的級數，的確有一個值，而且，我所執行的操弄確實是可允許的。整理可以操弄的級數以及不可操弄的級數之間的區別，並發展一個如何處理無窮級數的健全理論，就花了幾百年的努力，直到十九世紀末才完成。

一個無窮級數的值可以經由級數的模式操弄而決定，這種格外漂亮的說明方式，是由所謂的幾何級數（geometric series）提供。這些級數具有下列的形式：

$$S＝a＋ar＋ar^2＋ar^3＋...$$

其中每一個後繼項，都是經由將其前一項乘上一個固定量 r 而得到。幾何級數經常出現在日常生活中，譬如放射性衰變，或者你必須付給銀行的貸款或房貸。還有，由阿基里斯與烏龜的悖論所產生的級數

也是幾何級數（其固定比 r 為 $\frac{1}{10}$ ）。事實上，我用以求得其值的方法，也適用於任何幾何級數。為了求得 S 的值，你可以將這個級數遍乘上同一個比 r，而得到如下一個新級數：

$$Sr = ar + ar^2 + ar^3 + ar^4 + \ldots$$

並且從這一個減去第一個。當所有的項成對消去，而只剩下第一個級數的第一項，留下如下方程式：

$$S - Sr = a$$

視 S 為未知數，解此方程式，你求得 $S = a/(1-r)$。最後，只剩下一個問題必須處理，那就是：前文所描述的各種操弄是否有效。有關模式的更詳盡檢視指出：當 r 小於 1（若 r 為負，則必須大於 -1）時，這些操弄都是被允許的；不過，對其他的 r 值而言，則是無效的。

因此，譬如說下列級數： 〔105〕

$$S = 1 + \frac{1}{2} + \frac{1}{4} + \frac{1}{8} + \frac{1}{16} + \ldots + \frac{1}{2^n} + \ldots$$

具有第一項 $a=1$ 與比 $r = \frac{1}{2}$ ，所以，它的值為

$$S = \frac{1}{1 - \frac{1}{2}} = \frac{1}{\frac{1}{2}} = 2$$

顯然，「（公）比」小於 1（ r 為負數時，r 大於 -1）的一個結果，是這種級數的項愈來愈小。不過，對於一個無窮級數而言，這是一個有助於你求得其有限值的決定性因素嗎？

表面上看來，這個假設似乎是合理的；如果項愈來愈小，那麼，它們對於最後的總和產生的效果，將會變得愈來愈不重要。如果真是

如此，那麼，下列這個優雅的級數將會得到有限值才是：

$$S = 1 + \frac{1}{2} + \frac{1}{3} + \frac{1}{4} + ... + \frac{1}{n} + ...$$

由於這個級數連結到音階的某種模式，因此，它被稱為調和級數（harmonic series）。

如果你將這個級數的前一千項加起來，那麼，你將得到 7.485 這個值（取到小數點後三位）；而前一百萬項加起來，則會得到 14.357（亦取小數點後三位）；前十億項加起來，則約有 21；前一兆項加起來，則可得到大約 28。然而，這整個無窮級數的（總）和，究竟是多少呢？

答案是：並沒有這種值。這最早是由十四世紀尼可拉·奧雷（Nicolae Oresme）發現的一個結果。因此，一個無窮級數的項愈來愈小，本身並不足以保證這個級數具有一個有限值。

然則你將如何著手證明這種調和級數不具有一個有限值呢？當然不是靠加上愈來愈多項的結果。假定你即將開始在一條帶子上逐項寫下這個級數，每一項佔有一釐米（這當然是粗略的低估，因為當你繼續寫下去時，你將需要更多的位數）。如此，當你書寫到足夠多的項，使得其和之值超過 100 時，你將需要大約 10^{43} 釐米長的帶子。然而，10^{43} 差不多是 10^{25} 光年，已經超過目前已知的宇宙大小（最近的估計約有 10^{12} 光年）。

[106] 證明這種調和級數具有一個無限值的方法，當然是運用模式來研究。一開始讓我們觀察它的第三、四項這兩個至少是 $\frac{1}{4}$，因此，它們的和至少是 $2 \times \frac{1}{4} = \frac{1}{2}$。現在，注意到下四個項，亦即 $\frac{1}{5}$，$\frac{1}{6}$，$\frac{1}{7}$，$\frac{1}{8}$，都至少是 $\frac{1}{8}$，因此，它們的和至少是 $4 \times \frac{1}{8} = \frac{1}{2}$。依此類推，在下十六個

148

項，從 $\frac{1}{9}$ 到 $\frac{1}{32}$，都至少是 $\frac{1}{32}$，因此，它們加起來至少是 $16 \times \frac{1}{32} = \frac{1}{2}$。經由取更長串的項，按照模式 2 項、4 項、8 項、16 項等等，你可以繼續在每個例子中取得至少是 $\frac{1}{2}$ 的和。這個程序將會導致 $\frac{1}{2}$ 的無限多次重複，而將這些無限多個 $\frac{1}{2}$ 加起來，無疑將製造一個無限的結果。但是，這個調和級數的值，要是它真有一個值的話，將至少與無限多個 $\frac{1}{2}$ 一樣大。所以，這個調和級數不可能具有一個有限值。

在十七、十八世紀，數學家操弄無窮級數的技巧更加嫻熟。譬如，蘇格蘭人詹姆士·格列固里（James Gregory）在一六七一年發現了下列結果：

$$\frac{\pi}{4} = \frac{1}{1} - \frac{1}{3} + \frac{1}{5} - \frac{1}{7} + \frac{1}{9} - \dots$$

你可能也會猜測這個級數如何給你涉及常數 π （任意圓的周長與直徑之比）的答案。

一七三六年，歐拉發現另一個涉及 π 的無窮級數如下：

$$\frac{\pi^2}{6} = \frac{1}{1^2} + \frac{1}{2^2} + \frac{1}{3^2} + \frac{1}{4^2} + \frac{1}{5^2} + \dots$$

事實上，歐拉接著撰寫一整本有關無窮級數的著作《無窮分析導論》（*Introductio in Analysin Infinitorum*），並出版於一七四八年。

藉由專注於模式而非算術，數學家因而能夠處理無限。有關無限模式的研究最重要的結果出現在十七世紀下半葉，當時，牛頓與萊布尼茲發展了微分學。他們的成就，無疑是人類史上最偉大的數學貢獻之一，而且，也永遠轉變了人類的生活。要是沒有微積分，現代技術將不會存在；不會有電、不會有電話、不會有汽車，更不會有心臟繞道手術。基本上，導致這些以及大部分其他技術發展的科學，都依賴了微分學。

〔107〕 **函數提供了鑰匙**

　　微分學提供了描述與分析運動和變化的一種手段——不只是任意運動或變化，而是顯示一種模式的運動或變化。爲了應用微分學，描述你感興趣的運動或變化的模式，必須被呈現出來。按照具體的說法，這是因爲微分學是操弄模式的一組技巧。（*calculus* 這個字在拉丁文中的意思是「卵石」〔pebble〕，回憶一下早期包含操弄卵石的計數系統）。

　　微分學的基本運算是一個被稱爲微分（differentiation）的程序。微分的目的在於獲得某種變化中的量的變化率。爲此，那個量的值、位置或路徑必須藉由適當的公式給出。於是，微分作用在那個公式上，以製造給出變化率的另一個公式。因此，微分是一個將公式轉變爲另外一些公式的程序。

　　譬如說，想像一輛汽車沿著馬路行駛。假設它隨著時間（比如 t）的改變所行駛的距離（比如 x）是按照下列公式給出：

$$x = 5t^2 + 3t$$

接著，根據微分學，這輛汽車在任意時間 t 的速率 s（亦即位置的變化率）是由下列公式給出：

$$s = 10t + 3$$

這個公式恰好是微分 $x = 5t^2 + 3t$ 的結果（不久，你將會看到微分在本例中如何操作）。

　　注意到在本例中，汽車的速率並非常數（或定值）；速率隨著時間而變化，就像距離一樣。誠然，這個微分的程序可以應用第二次，

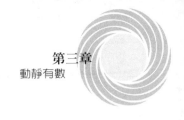

以便得到加速率（度）（亦即速率的變化率）。微分 $s=10t+3$ 得到加速率：

$$a=10$$

在本例中，這是一個常數。

　　微分程序所應用的基本數學物件被稱爲函數（function）。沒有函數概念，就不會有微積分。正如算術加法是一種在數目上執行的運算一樣，微分是一種在函數上執行的運算。

　　但是，函數究竟是什麼呢？在數學上，最簡單的答案是：函數是一種規則，允許你給定一個數時，可以計算出另一個。（嚴格來說，這是一種特例，卻很適合理解微積分如何運作）。〔108〕

　　譬如下列的多項式公式：

$$y=5x^3-10x^2+6x+1$$

決定了一個函數。給定任意值 x，這公式告訴你如何計算對應值 y。例如，給定值 $x=2$，你可以計算

$$y=5\times2^3-10\times2^2+6\times2+1=40-40+12+1=13$$

其他例子如三角函數（trigonometric functions），$y=\sin x$，$y=\cos x$，$y=\tan x$。針對這些函數，我們缺乏簡單的方法——正如多項式的例子一樣——以計算 y 值。它們的熟悉定義是利用直角三角形的各邊比所給出，但是，那些定義只有在給定的角 x 小於直角時才適用。數學家利用正弦與餘弦函數來定義正切函數：

$$\tan x=\frac{\sin x}{\cos x}$$

並且利用無窮級數來定義正弦與餘弦函數

$$\sin x = x - \frac{x^3}{3!} + \frac{x^5}{5!} - \frac{x^7}{7!} + \dots$$

$$\cos x = 1 - \frac{x^2}{2!} + \frac{x^4}{4!} - \frac{x^6}{6!} + \dots$$

為了理解這些公式，你需要知道：對任意自然數 n 來說，$n!$（讀作 n 階乘）等於從 1 到 n 的所有數的乘積：譬如 $3! = 1 \times 2 \times 3 = 6$。$\sin x$ 與 $\cos x$ 的無窮級數永遠具有有限值，而且多少能像有限多項式一樣操弄。當 x 是一個直角三角形中的一角，這些級數當然給出平常的值；不過，對任意實數 x 而言，它們也一樣給出值來。

函數還有另一個例子是下列的指數函數：

$$e^x = 1 + \frac{x^1}{1!} + \frac{x^2}{2!} + \frac{x^3}{3!} + \frac{x^4}{4!} + \dots$$

〔109〕 再一次地，這個無窮級數永遠給出一個有限值，而且可以像一個有限多項式一樣操弄。運用 $x = 1$，你可以得到

$$e = e^1 = 1 + \frac{1}{1!} + \frac{1}{2!} + \frac{1}{3!} + \frac{1}{4!} + \dots$$

這個無窮級數的值，數學常數 e，是一個無理數。它的小數位從 2.71828 展開。

指數函數擁有一個非常重要的反函數——也就是說，一個恰好反轉 e^x 作用的函數。如果你取一個數 a 應用到函數 e^x 而得到 $b = e^a$，那麼，當你應用對數函數 $\ln x$ 到 b 時，你就會再度得到 a：$a = \ln b$。

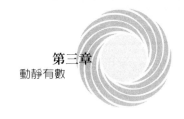

如何計算斜率

像多項式或者代表三角或指數函數的無窮級數這一類的代數公式，提供了一種非常精確、有用的方法，藉以描述抽象模式的某種類型。這些情況中的模式，都是結合數目對之間的一種模式：始於自變數 x，然後，得到應變數 y。在很多情況下，這個模式可以藉由一個圖形（如圖 3.4 所示）來說明。其中，函數的圖形約略顯示變數 y 如何關連到變數 x。

譬如說，在正弦函數的情形中，當 x 從 0 遞增，y 也跟著遞增，直到接近 $x=1.5$ 的某處（正確點為 $x=\pi/2$），y 開始遞減；在大約 $x=3.1$ 時（精確地說，當 $x=\pi$ 時），y 變成負；繼續遞減直到 $x=4.7$ 時（精確地說，當 $x=3\pi/2$ 時），y 又開始遞增。

牛頓與萊布尼茲所面對的任務是：你將如何求出一個像 $\sin x$ 這

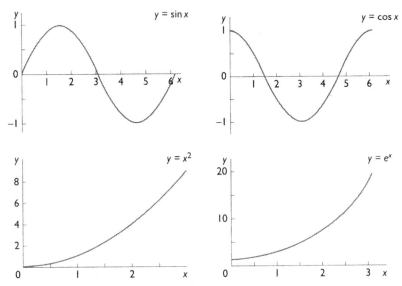

圖 3.4：四種常見函數的圖示，顯示出變數 y 如何對應變數 x。

樣的函數的變化率——亦即,如何求得 y 相對於 x 的變化率?藉由圖形的解讀,求變化率就相當於求曲線的斜率——它有多陡?其中難處在於斜率並非常數:在某些點,這條曲線爬得很陡峭(一個大的正斜率),在其他點它幾乎是水平線(斜率接近零),而在另外的其他點,它卻是相當陡峭地下降(一個大的負斜率)。

　　總之,就像 y 值依賴 x 值一樣,在任一點的斜率也依賴了 x 的值。換言之,一個函數的斜率本身就是一個函數——第二個函數。現在,問題變成是:給定一個函數的公式——也就是說,一個描述 x 關

〔110〕連到 y 的模式之公式——你能夠找到一個公式去描述 x 關連到斜率的模式嗎?

　　本質上,牛頓與萊布尼茲兩人所想出的方法如下所述。為了簡單起見,讓我們考慮 $y = x^2$,圖形如圖 3.5 所示。當 x 遞增時,不僅 y 遞增,斜率也遞增。亦即,當 x 遞增,這曲線不僅爬得更高,而且變得更陡。給定 x 的任意值,對應的曲線高度,是由計算 x^2 而得。但是,對這個 x 值,你將對它如何,以便計算其對應之斜率呢?

　　這裡是我們的想法。注意看第二點,在 x 的右邊一小段距離 h。參考圖 3.5,曲線上 P 點的高度是 x^2,而 Q 點是 $(x+h)^2$。當你從 P 到

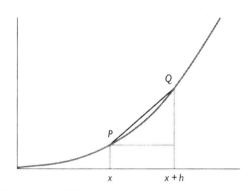

圖 3.5:計算函數 $y = x^2$ 的斜率。

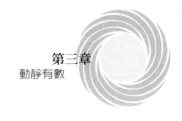

Q 行進時，這條曲線往上彎。但是，如果 h 相當小（如圖所示），曲線與連結 P 與 Q 的割線之差異也會很小。因此，這條曲線在 P 點的斜率就會接近這條直線的斜率。

　　這個步驟的意義在於，計算一條直線的斜率是容易之事：你只要將高度的增量除以水平方向的增量即可。在本例中，高度的增量是

$$(x+h)^2 - x^2$$

而且，水平方向的增量爲 h，於是，從 P 到 Q 的直線之斜率是　　〔111〕

$$\frac{(x+h)^2 - x^2}{h}$$

應用初等代數方法，這一分式的分子可以化簡如下：

$$(x+h)^2 - x^2 = x^2 + 2xh + h^2 - x^2 = 2xh + h^2$$

因此，直線 PQ 的斜率是

$$\frac{2xh + h^2}{h}$$

由此一分式消去 h，留下 $2x+h$。

　　這就是從 P 到 Q 的直線的斜率公式。然則曲線 $y = x^2$ 在 P 點的斜率究竟爲何呢？這是你一開始打算計算的。就是在這裡，牛頓與萊布尼茲完成了他們卓越與決定性的一步。他們的論證如下：以動態情境取代靜態情境，然後，一旦沿著 x–方向、隔開兩 P 與 Q 的距離 h 變得愈來愈小時，想想將會有什麼事情發生。

　　當 h 變小一點，Q 點會愈來愈接近 P 點。記住：對每個 h 值而言，公式 $2x+h$ 給出了直線 PQ 的斜率之對應值。例如，如果你取 $x=5$，且讓 h 依序地取值 0.1，0.01，0.001，0.0001 等等，則對應的

〔112〕

PQ 斜率將是 10.1，10.01，10.001，1.0001，…。在那兒，你可以立刻看到一個顯明的數值模式：PQ 斜率看起來趨近於 10.0 值。（用數學家的行話說，對於愈來愈小的 h 值來說，10.0 就像是 PQ 斜率數列的極限值〔limiting value〕）。

不過，注意看這個圖，並將此程序以幾何圖示出來，我可以觀察另一個模式，一個幾何模式：當 h 變小一點，而且 Q 趨近 P，則曲線在 P 點的斜率與直線 PQ 的斜率差異也會跟著變小一點。事實上，PQ 斜率的極限值將會恰好等於曲線在 P 點的斜率。

譬如對點 $x=5$ 來說，曲線在 P 點的斜率將是 10.0。更普遍地說，曲線對任意點 x 的斜率將是 $2x$。換言之，曲線在 x 的斜率是由公式 $2x$ 所給出（這是當 h 趨近於 0 時，表示式 $2x+h$ 的極限值）。

消逝量的鬼魂

對史籍紀錄而言，牛頓的進路並非完全如上所述。他的主要學術關懷是物理學，尤其，他對行星運動深感興趣。牛頓並非如圖所示，將變數 y 隨著變數 x 的變化，按幾何方式來思考，而是思考距離 r 隨著時間 t——比方，$r=t^2$——來變化。他稱呼這個給定函數為流數（fluent），而其斜率函數為流率（fluxion）（因此，如果流數為 $r=t^2$，那麼，流率將是 $2t$。顯然，本例中的流數將會是速率或速度的某種形式（亦即，距離的變化率）。對於先前我以 h 代表的小增量來說，牛頓則使用符號 o，藉以指出那是一個接近 0 但並不完全為 0 的量。

另一方面，萊布尼茲則將此一議題視為一個尋找曲線斜率的幾何問題，那正是我在上文中所採用的進路。他以 dx 取代我的 h，dy 代表 y 值上對應的小差（P 與 Q 點的高之差）。然後，他以 dy/dx 代表

斜率函數，這一記號明顯暗示了兩個小增量的比。（記號 dx 的正規英文唸法是 dee-ex，dy 唸作 dee-wye，至於 dy/dx 則唸成 dee-wye by dee-ex）。

不過，對他們兩人而言，重要的起點是一個連結兩個量的函數關係：在牛頓的例子中，

$r=$ 涉及 t 的某個公式

而對萊布尼茲而言， 〔113〕

$y=$ 涉及 x 的某個公式

根據現代術語，我們說 r 是 t 的函數，或 y 是 x 的函數，並且使用像 $r = f(t)$ 或 $r = g(t)$ 這樣的記號，至於 x，y 的版本則可類推之。

撇開動機與記號，牛頓與萊布尼茲兩人所採取的決定性步驟，乃是從（曲線上）特殊點 P 的斜率本質上的靜態情境，轉換到利用通過 P 點的直線斜率去連續逼近（曲線）斜率的動態過程。正是由於觀察到這個逼近過程（process）中的數值與幾何模式，牛頓與萊布尼茲才能獲得正確答案。

尤有甚者，他們的進路在許多函數上都行得通，而不只是針對上述考慮的簡單例子而已。譬如說，如果你從函數 x^3 開始，你可以得到斜率函數 $3x^2$，而且，更普遍地說，如果你從函數 x^n 開始，其中 n 是任意自然數，那麼，計算出來的斜率函數將是 nx^{n-1}，對任意自然數 n 都成立。有了這個，你將有另一個容易記住（儘管有一點陌生）的模式，它將 x^n 變成 nx^{n-1}，對任意 n 值都成立。這就是我們將要看到的微分模式（pattern of differentiation）。

我們必須強調：牛頓與萊布尼茲所做的並不完全像令 h 等於 0 一

157

樣。毫無疑問，在上述非常簡單的例子中，函數為 x^2，如果你只是在斜率公式中令 $h=0$，你將得到 $2x$，而這是正確答案。然而，若 $h=0$，則點 Q 與 P 將是同一點，以致於 PQ 直線將不存在。記住：雖然一個因數 h 被消去而得到 PQ 斜率的簡化表式，但是，由於這個斜率是 $2xh+h^2$ 與 h 這兩個量的比，一旦你令 $h=0$，那麼，這個比將化約為一個 0 除以 0 的除式，而這當然毫無意義。

這一點是相當大的誤解與混淆來源，對牛頓與萊布尼茲兩人當時的研究以及許多後繼的世代來說，都是如此。對習慣將數學視為模式的科學的現代數學家而言，在連續的逼近過程中，尋找有關數值與幾何模式的想法並不奇怪，不過，回到十七世紀，即使牛頓與萊布尼茲，都無法足夠精確地建構他們的想法，以安撫他們的許多批判者。在這些批判者中，最有名的要屬英國哲學家柏克萊主教（Bishop Berkeley），他在一七三四年發表了一篇有關微積分的辛辣批判。

〔114〕　　針對這一點，萊布尼茲藉由分別描述 dx 與 dy 為「無窮小量」（infinitely small quantity）與「不限定小量」（indefinitely small quantity），辛苦地想說個明白。當他無法想出一個健全的論證以支持他對這些物件的操弄時，他寫下了這段話：

> 〔你們或許〕認為這些事物根本不可能；只要為了微積分的目的，單純地把它們作為工具使用，就足夠了。

儘管牛頓並未論證到提及「無窮小」的程度，他指稱自己的流率為「消逝增量的最終比」（ultimate ratio of evanescent increments）。針對這個概念，柏克萊在他那一七三四年的批判中駁斥說：

> 如此說來，這些流率是什麼？消逝增量的速度。而這些相同的消

158

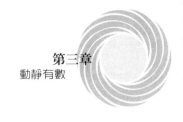

逝增量又是什麼？它們既不是有限量，也不是無窮小量，更不是空無（nothing）。難道我們不該稱它們爲消逝量的鬼魂（ghosts of departed quantities）嗎？

要是你想到牛頓與萊布尼茲是在靜態情境中進行論證，其中 h 是一個很小但固定的量，那麼，柏克萊的反對完全正確。然而，如果你將 h 視爲一個變量，且所專注的不是給定函數，而是當 h 趨近於 0 時的逼近過程，那麼，柏克萊的論證就不再成立了。

爲了針對柏克萊的反對建立一個可靠的防衛，你必須擬定一個有關逼近程序的嚴密數學理論，而這當然不是牛頓或萊布尼茲所能做到的。誠然，一直到一八二一年爲止，法國人奧古斯丁・路易・哥西（Augustin-Louis Cauchy）才發展出極限（limit）的關鍵概念，以及，在幾年之後，德國人卡爾・外爾斯特拉斯（Karl Weierstrass）更進一步提供了這個概念的形式定義。只有在那之後，微積分才被建立在一個健全的基礎上，差不多是在它被發明的兩百年之後。

爲什麼一個嚴密理論的建立，需要花這麼多時間呢？更有趣地是，當吾人無法爲微積分之所以行得通提供一個邏輯說明時，又如何能發展出這樣一個有力且可靠的工具呢？

追逐合理的直觀

牛頓與萊布尼茲的方法所以行得通，是因爲驅使他們的直觀是合理的：他們知道自己是在進行一個連續逼近的動態過程。的確，在牛頓的《原理》一書中，他離這個說明的正確建構非常地接近：

嚴格説來，包含有量消逝的最終比，必不是最終量的比，而是這 〔115〕
些遞減無止境的量之比所趨近的極限。

　　換言之，為了求斜率函數，以 x^2 為例，當 h 趨近於 0 時，決定這個比 $(2xh+h^2)/h$ 發生了什麼事，是被允許的，但是，你就是不能令 $h=0$。（注意：只有在 $h \neq 0$ 時，消去 h 而得到 $2x+h$ 這個表式才是被允許的。）

　　然而，既非牛頓也非萊布尼茲，更非其他任何人，有能力以一種精確的數學方式，捕捉到極限的概念，直到哥西與外爾斯特拉斯。而之所以如此，乃是因為他們都無法「退後」到足以辨別以靜態方式表達的恰當模式。請記住，被數學捕捉到的模式都是靜態的東西，即使它們是運動的模式亦然。因此，如果牛頓正在思考，比方一顆位置隨著時間平方而變化的行星運動時，他將會利用這個靜態的公式 x^2 來捕捉這個動態的情境——所謂「靜態」，是因為這個公式僅代表介於一對數目之間的關係式。這個動態的運動被一個靜態的函數所捕捉。

　　將微分學置於一個嚴密基礎上的關鍵，是觀察到同樣的想法可以被應用在斜率的逼近過程上。當增量 h 趨近 0 時，針對斜率獲得愈來愈精密的逼近動態過程，也可以被捕捉在一個靜態方式之中，此時這個逼近被視為 h 的函數。而這裡也正是外爾斯特拉斯所做的事。

　　假定你有某一個函數 $f(h)$；在我們目前考察的例子中，$f(h)$ 將是 $(2xh+h^2)/h$ 這個商（其中 x 被視為固定，h 為變量），那麼，說一個數 L（在我們的例子中是 $2x$）是當 h 趨近 0 時，函數 $f(h)$ 的極限，這就精確地表示：

　　對任意 $\varepsilon > 0$，存在有一個 $\delta > 0$，使得若 $0 < |h| < \delta$，則 $|f(h)-L| < \varepsilon$。

除非你之前曾經見過此一陳述，否則你應該無法捉摸它的意義。畢竟，數學家的確花了兩百年之久才獲得此一定義。不過，應該注意的

重點是，它對任意種類的（動態）過程沒有任何說法，而只指涉到一個具有某種性質的數 δ 之存在。就這一方面而言，它只是像牛頓始終執行的原始步驟一樣，藉由公式捕捉運動。以一個（靜態的）的變量 *t* 代表時間，牛頓可以利用一個涉及 *t* 的公式捕捉運動。同理，視 *h* 為變量，外爾斯特拉斯也能夠利用一個涉及 *h* 的形式定義，捕捉（一系列逼近的）極限之概念。牛頓捕捉了 *t*–模式，外爾斯特拉斯則捕捉了 *h*–模式。 〔116〕

　　順便一提，雖然哥西發展適合微積分的一套廣泛極限理論，但是，他依然運用動的逼近過程。因此，他將微積分置於一個堅固的基礎，只意味著他化約這個問題，成為提供極限一個精確定義的問題。至於那最後的關鍵步驟，則是由外爾斯特拉斯執行。然而，為什麼不是牛頓或萊布尼茲，或甚至哥西做到這一點？畢竟，這些偉大數學家中，每一位都非常習慣使用這些變量以捕捉運動，並使用公式以捕捉運動的模式。差不多可以確定的是，問題在於人類心靈可以應付一個物件本身（entity in itself）的過程之層次。在牛頓與萊布尼茲的時代，將一個函數視為一個物件，而非變化或運動的一個過程，早已是一項卓越的認知成就了。接著下來，將連續逼近該函數斜率的過程視為另一個依本身名義的物件（entity in its own right），就太不可思議了。只能隨著時間的流逝，以及對微積分技巧的漸增熟悉度，任何人才可望完成這第二個概念的跳躍。偉大數學家可以完成驚人的壯舉，但他們也只是人類。認知進展需要時間，往往是好幾個世代之久。

　　由於牛頓與萊布尼茲有關逼近（或極限）過程如此優異，他們乃能將他們的微分學發展成為一種可靠且極為有力的工具。為此，他們將函數視為數學物件，以便研究與操弄，而不只是計算用的食譜而

已。他們都被各色各樣的模式——源自於連結到那些函數的斜率連續逼近的計算——所導引，然而，他們卻無法後退一步，並將逼近的那些模式視為數學研究的物件本身。

微分學

正如我們已經看到，從一條曲線的公式到該曲線的斜率公式之過程，被稱為微分。（這個名稱反映了在 x 與 y 的方向上取差值〔differences〕，並且計算其相關直線的斜率）。斜率函數被稱為原來函數的導數（derivative），是從原來函數導出來（derived）的東西。

對於我檢視過的簡單例子來說，函數 $2x$ 是函數 x^2 的導數。同理，函數 x^3 的導數是 $3x^2$，而且，更普遍地說，對任意數 n 而言，函數 x^n 的導數是 nx^{n-1}。

〔117〕 牛頓與萊布尼茲的發明威力，在於可以被微分的函數數量，被一系列可以微分更複雜函數的法則之發展所擴大。這種法則正是我們現在所稱的微積分。這種微積分的發展，也解說了這個方法在不同應用上的巨大成功，儘管它所依賴的推論方法，並未被完全理解。人們知道做什麼，即使他們不知道何以它行得通。今日微積分課堂上的許多學生都有類似的經驗。

運用現在術語，微積分的法則最便於描述，其中，x 的任意函數以表式 $f(x)$ 與 $g(x)$ 代表，它們的導數（也是 x 的函數）則分別用 $f'(x)$ 與 $g'(x)$ 表之。因此，如果 $f(x)$ 用以代表 x^5，則 $f'(x) = 5x^{5-1} = 5x^4$。

微積分的法則之一給了函數 $Af(x)$（亦即 $A \times f(x)$）的導數，其中 A 為一固定數（亦即常數），它的導數就只是將 A 乘上 $f(x)$ 的導數，或 $Af'(x)$。例如，函數 $41x^2$ 的導數是 $41 \times 2x$，化簡得 $82x$。

另一個法則是，形如 $f(x)+g(x)$ 的和函數之導數即等於個別導數的

和，也就是 $f'(x)+g'(x)$。因此，函數 x^3+x^2 的導數為 $3x^2+2x$。類似的法則可以應用在差函數 $f(x)-g(x)$ 上。

利用上述兩個法則，我們可以微分任意多項式函數，因為多項式是以常數乘 x 的乘冪以及加法建立而成。例如，函數 $5x^6-8x^5+x^2+6x$ 的導數是 $30x^5-40x^4+2x+6$。

在上述最後一個例子中，請注意：當你微分函數 $6x$ 時，結果為何？其導數是 6 乘以函數 x 的導數。應用那個將乘冪 x^n 變成導數 nx^{n-1} 的法則，函數 x（$=1x^1$）的導數等於 $1x^{1-1}$，亦即 $1x^0$。但是，由於任意不為 0 的數之零次方是 1，所以，函數 x 的導數就只是 1。

當你企圖微分一個固定數，比方 11 時，結果為何呢？這個問題在你企圖微分多項式 $x^3-6x^2+4x+11$ 時就會出現。記住：微分是一個應用在公式而非數目的程序；它是決定斜率的一種方法。因此為了微分 11，你必須將它視為一個函數，而非數目——這是一個對任意 x 值來說，都給出值 11 的函數。其實，這個「函數」11 只是一條在 x–軸上 〔118〕 11 個單位的水平直線，亦即它通過 y–軸上的點 11。你不需要微積分即可算出這個函數的斜率：它是 0。換言之，一個像函數 11 這樣的常數函數之導數等於 0。

正是為了替上述這些微積分法則提供基礎，哥西發展了他的極限理論。在乘以固定數，以及兩個函數的和與差這兩種情形中，微分法則（或模式）變得非常直截了當。至於在一個函數乘以另一個的情形中，模式就變得有一點複雜。形如 $f(x)g(x)$ 的函數之導數公式如下：

$$f(x)g'(x)+g(x)f'(x)$$

舉例來說，函數 $(x^2+3)(2x^3-x^2)$ 的導數等於

$$(x^2+3)(6x^2-2x)+(2x^3-x^2)(2x+0)$$

函數之導數具有簡單模式的其他例子，是三角函數：$\sin x$ 的導數為 $\cos x$，$\cos x$ 的導數為 $-\sin x$，而 $\tan x$ 的導數則等於 $1/(\cos x)^2$。

甚至更簡單的是指數函數的模式：e^x 的導數就是 e^x 自己本身，這表示指數函數具有一個獨特的性質，它在每一點的斜率剛好等於那個點的值。

在正弦、餘弦與指數函數等情形中，它們的導數可以藉由逐項微分其對應的無窮級數而獲得，就好像它們是有限多項式一樣。如果你這麼做，你將可自行核證上述的微分結果。

自然對數函數 $\ln x$ 的微分也產生了一個簡單的模式：$\ln x$ 的導數是 $1/x$。

輻射線有危險嗎？

一九八六年，烏克蘭的車諾比（Chernobyl）核電廠發生了輻射物質的外洩災難。權威人士宣稱：鄰近地區的輻射量在任何階段都不會到達一個劇變的危險高度。他們如何達到這個結論？更普遍地說，在這種情況下，你如何能夠預測輻射高度在未來一日或一週內將會是什麼，以便進行任何必要的撤離或防護措施？

答案是，你解一個微分方程——一個涉及單一或多個導數的方程式。

〔119〕　　假定你想在意外發生後的任意時間 t，知道空氣中的輻射量。由於輻射隨著時間變化，因此，將它寫成時間的一個函數 $M(t)$ 是有意義的。不幸地，當你開始研究時，你或許缺少一個公式以便計算任意時間的值。不過，物理理論導出一個方程式，它連結了輻射物質擴散

到大氣中的遞增率 dM/dt，與一個該輻射物質衰變的常數比率 k。這個方程式如下：

$$\frac{dM}{dt} = \frac{rk}{r-M}$$

這就是所謂微分方程的例子，一個方程式涉及了一個或多個導數。求解這樣的方程式，意即尋找一個未知函數 $M(t)$ 的公式。這是否可能，則依方程式而定。在剛才描述的輻射汙染劇情中，其方程式特別簡單，因此，它可以求解。其解是如下函數：

$$M(t) = \frac{k}{r(1-e^{-rt})}$$

當你畫出此函數的圖形時——亦即圖 3.6 四個中的第一個——你會看到，首先它上升急速，接著逐漸趨於等高，愈來愈接近、但永遠不會到達極限值 k/r。因此，汙染所能達到的最高水平將不會大於 k/r。

同類的微分方程式也在許多其他情況下出現：例如，在物理學中，它在牛頓的冷卻定律（Newton's law of cooling）之中；在心理學中，作為有關學習的研究成果，它在所謂的胡連學習曲線（Hullian learning curve）之中；在醫學上，它描述了靜脈滴注藥物比率；在社會學中，它存在於經由大眾傳播的資訊擴散之測量中；還有，在經濟學中，它存在於蕭條的現象之中，存在於新產品的銷售之中，以及一個業務的成長之中。這種整體模式——其中某一個量會成長到一個極大值——就稱為有限制的成長（limited growth）。

一般說來，當你有一個容易變動的量，而理論提供了一個表現為方程式形式的成長模式，那麼，一個微分方程式就出現了。嚴格來說，這個變化量必須是連續地變化，意即它可以被一個實（數）變數的函數捕捉。不過，許多實際生活情境中的變化，包括了一大堆個別

〔120〕 的、離散的變化 —— 它們相較於問題整體的規模是非常微小的，因此，在這種案例中，要是我們假設整體變化是連續的，其實也無傷大雅。這個假設有助於微積分的全幅威力得以發揮，以便解決所產生的微分方程式。微積分在經濟學上的大部分應用都具有這種特性：在一個經濟體中，由單一個體或小公司所帶來的真正變化，相對於整體而言，是如此地微小，以致於整個系統的行為，就像是它經歷了連續的變化一樣。

　　其他種類的變化促成了其他形式微分方程的產生。譬如下列微分方程式：

$$\frac{dP}{dt} = rP$$

描述了所謂無限制的成長（uninhibited growth），其中 $P(t)$ 代表某種族群（population）的大小，而 r 則表示一個固定的成長率。本例的解如下：

$$P(t) = Me^{rt}$$

〔121〕 其中 M 是這個族群的初始大小。這個解的圖形被表現在圖 3.6 的左下角。在短時內，動物族群、流行病以及癌症會按照這個模式成長，正如通貨膨脹一樣。

　　就長期而言，一個比起無限制成長更可能的情節發展，是有限制的成長（inhibited growth），它可以被下列微分方程所捕捉：

$$\frac{dP}{dt} = rP(L - P)$$

其中 L 是這個族群的某極限值。此方程式有下列解：

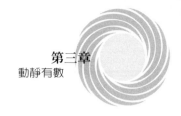

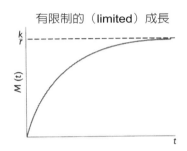

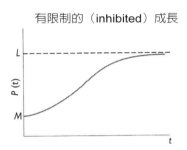

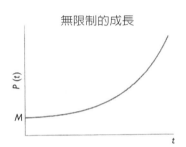

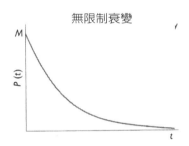

圖 3.6：微分方程之解的四種不同圖形。

$$P = \frac{ML}{M + (L - M)e^{-Lrt}}$$

假如你畫這一個函數的圖形，正如圖 3.6 的右上圖，你就可以看到它從初始值 M 開始，首先成長緩慢，接著開始快速成長，直到接近極限值 L 為止，此時成長率就穩健地放慢下來了。

最後，下列微分方程式：

$$\frac{dP}{dt} = -rP$$

描述了所謂無限制衰變（uninhibited decay）。它的解函數為

$$P(t) = Me^{-rt}$$

輻射性衰變與某種自然資源的消耗符合此一模式，在圖 3.6 中我們也可以看到它的圖式。

微分方程的更複雜形式經常涉及導數的導數，通常被稱為二階導數（second derivative）。許多由物理學產生的微分方程式尤其如此。

尋找微分方程的解的任務，是數學中具有其本身意義的一個分支。在許多情況中，我們無法獲得由公式表示成的解，反而是計算方法被用以掌握數值或圖形解（numerical or graphical solutions）。

由於微分方程出現在生命中的每一面向，因此，有關它們的研究，是對人類具有重大影響的一個數學分支。誠然，從量化觀點來看，微分方程描述了生命的真正本質：成長、發展與衰變。

〔122〕 驅動流行音樂的聲波

今日的流行團體可能不知道，當他們使用音樂合成器時，所產生的聲音靠的是一群十八世紀歐洲數學家發展出的數學。利用電腦科技，從簡單震盪電路產生的單音符，創造出今日複雜聲音的音樂合成器，是微積分與操弄無窮級數之技巧的發展這兩者的直接結果。雖然這技術是非常晚近的事，不過，在它背後的數學理論，卻是十八世紀末由讓‧達倫伯（Jean d'Alembert）、丹尼爾‧白努利、歐拉以及約瑟夫‧傅立葉（Joseph Fourier）等人完成的。它被稱為傅氏分析（Fourier analysis），而且它所處理的是函數的無窮級數，而非數（目）的無窮級數。

這個理論一個令人驚奇的應用是，原則上，給定足夠多的音叉，你就可以演奏貝多芬第九號交響曲，版本十分完整，甚至可包括合唱部分。（實際上，這的確需要很大數量的音叉，以便創造正常由銅管、木管樂器、弦樂器、打擊樂器乃至人聲所產生的複聲。但是，原

則上這可以辦得到。）

　　這整件事情的癥結在於，任意聲波，如圖 3.7 上半所示，或是任意種類的任意波，都可以經由正弦波（sine wave）——純粹波形，參考圖 3.7 下半——的一個無窮級數之加總而獲得。（一個音叉所產生的聲音波形就是正弦波）。例如，圖 3.8 的三個正弦波加在一起可以給出如其下更複雜的波。當然，這是一個特別簡單的例子。實際上，可能需要很多個別的正弦波才能給出一個特殊的波形；從數學的觀點來看，可能需要無限多個。

　　描述一個波如何可以分解成為正弦波的和，這一數學結果就稱為傅立葉定理（Fourier's theorem）。它可被應用到譬如聲波的任意現象，這些現象通常可以被理解為一個時間的、不斷重複某個值的循環函數——即所謂的週期函數（periodic function）。這個定理說明：如果 y 是一個這樣時間的週期函數，且 y 循環一個週期的頻率比方是 1 〔123〕秒 100 次，那麼，y 就可以表示為下列形式：

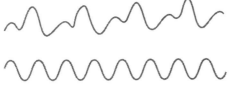

圖 3.7：（上）一條典型的聲波；
（下）一條正弦波。

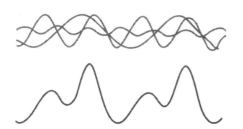

圖 3.8：上面的三條波加起來構成下面的波。

$$y = 4\sin 200\,\pi\,t + 0.1\sin 400\,\pi\,t + 0.3\sin 600\,\pi\,t + \cdots$$

這個總和可以是有限的，也可不確定地延伸下去，而得到一個無窮級數。在它的每一項中，時間 t 都被乘上 2π 這個頻率。首項被稱為第一諧和音（first harmonic），頻率被稱為基頻（fundamental frequency）（上例為 100），至於其他項則被稱為更高諧音（higher harmonics），而其頻率恰好是基頻的乘積。這個級數的係數（4，0.1，0.3 等）必定會被調整到給出一個特殊的波形。應用微積分的各種技巧，從給定函數 y 的觀察值決定這些係數，構成了被稱為 y 的傅氏分析的一門學問。

本質上，傅立葉定理告訴我們：任意聲波或者任意種類的波，無論如何複雜，都可以利用正弦函數產生的簡單、純粹的波模式來建立。有趣的是，傅立葉並未證明此一結果。不過，他的確構造了此一定理，而且──使用了肯定在今日不會被視為有效的某些非常可疑的推論──他給出了一個論證，證明它可能是真的。藉由以他的姓命名此一技巧，數學家社群體認到最重要的一步，就是辨認模式。

確認全部都加起來

微分學的發展帶來了一個令人意外的獎品，那是一個甚少被期待的東西：微分的基本模式與底蘊在面積和體積計算下的模式完全一樣。更明確地說，面積與體積的計算本質上是微分──尋找斜率的過程──的逆運算。這個令人驚奇的結果，是微積分的第二分支──積分學（integral calculus）──的基礎。

[124]　計算一個長方形的面積或一個正立方體的體積，是一件直截了當的事：只要把長、寬、高等因次乘起來就行了。然而，你究竟如何計

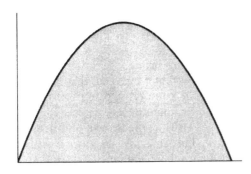

圖 3.9：拋物線所描繪的面積。

算一個邊緣是曲線的圖形之面積，或者一個彎曲表面的立體之體積呢？例如，像圖 3.9 所示由拋物線圍起來的暗影區域面積是多少？或者，一個圓錐體的體積又是多少呢？

在數學史上，首次企圖針對這種幾何圖形的面積與體積進行計算的，是雅典學院的柏拉圖徒弟尤德賽斯（Eudoxus）。針對這些計算，尤德賽斯發明了一種有力且非常聰明的方法，叫作窮盡法（method of exhaustion）。利用這一方法，他得以證明任意圓錐體體積等於同底等高圓柱體體積的三分之一，這個不凡的模式既不顯明，也不易證明（見圖 3.10）。

阿基米德（Archimedes）利用尤德賽斯的方法，計算了一大堆圖形的面積與體積，例如，他發現了由拋物線所描繪出來的面積。這個例子可用以說明窮盡法如何行得通。此想法是利用一系列的直線去逼近這條曲線，如圖 3.11 所示。由這些直線所描繪的面積包括了（兩端的）兩個三角形，以及一堆梯形。因為三角形與梯形都有簡單的面積公式，只需將這些圖形的面積加起來，你就可以計算這些直線所描繪的面積。你所得到的答案將是拋物線底下面積的近似值。經由直線數目的增加，並重複進行計算，你就可以得到更佳的逼近。藉由逐漸增加直線的數目，窮盡法的操作給出拋物線底下面積愈來愈佳之近似

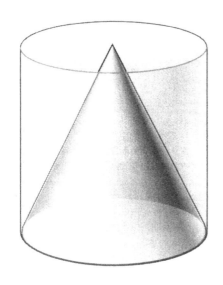

圖 3.10：圓錐體的體積等於同底
等高圓柱體的三分之一。

值。當你認為逼近已經夠理想時，你就會停止。

〔125〕　　　這個程序被稱為窮盡法，並不是因為尤德賽斯在計算這麼多逼近
之後，顯得精疲力盡了，而是連續逼近面積的序列，要是繼續下去的
話，最終將窮盡原來曲線底下的整個面積。

　　　西方人對於像拋物線、橢圓等這種幾何圖形的興趣，在十七世紀
早期復甦，當時約翰‧克卜勒（Johannes Kepler）在天空觀察到三個
優雅、深刻的數學模式──他那現在極富盛名的行星運動定律：(1)

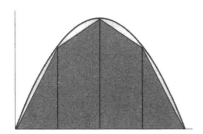 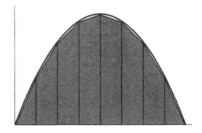

圖 3.11：拋物線底下的面積由三角形及梯形的面積總和逼近。分割的數量愈
多，逼近就愈準確。

一個行星按橢圓軌道繞著太陽運動，太陽位在橢圓的一個焦點上；

(2) 一個行星繞行時，等時間內掃過等面積；(3) 行星到太陽距離的三　〔126〕

次方等於軌道週期的平方。

這時的數學家中有伽利略與克卜勒自己，還有最重要的義大利的布納本土拉・卡瓦列利（Bonaventura Cavalieri），運用不可分割法（method of indivisibles）計算面積與體積。在這個進路中，幾何圖形被視為由面積或體積的無限多個「原子」所構成，它們加起來給出所求的面積或體積。一般的想法請見圖 3.12 的說明。每個塗陰影的面積都是長方形，其面積都可以精確地計算出來。一旦如圖所示，只有有限多個這樣的長方形時，全部加起來會給出拋物線底下面積的一個逼近；如果存在有無限多個長方形，全部都具有無窮小的寬度，它們的相加將會給出眞正的面積——惟必須要有執行這一無限計算的可能性。在他出版於一六三五年的《幾何的不可分割量》（*Geometria Indivisibilus Continuorum*）中，卡瓦列利證明如何以合理可靠的方法，去處理不可分割量（indivisibles），以便獲得正確的答案。當數學家藉助哥西－外爾斯特拉斯的極限理論，將上述這個進路奠立在一個嚴密的基礎上時，它便成為現代的積分理論。

尤德賽斯的窮盡法與卡瓦列利的不可分割法，為計算特定圖形的

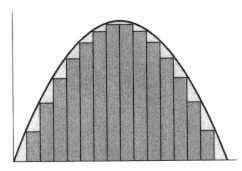

圖 3.12：不可分割法。

面積或體積提供了一種手段。不過,每一種方法都涉及一大堆重複計算,而且每面對一個新圖形時,你必須再一次地從頭開始。為了提供給數學家一種多元且有效的手段以計算面積與體積,更多的方法是必須的:一種從圖形公式到面積或體積公式的方法,就和微分學帶著你直接從一條曲線的公式到它的斜率公式一樣。

〔127〕　　而這就是真正令人驚奇之事發生的地方。不僅存在有這樣一個一般的方法,它也變成微分法的一個直接結果。如同微分學,關鍵的一步並非考慮計算一個特殊面積或體積的問題,而是尋找一個面積或體積函數這更為一般的任務。

　　試舉面積計算為例。圖 3.13 所示之曲線描繪出一個面積。更精確地說,它決定了一個面積函數:對任意 x,將有一個對應的面積,即圖上塗以陰影的部分。(這是一個特別選擇的簡單例子。一般的情境當然複雜多了,不過,根本的想法是一樣的。)令 $A(x)$ 代表這個面積,且令 $f(x)$ 是決定此一原來曲線的公式。在任何特殊的例子中,你將知道 $f(x)$ 的公式,但不會有 $A(x)$ 的公式。

　　即使你不知道它的公式,$A(x)$ 還是一個公式,因此,可能會有導數。在那個例子中,你可以問導數為何。這是怎麼一回事!你瞧,答案無非就是函數 $f(x)$,那個一開始描繪出面積的曲線公式。

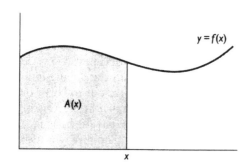

圖 3.13:面積函數。

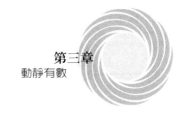
這對於由合理公式給出的任何函數 $f(x)$ 都爲眞，而且在不知道 $A(x)$ 的公式的情況下，可以被證明出來！這個證明依賴了與面積和導數計算有關的一般模式。

簡而言之，這個想法是考察當你增加 x 的一個小量時，面積 $A(x)$ 如何變化。參考圖 3.14，注意到新的面積可以被分解成兩部分：$A(x)$ 加上一小塊額外、幾乎是長方形的面積。這個額外的長方形寬是 h，高則是從圖形讀到的 $f(x)$。因此，外加部分的面積是 $b \times f(x)$（寬乘高）。這整個面積是由下列逼近所給出：

$$A(x+b) \approx A(x)+b \times f(x)$$

其中符號 $\approx$ 代表近似相等。

上面的公式可以重新安排像下列的樣子：〔128〕

$$\frac{A(x+h)-A(x)}{h} \approx f(x)$$

請記住，這個等式只是近似而已，因爲你加到 $A(x)$ 而得到面積 $A(x+b)$ 的外加面積並不恰好是長方形。然而，h 愈小，這個逼近就會愈好。

左邊的表式看起來相當熟悉，不是嗎？它恰好是給出導數 $A'(x)$

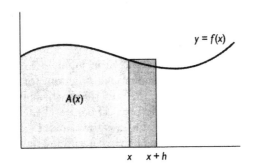

圖 3.14：微積分基本定理的證明。

175

的表式，而 $A'(x)$ 是當 h 趨近 0 時計算得到的極限。因此，當 h 愈來愈小，三件事情會發生：這個方程式會愈來愈精確，表式的左邊趨近於 $A'(x)$，表式的右邊維持 $f(x)$ 值常數不變，不管這個值是多少。你最終得到的，不是一個逼近，而是真實的等式：

$$A'(x)=f(x)$$

這個連結了計算斜率與計算面積（對體積也行得通）之任務的不凡結果，就被稱為微積分基本定理（fundamental theorem of calculus）。

微積分基本定理提供了尋找 $A(x)$ 的一個公式之方法。針對給定曲線 $y=f(x)$，為了尋找它的面積函數 $A(x)$，你必須找一個函數使其導數為 $f(x)$。比方說，假定 $f(x)$ 是 x^2。由於 $x^3/3$ 的導數為 x^2，因此，面積函數 $A(x)$ 就是 $x^3/3$。尤其，如果你想知道由曲線 $y=x^2$ 所描繪出來一直到 $x=4$ 的面積，你在這個公式中令 $x=4$ 得 $4^3/3$，計算得 $\frac{64}{3}$ 或 $21\frac{1}{3}$。（再一次地，我選擇了一個特別簡單的例子，以避免其他例子可能引發的一兩個複雜性，不過，基本的想法是正確的）。因此，為了計算面積與體積，你必須學習如何微分逆轉（differentiation backward）。正如微分本身如此常規（routine），以致能夠寫進計算機程式，可執行積分的計算機程式也一樣存在。

〔129〕

微積分基本定理是個閃亮的例子，說明了追尋更深刻、更一般、更抽象模式的巨大收穫。在尋找斜率與計算面積和體積的情況中，最終的旨趣可能也是在尋找一個特殊的數；不過，這兩個情況中的關鍵，是注意更一般且超抽象的模式，其中斜率、面積或體積都隨著變動的 x 值而變化。

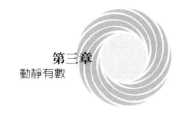

實數

自從有科學以來，時間與空間是連續的，還是具有一種離散的、原子型的本質，有著重要的涵意。事實上，從希臘時代一直到十九世紀結束，所有的科學與數學進展，都建立在時間與空間是連續而非離散的假設上。將時間與空間這兩者視為一種連續統，被認為是為了避免吉諾的悖論。這個觀點自從柏拉圖的時代之後，就開始盛行。他主張連續統是由一種叫作 *apeiron*——今日任何理論都無與其對等之高度抽象物件——的流動所造成。

到了牛頓與萊布尼茲的時代，源自時間與空間的物理世界之連續統，則被等同於今日稱之為實數（real numbers）的連續統。時間與物理量的度量，如長度、溫度、重量、速度等等，都被假定是這個連續統上的點。微分學所應用的函數，其述及的變數則佈於實數的連續統上。

一八七〇年代，當哥西、外爾斯特拉斯、理查·戴德金（Richard Dedekind）及他人企圖發展適合的極限理論，以支撐微積分的技巧，他們必須執行有關實數連續統本質的深入探討。他們的起點，是將連續統視為一個點集——即實數，它被安排在一條往兩端無限延伸的直線上。

實數是有理數的一種延拓，因此，實數的許多公理也是有理數的公理。這對指定加、減、乘與除的性質之算術公理，尤其如此。這些算術公理保證了實數為一個體（見頁 108）。還有描述實數大小順序的公理，它們也一樣是有理數的公理。區別實數與有理數的關鍵公理，是那個允許一個適當極限理論發展的公理。儘管有理數擁有微積分所需的所有必要算術與順序性質，它們並不完全適合極限理論。正 〔130〕

177

如哥西所建構的，這個額外的公理可以讀如下示：

> 假定 a_1，a_2，a_3，…是實數的一個無窮數列，它們愈來愈接近（亦即：當你沿著這個序數走得愈遠，數目之間的差將會任意地接近 0）。那麼，必定存在有一個實數，稱它爲 L，使得這個數列中的數愈來愈接近 L（亦即：當你沿著這個數列走得愈遠，數目 a_n 與 L 的差會愈來愈接近 0）。

數目 L 就被稱爲數列 a_1，a_2，a_3，…的極限。

注意到有理數沒有這一性質。趨近 $\sqrt{2}$ 的連續有理逼近數列 1，1.4，1.41，1.414，…各項彼此愈來愈接近，但並不存在一個有理數 L，使得數列中的項可以任意地接近 L。（L 的唯一可能是 $\sqrt{2}$，但它不是有理數）。

哥西的公理被稱爲完備性公理（completeness axiom）。哥西基於有理數，利用一個老練的方法，在有理數線上加上新的點，然後藉此給出實數的一個形式建構。這些新的點被定義爲所有有理數列的極限，其中這些有理數列具有愈來愈靠近的性質。從有理數建構實數的一個另類方法，是由戴德金所提供。

實數的建構，以及由哥西、戴德金、外爾斯特拉斯及其他數學家所帶頭的有關極限、導數與積分的嚴密理論發展，是今日被稱爲實分析（real analysis）此一主題的開端。這些年來，相當深入的實分析學習，已被視爲大學階段數學主修的必要成分。

複數

著手進行運動與變化的研究，終將導致極限與連續統的理論，這件事在吉諾兩千歲的悖論前提之下，或許並沒有那麼令人驚訝。更加

令人驚訝的，其實是微積分的發明導致的一個（新）數系，納入了數學主流之中；這個數系包括了像 -1 的平方根這樣反直觀的物件。不過，這正是所發生的事，而哥西在這發展中，是一位主要的推動者。〔131〕

　　這個故事要從牛頓與萊布尼茲進行研究的一百年前說起。十六世紀的歐洲數學家，尤其是義大利的吉洛列摩‧卡丹諾（Girolamo Cardano）與拉斐絡‧邦貝利（Raphaello Bombelli）開始體會到，在解代數問題時，假定負數的存在，以及複數具有平方根的存在，有時對於解題是有幫助的。這兩個假設被廣泛地視為超級可疑，最壞的是被說成完全沒有意義；最好的情況，也不過是單純地具有功利目的罷了。

　　自古希臘時代以降，數學家已經知道如何去操弄涉及負號的表式，如 $-(-a)=a$ 且 $1/-a=-1/a$。然而，他們認為這只有在最後答案為正的情況下才被允許。他們對於負數的不信任，主要源自希臘人對表徵長度與面積的數概念始終為正。一直要等到十八世紀末為止，負數才被接受為一個真實的數（bona fide number）。

　　負數的平方根被接受為一個真實的數，花了甚至更長的時間。是否接受這些數的掙扎，反映在為這樣的物件所使用的虛數（imaginary number）名詞上。有了負數，數學家便允許他們自己在計算過程中操弄虛數。誠然，涉及虛數的算術表式可以被尋常的代數法則操弄。問題是：這樣的數存在嗎？

　　這個問題可以化約為，一個單一的虛數「-1 的平方根」是否存在。由此可知原因，假定存在有這樣一個像 $\sqrt{-1}$ 的數。根據歐拉，以字母 i 表之，然後，任意負數 $-a$ 的平方根就只是 $i\sqrt{a}$，這個特定的 i 與正數 a 的平方根的乘積。

　　擱置數 i 是否真實存在這個問題，數學家引進了形如 $a+bi$ 這種

混合數（hybrid number），其中 a 與 b 是實數。這些混合數稱為複數（complex number）。利用尋常的代數法則，以及 $i^2 = -1$ 的事實，吾人可以對複數進行加、減、乘與除。譬如：

〔132〕

$$(2+5i) + (3-6i) = (2+3) + (5-6)i$$
$$= 5-1i$$
$$= 5-i$$

且（利用圓點 · 代表乘法）

$$(1+2i) + (3+5i) = 1 \cdot 3 + 2 \cdot 5 \cdot i^2 + 2 \cdot 3 \cdot i + 1 \cdot 5 \cdot i$$
$$= 3 - 10 + 6i + 5i$$
$$= -7 + 11i$$

（除法有一點複雜，此處從略。）

按今日術語，複數會被說成是構成一個體，就好比有理數和實數一樣。但是，不像有理數和實數，複數無法賦予大小順序——對複數來說，不存在「大於」的自然概念。而且，不像有理數和實數都是數線上的點，複數是複數平面上的點：複數 $a+bi$ 是具有座標 a 與 b 的

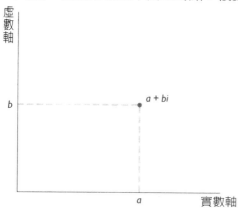

圖 3.15：複數平面。

180

點，見圖 3.15。

在複數平面上，水平軸被指爲實數軸（real axis），垂直軸則被指爲虛數軸（imaginary axis），因爲所有的實數都落在水平軸上，而所有的虛數都落在垂直軸上。複數平面上的其他點則表徵了複數，它們是一個實數與一個虛數的和。

由於複數不是直線上的點，無法說兩個複數中哪一個較大；對複數來說，不存在這種概念。不過，倒是有一種大小尺度的概念存在。複數 $a+bi$ 的絕對值在此平面上度量，從（座標）原點到這個數的距離，通常被記作 $|a+bi|$。根據畢氏定理，

$$|a+bi| = \sqrt{a^2 + b^2}$$

兩個複數絕對值可以比較，但是，兩個不同的複數可能具有相同的絕對值，例如，$3+4i$ 與 $4+3i$ 這兩個都有絕對值 5。 〔133〕

表面上看來，複數似乎只是數學家爲了自娛而設計出來的一種新奇事物。然而，眞實的情況卻遠非如此！當你發現複數在解多項方程式上，具有深刻且重要的涵意時，你可以得到第一個提示：某些深刻的東西正在持續進行中。

所有方程式都可解的地方

自然數系是所有的數系中最基本的。儘管它們在計數上相當好用，卻不適用於解方程式。運用自然數甚至不可能解一個如

$$x + 5 = 0$$

這樣的方程式。爲了解這一類方程式，你需要走向整數。

但是，整數也有窮盡之時，因爲它們不允許你去解下列這樣簡單

的線性方程式：

$$2x + 3 = 0$$

為了解這一類方程式，你需要走向有理數。

有理數適用於解所有的線性方程式，不過，並不允許你解二次方程式，譬如下列方程式：

$$x^2 - 2 = 0$$

就不能用有理數來解。

實數足夠豐富到可以解這種二次方程。不過，實數也不允許你解所有的二次方程，譬如，你就無法用實數解下列方程式：

$$x^2 + 1 = 0$$

為了解這一類的二次方程式，你需要走向複數。

到此，正如你被引導在數學中尋找模式，你或許傾向於假定這個過程將永無止境：每次你移入一個更豐富的數系，就可以找到另一類你無法解出的方程式。但是，情況並非如此！當你抵達複數時，這個過程就停止了。任意多項方程式

$$a_n x^n + a_{n-1} x^{n-1} + \cdots + a_1 x + a_0 = 0$$

〔134〕 其中係數 a_0，a_1，$\cdots$，a_n 都是複數，在複數中可解。

這個重要的結果稱為代數基本定理（fundamental theorem of algebra）。它在十七世紀早期曾被懷疑，而非證明。一七四六年、一七四九年，達倫伯與歐拉分別提供了不正確的證明。至於第一個正確證明，則給自高斯一七九九年提出的博士論文。

歐拉公式大驚奇

複數變成與數學許多部分連結的概念。一個特別引人注目的例子，來自歐拉的研究。一七四八年，歐拉發現了下列令人驚奇的等式：

$$e^{ix} = \cos x + i \sin x$$

對任意實數 x 都成立。

這樣一個在三角函數、數學常數 e 以及 -1 的平方根之間的緊密連結，已經足夠令人大感驚異了。誠然，這樣的一個等式不可能只是單純的偶然事件；反倒是，我們必定瞥見了這個大部分隱身在視覺之外的豐富、複雜且高度抽象的數學模式。

事實上，歐拉公式還有其他庫存的驚奇。假使你以 $x = \pi$ 帶入公式，那麼由於 $\cos \pi = -1$ 且 $\sin \pi = 0$，你得到下列等式：

$$e^{i\pi} = -1$$

改寫成下式：

$$e^{i\pi} + 1 = 0$$

你將得到一個連結五個最常見的數學常數 e，π，i，0 與 1 的一個簡單方程式。

上述最後一個方程式中，一個同樣令人驚奇的面向，乃是在一個無理數（此處指 e）上做一個無理虛數的乘冪，結果竟然得出一個自然數。事實上，對虛數做虛數乘冪，也可以得到一個實數答案。在第一個方程式中，令 $x = \pi/2$，注意到 $\cos \pi/2 = 0$ 且 $\sin \pi/2 = 1$，你可

以得到

$$e^{i\frac{\pi}{2}} = i$$

〔135〕 而且，如果你在這個等式兩邊都做乘冪 i，你將得到（由於 $i^2 = -1$）：

$$e^{-\pi/2} = i^i$$

因此，使用計算機計算 $e^{-\pi/2}$，你會發現：

$$i^i = 0.207\ 879\ 576\cdots$$

（我應該提及這只是 i^i 的全體無窮多個可能值中的一個。引進複數之後，指數不會永遠只得到單一的答案。）

　　為代數基本定理的明顯威力所刺激而逐漸遞增的複數使用，以及歐拉公式的優雅，複數開始走向被接受為真實的數之路徑。最終在十九世紀中葉，當時哥西及其他數學家開始擴展微積分方法，以便納入複數。他們有關複數的微分與積分理論，變得如此優雅——遠遠地勝過實數情況——以致於純就美學基礎而言，拒絕複數成為數學俱樂部的完全付費會員，終於已不再可能。只要它是正確的，數學家便不曾背離美麗的數學，即使它大膽反抗他們所有的過去經驗。

　　不過，除了數學美之外，複數微積分——或複分析（complex analysis），正如今日所指——卻變成在自然數理論中具有重要的應用。在複分析與自然數之間存在了一個既深且廣的連結，這個發現是對數學抽象威力的另一個見證。複數微積分的技巧幫助了數論家去辨認並描述數目模式，而若無此技巧，它們必定就會永遠地隱藏了。

揭開數目的隱藏模式

第一個使用複數微積分研究自然數性質——其技巧今日稱爲解析數論（analytic number theory）——的數學家，是德國的貝恩哈德・黎曼（Bernhard Riemann）。發表於一八五九年一篇題爲〈論小於一給定量的質數之個數〉（*On the number of primes less than a given magnitude*）的論文中，黎曼利用複數微積分去研究一種數論模式（number-theoretic pattern）。這是高斯率先觀察的：對大的自然數 N 〔136〕而言，小於 N 的質數個數，記作 $\pi(N)$，大約等於 $N/\ln N$ 這個比（見第 46 頁 $\pi(N)$ 函數值的一張表）。由於當 N 遞增時，$\pi(N)$ 與 $N/\ln N$ 這兩個都變得愈來愈大，你必須小心建構這個觀察結果。精確的建構式是當 N 趨近無限大時，$\pi(N)/[N/\ln N]$ 這個比的極限恰好等於 1。這個觀察結果被稱爲質數猜測（prime number conjecture）。

在黎曼之前，最接近這個質數猜測證明的結果，是由帕夫努提・柴比雪夫（Pafnuti Chebyshev）於一八五二年獲得。其中，他證明了對充分大的 N 值來說，$\pi(N)/[N/\ln N]$ 的值介於 0.992 與 1.105 之間。爲了獲得此一結果，柴比雪夫使用了歐拉在一七四〇年引進的一個函數，以希臘字母 ζ（念作 zeta）命名的 ζ 函數，歐拉習慣這麼稱它。

歐拉利用下列無窮級數定義這個 ζ 函數：

$$\zeta(x) = \frac{1}{1^x} + \frac{1}{2^x} + \frac{1}{3^x} + \frac{1}{4^x} + ...$$

在此，x 可以是任何大於 1 的實數。如果 x 小於或等於 1，這個無窮級數不會有有限和，因此，$\zeta(x)$ 對於這樣的 x 是不能定義的。如果你令 $x=1$，則 ζ 函數將給出調和級數，本章前文曾考慮過。對於 x 的大於 1 的任何值來說，這個級數會得到一個有限值。

　　歐拉說明這個 ζ 函數可以關連到質數，他的進路乃是經由證明對大於 1 的所有實數而言，ζ(x) 的值等於下列的無窮乘積：

$$\frac{1}{1-(\frac{1}{2})^x}\times\frac{1}{1-(\frac{1}{3})^x}\times\frac{1}{1-(\frac{1}{5})^x}\times...$$

其中，這個乘積遍及了所有形如下列的數：

$$\frac{1}{1-(\frac{1}{p})^x}$$

其中 p 是質數。

　　在 ζ 函數的無窮級數與所有質數全體之間的這個連結，早已足夠引人注目了——畢竟，質數似乎以一種相當偶然的方式突然出現於自然數之中，而少有可辨識的模式，至於 ζ 函數的無窮級數則具有非常清晰的模式，穩健地隨著所有自然數一次一個地增進。

　　黎曼所採取的主要步驟，是證明如何將 ζ 函數的定義，延拓到一個定義在所有複數 z 的函數 ζ(z)。（習慣上，我們用 z 代表一個複數，正如同我們用 x 代表實數一樣）。為了獲得他的結果，黎曼使用了一種被稱為解析延拓（analytic continuation）的複雜過程。經由延拓歐拉函數所擁有的某個抽象模式，這個過程可以行得通，儘管這是一個抽象性超乎本書範圍的模式。

　　為什麼黎曼如此盡心盡力？因為他體認到如果有能力決定下列方程式：

ζ(z) = 0

的解，那麼，他就能證明質數猜測。這個方程式的解通常稱為 ζ 函數

186

的複數零位（complex zeros）。（請注意：這是 zero 這個字的專門用法。在此，所謂的「零位」，是指使 ζ(z) = 0 的 z 值。）

　　ζ 函數的實數零位容易找到：它們是 -2，-4，-6 等負的偶數。（記住，歐拉利用無窮級數所定義的 ζ 函數只對大於 1 的實數行得通。我正在談論的，是黎曼對這函數的延拓。）

　　除了這些實數零位之外，這 ζ 函數還有無窮多個複數零位。它們都形如 $x + iy$，其中 x 介於 0 與 1 之間，亦即，在複數平面上，它們都落在 y–軸與垂線 $x=1$ 之間。不過，比起這一點，我們還可以說得更精確嗎？在他的論文中，黎曼提出假設：所有零位除了負偶數之外，其形式都如 $\frac{1}{2} + iy$；亦即，它們都落在複數平面的直線 $x = \frac{1}{2}$ 上。質數猜測便是由此猜測導出。

　　黎曼應該曾經將此猜測作為他對 ζ 函數及其零位模式的理解基礎。他無疑地擁有很少的數值證據——那些來得很晚，是計算機問世之後的事。過去三十年所執行的計算已經證明前十五億的零位，都落在適當的直線上。然而，儘管這個令人印象深刻的數值證據，黎曼假設直到今日仍然尚未解決。大部分數學家都會同意，這是未解決數學問題中最重要的那一個。

　　質數猜測最後被哈達瑪以及迪拉・維里・波新兩人於一八九六年獨立地證明出來。他們的證明用到了 ζ 函數，但是，卻不需要黎曼假設。　〔138〕

　　當質數猜測被證明而成為質數定理（prime number theorem）時，數學家繞了一圈又回到了原點。數學始自自然數——計算的基石。由於牛頓與萊布尼茲發明的微積分，數學家終於得以對付無限概念，從而研究連續的運動。複數的引進以及代數基本定理的證明，提供了解決所有多項方程式的利器。接著，哥西與黎曼證明了如何延拓

187

微積分，以便解析複數函數。最後，黎曼及其他數學家使用了這個成
果——一個相當抽象且複雜的理論——建立了有關自然數的全新成
果。

第四章
當數學成型

人人是幾何學家

〔139〕

在圖 4.1 中，請問你看到什麼？乍看之下，正如其他人一樣，你或許看到一個三角形。然而，看得仔細一些，你將看不到這一頁上有三角形，有的只是三個黑色圓盤的組合，其中都漏掉了一部分。至於你所看到的三角形，則是一種錯覺，在你下意識時所產生。為了獲得幾何的凝聚力（geometric cohesion），你的心靈（或心智）與視覺系統充滿了像線與面這樣的東西。吾人的視覺－認知系統不斷地搜尋幾何模式。就這個意義而言，我們都是幾何學家。

在體認到我們可以「看到」（see）幾何圖形後，究竟是什麼有助於你在前例中認識三角形是三角形，不管它是在這一頁上、在環繞你四周的風景中，或者在你的心靈之中？你看到的不是顏色，不是線的厚度，而是形狀！只要你看到三條直線在它們的端點連接，而形成一個封閉的圖形，你就會認識到那個圖形是一個三角形。你有如此認識是因為你擁有一個三角形的抽象概念。正如數目3的抽象概念超越了任意一個包含三個物體的特別集體，三角形的抽象概念也超越了任意一個特別的三角形。就這個意義而言，我們都是幾何學家。

我們不僅在週遭世界看到幾何模式，同時，我們似乎也對它們中的某一些，擁有內稟的偏愛。這樣的模式中一個著名例子，是由黃金比（golden ratio）所掌握，這個數目在歐幾里得《幾何原本》第六冊

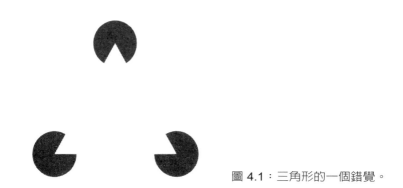

圖 4.1：三角形的一個錯覺。

開頭時被提及。

〔140〕　　根據希臘人的說法，黃金比是人類眼睛所見最賞心悅目的長方形
兩邊之比。巴特農（Parthenon）神殿前的長方形正面的兩邊比就是
這個比例，而且，它也在希臘建築的其他地方被觀察到。

　　黃金比的值是 $(1+\sqrt{5})/2$，是一個大約等於 1.618 無理數。當你分
割一個線段成兩段時，在整個線段對較長的分割線段之比等於較長的
分割線段對較短的分割線段之比的前提下，這個比就是黃金數。如果
以代數方式表示，假設這個比為 $x:1$，正如圖 4.2 所示，則 x 是下列
方程式的解：

$$\frac{x+1}{x} = \frac{x}{1}$$

亦即

$$x^2 = x+1$$

這方程式的正根為 $x = (1+\sqrt{5})/2$ 。

　　黃金比跨越了數學的許多部分。一個有名的例子，就是與斐波那
契數列（Fibonacci sequence）的連結。這是當你從 1 開始，經由相加

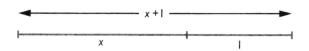

圖 4.2：分割一個線段以給出黃金比。

前兩項的和以構成下一項——第二步驟除外，因爲之前只有一項——所獲得的數列。因此，這個數列以下列所示開始：

1, 1, 2, 3, 5, 8, 13, 21, …

這個數列掌握了一種模式，可以在許多涉及成長的情況，比如從植物的生長到電算機資料庫的成長等被觀察到。若 $F(n)$ 代表這個數列的第 n 個數，那麼，當 n 愈來愈大時，斐波那契數列相繼項的比 $F(n+1)/F(n)$ 會愈來愈接近黃金比。〔141〕

作爲一個分數，黃金比具有一個特別有趣的表徵，那就是，它會按照下列方式延續下去：

$$1+[\cfrac{1}{1+\cfrac{1}{[1+\cfrac{1}{[1+...]}]}}]$$

黃金比的許多例子出現在自然界中：鸚鵡螺貝殼中的室之相對大小、葵花子的安排，以及鳳梨果肉上的模式等等，就提及這幾樣。至於我們認爲黃金比多少有些賞心悅目這一事實，也指出了我們的心智如何理解某些幾何模式。

測量地球

英文字 *geometry* 來自希臘字 *geo-metry*，亦即「大地測量」（earth measurement）。今日幾何學家的數學祖先，是古埃及的測量員（land surveyor），他們從事尼羅河定期氾濫沖毀田地之後的邊界重建；是埃及與巴比倫的建築師，設計並建造神廟、陵寢以及大家熟悉的金字塔；是早期的航海者，在地中海沿岸從事貿易工作。就像這些相同的早期文明實際應用數目，而沒有明顯的數目概念（更不必說有這些物件的理論）一樣，他們有關線、角、三角形、圓形等各種性質的大部分功利用途，並未伴隨著任何深入的數學研究。

正如第一章所述，正是西元前六世紀的泰利斯開始將希臘幾何學發展成為一個數學的學門——事實上，也是第一個數學學門。歐幾里得撰寫於西元前三五〇年的《幾何原本》，主要是一部有關幾何學的著作。

〔142〕　在《幾何原本》第一冊中，歐幾里得利用後來被稱為歐氏幾何的一個有關定義與設準（公理）的系統，企圖捕捉平面上規則圖形如直線、多邊形與圓形的抽象模式。他一開始訂定的二十三個定義之中有幾個如下：

定義 **1.** 點是沒有部分（part）的東西。

定義 **2.** 線是沒有寬度的長。

定義 **4.** 直線是貼緊它本身的點之線。

定義**10.** 當一直線豎立在另一直線上，並且造出兩個鄰角彼此相等，每個等角都是直角，而且豎立的直線稱為另一直線之垂線。

定義23. 平行直線是在同一個平面上，兩端任意延長（produced indefinitely）而彼此在任何一個方向都不相交的直線。

對今日數學家而言，上述前三個定義是不能接受的；他們只是用另外三個未定義概念來取代這三個，並沒有任何收穫。事實上今日幾何學家將「點」與「直線」之概念視爲給定，並不企圖去定義它們。不過，歐幾里得稍後的定義還是蠻有意義的。

注意到直角的定義完全地非量化，未提及 90° 或 π/2。對希臘人來說，幾何學是非數值的（nonnumeric），完全奠基於形狀的模式觀察上。尤其他們將長（度）（length）與角（angle）視爲幾何概念，而非數值化的東西。

在定義了或至少企圖定義基本概念之後，歐幾里得的下一步，就是去建構五個基本設準（postulate），然後，根據這些，所有的幾何事實被認定可以利用純邏輯推論而獲得。

設準 1. 從一點到另一點畫一條直線是可能的。

設準 2. 將一條有限直線連續地延伸成爲直線是可能的。

設準 3. 給定任意中心及半徑，畫一個圓形是可能的。

設準 4. 凡直角都相等。

設準 5. 若一條直線落在另外兩條直線上，並且在某一側的同側內角之和小於兩個直角和，則這兩條直線任意延長下去，一定會在這一側相交。〔143〕

在寫下這些設準，然後從它們演繹出其他幾何事實時，歐幾里得並未試圖建立某種隨意定奪規則（譬如棋局）的遊戲。對歐幾里得以及在他之後的世世代代數學家而言，幾何學研究世界上可被觀察到的

規則圖形。這五個設準被認為是有關這個世界不證自明的眞理（self-evident truth）；同時，在建構它們時，歐幾里得企圖捕捉大自然的某些基本模式。

我們所以能順利地過日子，很大部分原因是由於我們能夠認識形狀（shape），且有時可以歸因於它。形狀的數學研究已經引發了數學的許多分支。其中最顯明的幾何學，就形成本章的主題。至於以下幾章討論的對稱性與拓樸學，則是研究不同的、在某些方面更加抽象的形狀模式。

歐幾里得漏掉的事

歐幾里得的設準意在為平面幾何學的發展提供一個基礎。尤其，所有那些證明《幾何原本》第一冊四十八個命題（以畢氏定理及其逆定理為高潮）所需要的，更是這些設準意圖捕捉的對象。給定這樣一個目標，這五個設準在數目上令人驚奇地少，而且除了其中一個之外，在內容上也極其簡單。不幸地，它們並未表示歐幾里得用在證明時的所有假設。順著在他之後許多數學家的想法，歐幾里得默許了他未列為設準的一些事實：

- 通過一個圓之中心的直線，必定與此圓相交。
- 一直線交一個三角形的一邊，但未通過任意頂點，則必定交另一邊。
- 給定同一直線上的任意三個相異點，其中之一必然介於其他兩點之間。

由於歐幾里得按照公設方式發展幾何學的目標，是在證明過程中避免依賴任意圖形，他忽略上述這些基本假設或許讓人驚訝。另一方面，

他是首位對公設化（axiomatization）進行嚴肅嘗試的數學家，而且，當我們比較西元前三五〇年比方物理或醫學的狀態，這一嘗試也領先它的時代好幾個世紀之多。

歐幾里得之後兩千年之久，到了二十世紀早期，希爾伯特終於表列了二十個設準，適合歐氏幾何學（Euclidean geometry）的發展，使得《幾何原本》中的所有定理，僅運用純粹邏輯便能從這些設準裡證明出來。 〔144〕

歐幾里得列舉的五個設準中，不具備簡單形式的是第五個。相較於其他四個，它的確複雜多了。如果剝除那些糾纏的廢話，這個設準是說：若同一平面的兩條直線相互傾斜，那麼，它們最終會相交。另一個表達這個的方式是：給定一點，則恰好只有一條直線通過它，並且平行於給定直線。事實上第五設準更像是定理而不是公理，而且，歐幾里得本人似乎在設想它時也不無猶豫，因為一直到命題 I.29（即第一冊第二十九命題）時，他才用到它。無怪乎後來的世世代代許多數學家企圖從其他四個設準演繹出第五設準，或者去建構更基本的假設，以便導出第五設準來。

這並不是說人人都懷疑這個設準的真實性。相反地，它似乎十足地顯明。主要是它的邏輯形式造成了問題：公理不應該如此具體或複雜。（我們不清楚今日這樣的觀點會不會流行；自從十九世紀以來，數學家已經學會與許多更複雜的公理共處，那些公理也被認為捕捉了「顯明的真理」〔obvious truth〕）。

還有，無論顯明與否，沒有人能夠從其他設準演繹出第五設準，這一失敗標誌著我們對於生活週遭世界的幾何學理解之不足。今天，我們體認到這的確是理解的一種失敗，但並非針對歐氏幾何學本身。問題反倒在於下列假設：歐幾里得企圖公設化的幾何學，正是我們生

活於其中的幾何學。而這也是偉大哲學家康德（Immanuel Kant）以及其他人視為根本的假設。

不過，這個故事得等到後面章節再說；同時，我們也將檢視歐幾里得從他的五個設準中所導出來的某些結果。

歐幾里得在他的《幾何原本》之中

在構成《幾何原本》的十三冊中，前六冊主要討論平面幾何，形式不拘。

第一冊的一大堆命題考慮尺規作圖（ruler-and-compass construction）。此處的任務乃是決定哪些幾何圖形可以只用兩種工具：沒刻度直尺只用以畫直線，圓規只用以畫圓弧，而不作其他用途——尤其，當圓規兩腳離開紙面後，其張開量將被認為已失去。歐幾里得就在他的第一個命題裡描述了這樣的一種作圖：

[145]

命題 I.1：在一條給定的直線上，求作一個等邊三角形。

圖示在圖 4.3 中的方法，似乎足夠簡單。如果給定的直線為 AB，將圓規的一隻腳放在 A 點，並在這條直線上畫出半徑為 AB 的一個四分之一圓，然後，在 B 點上，也畫出第二個同半徑的四分之一圓。令 C 是這兩個四分之一圓的交點，則 ABC 是所求的三角形。

即使在這兒，在他的第一個命題中，歐幾里得使用了一個他的公理無法支撐的默許假設：你如何知道這兩個四分之一圓會相交？圖形固然指出它們相交，可惜，圖形並不完全可靠；或許在 C 點處有一個「洞」（hole），就像有理數線上 $\sqrt{2}$ 「應該在的」（ought-to-be）那種「洞」一樣。無論如何，歐幾里得寫下公理的首要考量，就是去避免依賴圖形。

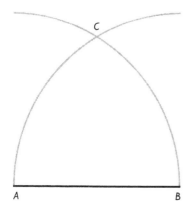

圖 4.3：在一直線上建構一個等邊三角形。

其他的尺規作圖包括平分一個角（命題 I.9）、平分一條線段（命題 I.10），以及建構給定直線之一點上的垂線（命題 I.11）。

這裡應該要強調的是，雖然《幾何原本》裡的重心都放在它們上面，但是，希臘幾何學絕不只限制在尺規作圖上。希臘數學家呢，會因為問題的需要而使用不同的工具。另一方面，他們的確認為尺規作圖是一種特別優雅的智能挑戰：對於希臘人來說，一個可以只用兩個 〔146〕最原始的工具來作圖的圖形，不知為何就是更基礎、更純粹；而一個只使用這些工具所獲得的答案，更是被認為擁有特定的美的吸引力。歐幾里得的設準很明顯是設計用來試圖捕捉使用尺規所能達成的事情。

除了這些作圖的結果之外，第一冊給了一些建立兩個三角形為全等（即所有方面都相等）的判準。舉例來說，命題 I.8 陳述：當一個三角形的三個邊分別與另一個三角形的三個邊等長時，這兩個三角形即為全等。

第一冊最後的兩個命題，就是畢氏定理及其逆定理（converse）。歐幾里得對於後者的證明，優雅到我覺得應該在這裡呈現

它。圖 4.4 提供了其中的附圖。

命題 I.48：在一個三角形中，若一邊上（所張拓）的正方形等於其他兩邊上的正方形，那麼，被其他兩邊所包括的角爲直角。

證明：已知三角形 ABC，其中假定 $BC^2 = AB^2 + AC^2$。求證角 BAC（經常寫成$\angle BAC$）爲直角。

爲此，先作 AE 垂直 AC 於點 A。這一步驟可行是根據命題 I.11。接著，作線段 AD 使得 $AD＝AB$。根據命題 I.3，這是被允許的。現在的目標是證明三角形 BAC 與 DAC 全等。由於$\angle DAC$ 爲直角，立刻可以推得$\angle BAC$ 也是直角。

這兩個三角形共有一邊 AC，而且根據作圖，$AD＝AB$。應用畢氏定理到直角三角形 DAC 上，你可以得到

$CD^2 = AD^2 + AC^2 = AB^2 + AC^2 = BC^2$。

因此，$CD＝BC$。但是，現在三角形 BAC 與 DAC 有相同的三個對應邊，所以，根據命題 I.8，它們全等，得其所證（Q.E.D.）。

《幾何原本》第二冊討論的是幾何代數，以幾何的方式建立今日通常以代數方法來處理的結果，譬如，等式

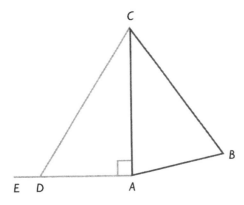

圖 4.4：畢氏定理逆定理的證明。

〔147〕

$$(a + b)^2 = a^2 + 2ab + b^2$$

第三冊呈現的是和圓有關的三十七個結果，其中包含一個說明半圓形裡面的內接角一定是直角的證明。歐幾里得的證明如此優雅，和命題 I.48 一樣，以致於我無法抗拒不在這裡呈現它（見圖 4.5）。

命題 III.31：內接在一個半圓中的角是直角。

證明：以 O 為圓心，BC 為直徑畫一個半圓。令 A 是這個半圓上的任意點。則這個定理斷定 $\angle BAC$ 是一個直角。

畫半徑 OA，且令 $\angle BAO = r$，$\angle CAO = s$。由於 AO 與 BO 都是此半圓的半徑，故三角形 ABO 為等腰三角形。由於等腰三角形兩底角相等，$\angle ABO = \angle BAO = r$。同理，三角形 AOC 也是等腰三角形，因此，$\angle ACO = \angle CAO = s$。

但是，三角形的三個角之和等於兩個直角的和。應用這個事實到三角形 ABC 上，

$r+s+（r+s）=$ 兩個直角和，

簡化之，得

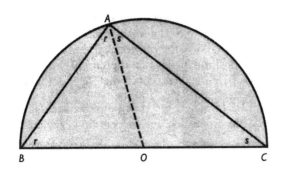

圖 4.5：《幾何原本》命題 III.31 之證明。

199

2（r+s）＝兩個直角和。

因此，r+s 等於一個直角。而∠BAC＝r+s，所以得證。

〔148〕《幾何原本》的第四冊包含了正多邊形的作圖，也就是所有邊長和內角都相等的多邊形——最簡單的例子，就是等邊三角形和正方形。第五冊則貢獻給尤德賽斯的比例論，這是一個有關幾何理論的說明，設計用來迴避因為畢氏學派發現 $\sqrt{2}$ 為無理數所引起的困難。這冊著作大部分都被十九世紀實數系的發展所取代了。第六冊引用到了第五冊的結果，其中歐幾里得呈現了有關相似圖形的研究結果。當兩個多邊形的角度分別相等，同時，等角所對應的邊長成比例時，這兩個多邊形便稱為相似（similar）。

第六冊標示了歐幾里得對於平面幾何學論述的結束。第七到第九冊都在討論數論，第十冊則和度量有關。幾何學在最後三冊再度成為焦點，只是這次變成了三維物體的幾何。第十一冊包含了與相交平面有關的三十九個基礎命題。一個主要的結果（命題 XI.21）說明共有一個多面體的頂點（比如說三角錐）之所有平面角之和，會小於四個直角。

第十二冊裡，得力於尤德賽斯的窮盡法，始自第十一冊的研究有了更多進展。證明的結果中，有一個說明圓的面積會和其直徑的平方成比例（命題 XII.2）。

《幾何原本》的最後一冊第十三冊，則呈現了有關正多面體的十八個命題。正多面體是擁有正多邊形為面，每面全等，每個相鄰面的角都相等的三維圖形。在非常早以前，希臘人就知道如圖 4.6 五個這樣的物體：

• 擁有四個面的正四面體，每個面都是等邊三角形。

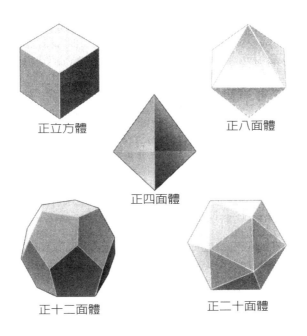

正立方體

正八面體

正四面體

正十二面體

正二十面體

圖 4.6：五個正多面體。

- 擁有六個正方形面的正立方體。
- 擁有八個等邊三角形為面的正八面體。
- 擁有十二個正五邊形為面的正十二面體。
- 擁有二十個等邊三角形為面的正二十面體。

這些正多面體因為在柏拉圖的著作裡曾明顯提到，因此，它們有時候會被稱為柏拉圖立體（Platonic solids）。

《幾何原本》裡的第 465 個，也是最後的命題，就是歐幾里得關於只存在有這五個正多面體的一個優雅證明。這證明只需要用到命題 XI.21，即任何頂點的面角和會小於四個直角。以此為假設，以下即是歐幾里得的證明。

命題XIII.18：只存在有恰好五個正多面體：正四面體、正六面體、正八面體、正十二面體與正二十面體。

證明：對一個擁有三角形面的正多面體而言，所有的面角都是 60°，因而在每一個頂點，將至少有三個面。在一個頂點如果恰好有三個三角形相遇，則給出 180°之角和。在一個頂點如果恰好有四個三角形相遇，則給出 240°之角和。在一個頂點如果恰好有五個三角形相遇，則給出 300°之角和。如有六個或更多的三角形在一個頂點相遇，則角和將等於或大於 360°，根據命題 XI.21，這將是不可能的。因此，至多只有三個正多面體擁有三角形的面。

對一個擁有正方形面的正多面體而言，如果三個面相遇於一個頂點，則在此頂點之角和是 270°。不過，如四個或更多的正方形相遇於一個頂點，則角和將是 360°或更多。因此，再次根據命題 XI.21，這不可能發生。因此，頂多只有一個正多面體擁有正方形面。

一個正五邊形的頂點之內角是 108°，因此，根據命題 XI.21，只有一個可能的正多面體擁有正五邊形面，其三個正五邊形面相遇於每個頂點，構成角和 324°。

有六個或更多邊的任意正多邊形其頂點之內角至少為 120°。由於 3×120°＝360°，命題 XI.21意謂著不可能有正多面體帶有六個或更多邊的正多邊形之面。

上述這些考慮意謂著，這五個列舉出來的正多面體是僅有的可能，得其所證。

〔149〕

萬有論的幾何學

在被幾何學的美麗和邏輯的精確性震驚之後，許多數學家和哲學家試圖使用幾何想法來說明我們所居住的宇宙。其中的第一個就是柏拉圖，因爲極度迷戀這五個正多面體，而使用它們作爲物質的一個早期原子理論之基礎。

在柏拉圖約西元前三五〇年寫的書《泰梅歐斯》（*Timaeus*）〔150〕中，他提出了組成世界的四大「元素」——即火、空氣、水和土——都是由微小的固體（以現代術語來說，就是原子）聚集而成。除此之外，他還論證因爲這世界只可能是由完美的物體組成，這些元素就必須具有正多面體的形狀。

他說，身爲元素裡最輕和最尖銳的一員，火一定是個四面體。身爲元素裡面最穩定的土一定是由立方體構成。身爲最富有機動性和流動的水，一定是個二十面體，也就是最有可能簡單地滾動的正多面體。而對於空氣，柏拉圖則觀察到「空氣對於水，就像是水對於土」，也因此下了個有點神祕的結論，說空氣一定是個八面體。最後呢，爲了不讓剩下的正多面體孤苦伶仃，他提議十二面體代表了整個宇宙的形狀。

雖然柏拉圖的原子論以現代的眼光來看既怪異又不切實際，但是在十六和十七世紀，當克卜勒開始在世界裡尋找數學秩序（mathematical order）時，這個正多面體是宇宙基礎結構的想法，在當時還是被認眞看待。圖 4.7 裡柏拉圖原子論的圖解就是由克卜勒提供。克卜勒自己對於正多面體在宇宙中所扮演的角色的提議，對於現今的讀者來說，可能比柏拉圖的原子論來得更加科學——儘管它仍然是錯誤的。以下就是克卜勒的版本。

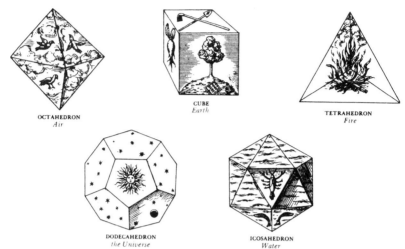

OCTAHEDRON
Air

CUBE
Earth

TETRAHEDRON
Fire

DODECAHEDRON
the Universe

ICOSAHEDRON
Water

圖 4.7：由約翰・克卜勒圖解的柏拉圖物質原子論。

〔151〕　　　　在克卜勒的時代，已知有六顆行星：水星、金星、地球、火星、木星和土星。受到哥白尼行星圍繞太陽運轉的理論所影響，克卜勒試圖找出爲何只有六顆行星，以及爲何它們離太陽是特定距離的數值關係之解釋。他最後決定，關鍵是幾何的而不是數值的。他論證說，恰好只有六個行星的原因，是每個行星和下一個行星之間的距離一定與一個特定的正多面體有關，而正多面體剛好就只有五個。

　　　　在一些實驗之後，他找到一個照大小順序套疊的正多面體以及球面的排列，使得六個行星的每一個都有個在六個球面上的運行軌道。最外圍的球面（土星運轉的軌道）包含了一個內接的立方體，而在這立方體內又包含了一個內接的、木星軌道的球面。在這球面裡又包含了一個內接的四面體，而火星則是在內接的球面裡運轉。在火星軌道球面的內接十二面體內，則是地球軌道的球面；內接的二十面體，則是金星的軌道球面。最後，內接金星軌道球面的十面體裡面，也有一個內接的球面，上面則有水星的運轉軌道。

圖 4.8：克卜勒圖解他自己的行星理
論。

　　爲了說明他的理論，克卜勒煞費苦心地詳細畫出複製在圖 4.8 的
圖像。很明顯地，他對他所做的很滿意。唯一的問題，就是這一切都
是胡說。

　　首先，套疊的球面和行星運轉軌道間的對應並不完全正確。由於
克卜勒自己是找出行星運轉軌道正確資料的人，他當然知道其中的差
異，並且試圖以更改不同球面的厚度來調整他的模型，雖然他也沒有
提出爲何它們厚度的不同會造成什麼差異的理由。

　　再來，我們現在已知行星不只六個，而是至少九個（譯者註：現
在剩八個）行星。天王星、海王星和冥王星（譯者註：已被證實不是
行星）在克卜勒年代之後陸續被發現——一個對於任何類似克卜勒理
論，也就是奠基於只有五個固定多面體理論的毀滅性發現。

　　從現代的眼光來看，可能有點難以相信這兩個柏拉圖和克卜勒水
準的知識巨人，會提出如此瘋狂的理論。到底是什麼驅使他們尋找正

多面體和宇宙結構之間的連結呢？

答案就是同樣驅使今日科學家的根深柢固的信念——世界中的模式和秩序都可以被數學敘述，甚至在某種程度上被數學說明。在當時，歐幾里得的幾何學是數學裡發展最好的分支，也因此，正多面體的理論在幾何學裡佔有極大的地位；它已經達成了一個完整的分類，亦即全部的五個正多面體都被找出並且廣泛研究。雖然克卜勒的理論最後無法成立，但是，它在概念上非常優雅，並且和他同代的伽利略的看法亦步亦趨：「自然這部大書只能被那些通曉其中敘述語言的人閱讀。這個語言正是數學。」的確，克卜勒對於數學秩序的基本信念，引導他調整他的數學模型，以便符合觀察到的資料。他所追求的，正是模型審美的優雅，即使代價是他無法解釋的「胡說」。

〔152〕

就細節而言，柏拉圖和克卜勒兩人對於原子論的想法都是錯誤的。但是，就尋求以數學的抽象模式理解自然模式的意義而言，他們的研究所秉持的傳統，直到今天仍然具有高度成效。

切開圓錐體

這裡應該提到另一個希臘幾何學的部分，不過，因為它的出現在歐幾里得《幾何原本》的數個世代之後，嚴格說來並不算是歐氏幾何學：有關圓錐曲線的研究包含在阿波羅尼斯（Apollonius）的八冊專著《錐線論》（Conics）之中。

〔153〕

圓錐曲線即是當一個切面切開圓錐體時所得到的曲線（見圖4.9）。這種曲線有三種：橢圓、拋物線和雙曲線。這些曲線在希臘時代曾被廣泛地研究，但直到《錐線論》裡這些研究才全被放在一起並且系統化，就像《幾何原本》組織了歐幾里得年代已知的數學知識一樣。

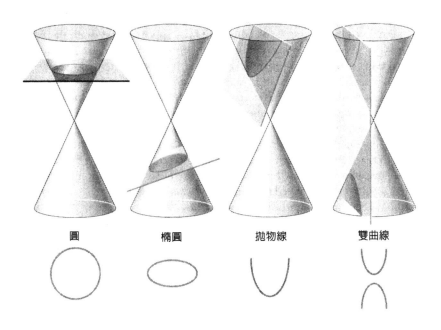

| 圓 | 橢圓 | 拋物線 | 雙曲線 |

圖 4.9：圓錐曲線。這四條曲線是中空的雙圓錐被一個平面所切割而成。

　　和《幾何原本》以及阿基米德的著作一樣，阿波羅尼斯的《錐線論》於十七世紀克卜勒觀察到行星在一橢圓軌道上圍繞著太陽運轉時，仍是相當重要的教科書。這個發現並非僅是純粹的審美訴求，它說明了圓錐曲線裡的橢圓就是行星以及人類繞著它們在宇宙中旅行的路徑。

　　事實上，行星軌道的形狀不是圓錐曲線在運動物理學裡唯一的角色。當一顆球或是其他的拋物體被扔到空中時，它會遵從一個拋物線的軌道，而這個事實即被準備火砲表的數學家利用，以確認戰時的砲手可以準確地命中目標。

　　在數學家的軼事中，一個一再重複的神話，就是阿基米德利用了拋物線的特性，在羅馬侵略者攻打迦太基（Carthage）時保衛了西拉

鳩思（Syracuse）城。根據此一故事，這個偉大的數學家建造了巨大的拋物面鏡子，然後以這些鏡子聚集太陽光照射在敵方的船上，使它們起火燃燒。和這相關的數學特性就是，照射在平行於軸的拋物線上的陽光，都會反射到一個稱為拋物線的焦點（focus）（見圖 4.10）上。由於要試圖瞄準此裝置會碰到非常多的困難，這個故事的真實性不高。不過，同樣的拋物線數學特質在今天已被成功地用來設計出車頭燈、小耳朵和望遠鏡的反射鏡等等。

乍看之下，三個圓錐曲線似乎都是明顯不同的曲線，一個是封閉的圈，另一個是單一的拱形，第三個則是兩個分開的線段。要等到我們看到它們都是由切開一個雙圓錐體而產生時，才會清楚明白它們都是同一個家族的一部分——亦即它們擁有一個單一的、統一的模式。不過要注意的是，我們必須提高一個維度才能找到這模式：這三個曲線都是在二維的平面上，但這個統一的模式卻是三維的。

另外一個連結圓錐曲線的模式——一個代數的模式——則是由法國數學家和哲學家勒內・笛卡兒（René Decartes）所發現的；他引進了座標幾何（coordinate geometry）。在笛卡兒的座標幾何中，圖形可以用代數的方程式來描述。舉例來說，圓錐曲線正可以用包含變數

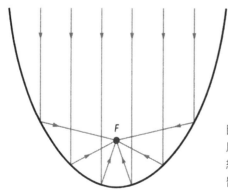

圖 4.10：平行於拋物線軸的射線會反射到它的焦點。這個幾何事實已經找到許多應用，戰時或承平時代皆有。

x 和 y 的二次方程式來描述。笛卡兒對幾何學的貢獻就是我們的下一個主題。

天花板上的蒼蠅

笛卡兒在一六三七年出版了他的《方法論》（*Discours de la Méthode*），一本高度原創性的科學方法之哲學分析。在該書一個標題為《幾何學》（*La Géométrie*）的附錄裡，他呈現給數學世界一個研究幾何學的革命性新方法：使用代數。笛卡兒這本書的出版所帶動的這個革命非常完整，因為他的新方法不只讓數學家使用代數技巧來解決幾何問題，實際上更賦予他們一種選擇，將幾何學視為代數的一個分支。 〔155〕

笛卡兒關鍵的想法是（這裡用的是二維的例子）提出一對座標軸：兩條垂直的實數線，如圖 4.11 所示。兩條軸線的交點稱為（座標的）原點。兩條軸線通常標為 x 軸和 y 軸；原點通常以 0 來代表。

就座標軸來說，每個平面上的點都有個特定的一對實數名字：即點的 x 座標和 y 座標。而這想法，就是要以包含 x 和 y 的代數式來表現幾何圖形；確切地說，直線和曲線都是以包含 x 和 y 的代數方程式來表達。

舉例來說，一個與 y 軸相交於點 $y=c$、斜率為 m 的直線具有如下的方程式：

$$y = mx + c$$

圓心為點 (p,q)，半徑為 r 的圓的方程式為

$$(x-p)^2 + (y-q)^2 = r^2$$

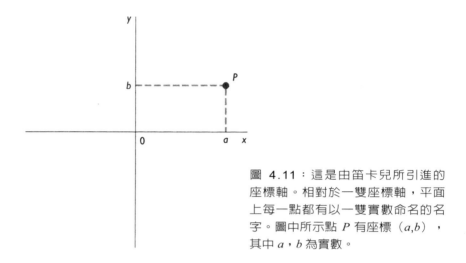

圖 4.11：這是由笛卡兒所引進的座標軸。相對於一雙座標軸，平面上每一點都有以一雙實數命名的名字。圖中所示點 P 有座標（a,b），其中 a，b 為實數。

〔156〕　將這等式裡兩個括弧的項展開和重整之後，這個表示式會變成

$$x^2+y^2-2px-2qy=k$$

其中 $k=r^2-p^2-q^2$。一般來說，任何具有上述最後這個形式的方程式（其中 $k+p^2+q^2$ 為正），會代表一個圓心為（p,q）、半徑為 $\sqrt{k+p^2+q^2}$ 的圓。確切地說，圓心為原點，半徑為 r 的方程式是

$$x^2+y^2=r^2$$

一個以原點為中心的橢圓方程式具有如下形式：

$$\frac{x^2}{a^2}+\frac{y^2}{b^2}=1$$

一個拋物線的方程式具有下列形式：

$$y=ax^2+bx+c$$

210

最後，一個以原點為中心的雙曲線方程式為如下形式：

$$\frac{x^2}{a^2} - \frac{y^2}{b^2} = 1$$

或者是（特例的）形式

$$xy = k$$

這些曲線的例子可見圖 4.12 的圖示。

有關笛卡兒在幾何學上的革命性新進路，有個一再重複的故事，

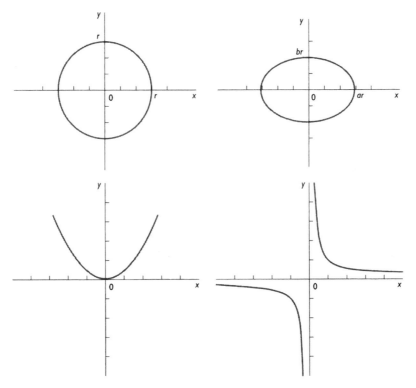

圖 4.12：錐線的圖形。（左上）圓 $x^2 + y^2 = r^2$。（右上）橢圓 $x^2/a^2 + y^2/b^2 = 1$。（左下）拋物線 $y^2 = x^2$。（右下）雙曲線 $xy=1$。

不知是眞或假，那就是這想法是由一隻蒼蠅引發靈感的。根據這個故事，身體虛弱、容易生病的笛卡兒有天臥病在床，一隻在天花板上爬行的蒼蠅引起了他的注意力。看著這隻蒼蠅爬來爬去，笛卡兒領悟到它在任何時刻的位置，都可以用它當時和兩面垂直牆面的距離來確定。當蒼蠅在天花板上爬行時，將兩個距離中的其中之一以另一個表現，而寫下一個方程式。藉由此一進路，他就可以代數地描述蒼蠅的路徑。

當代數方程式用來表現直線和曲線時，類似古希臘人所提出的幾何論證便可以代數運算來取代，比如方程式的解。舉例來說，決定兩個曲線相交的點，就是要找出兩個方程式的共同解。爲了在圖 4.13
〔157〕中求出直線 $y=2x$ 和圓 $x^2+y^2=1$ 的交點 P 和 Q，我們就得聯立解這兩個方程式。將 $y=2x$ 代入第二個方程式會得到 $x^2+4x^2=1$，答案也就是 $x=\pm1/\sqrt{5}$。利用 $y=2x$ 這方程式就可以算出交點的 y 座標，也就是 $P=(1/\sqrt{5},2/\sqrt{5})$，$Q=(-1/\sqrt{5},-2/\sqrt{5})$。

另一個例子，兩條線的垂直對應了它們方程式的一個簡單的代數條件，即直線 $y=mx+c$ 和 $y=nx+d$ 垂直，若且唯若 $mn=-1$。

在併入微分學的方法之後，和曲線相切的直線問題，都可以代數的方式來解決。比如說，和曲線 $y=f(x)$ 相切的直線在點 $x=a$ 時的方程式爲

$$y=f'(a)x+[f(a)-f'(a)a]$$

〔158〕　利用如笛卡兒提出的代數方法，並不會將幾何研究變換成代數。幾何學是形狀模式的研究。要使這類的研究數學化，就必須將焦點放在抽象模式本身，而不是它們碰巧發生或者被表現的方法上；另外，也必須要以邏輯的方式進行。不過，不管是在實體或是概念上，能使

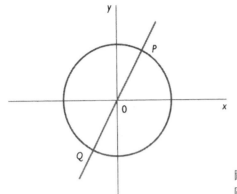

圖 4.13：欲求交點 P 和 Q，吾人解
圓與直線的聯立方程組。

用的工具並沒有限制。有如笛卡兒一般，利用代數技巧研究形狀的模
式，並不必然使獲得的結果成為代數而非幾何；就像使用微積分的技
巧來研究自然數的特性（解析數論），並不會使獲得的結果落在數論
的邊界之外。

在幾何學裡應用代數的技巧（以及基於微積分的分析技巧）提供
了精準度，以及更抽象的可能性，這使得形狀的研究可以到達先前無
法進入的境界。這些技巧威力的一個早期示範，就出現在十九世紀末
期：三個自古希臘時代就無人能解的幾何問題，終於被解決了。

化圓為方和其他不可能的事

要計算已知尺寸的正方形或是三角形的面積是件簡單的事，只需
要用到乘法而已。計算有彎曲邊的圖形，比如說圓或橢圓，則困難得
多。希臘人使用的是窮盡法；今日的數學家則使用積分學。這兩種技
巧都比乘法要複雜得多。

另外一個可能的方法，就是找出一個和該彎曲圖形有相同面積的
正方形，然後再用正規的方法，計算這個正方形的面積。這類的正方

〔159〕

213

形找得到嗎？如果可能的話，要如何找呢？這就是給定圖形的求積
（quadrature）問題——希臘人花了不少時間試圖解決的一個問題。
最簡單的例子——至少在說明上是最簡單的——就是圓的求積問題：
給定一圓，找出一個有相同面積的正方形。

　　並不令人意外地，希臘人想知道只用尺和規——歐幾里得在《幾
何原本》裡喜愛的「純粹」工具——是否能完成如此的一個作圖。不
過，他們仍然沒能作出一個。接下來無數世代試圖解答這問題的幾何
學家，不管是職業數學家或其他許多業餘愛好者，他們的情況都沒好
到哪裡去。（這裡要注意的是，這問題要求一個精確的解；利用尺規
方法可以找到一些近似的答案。）

　　一八八二年，德國數學家費迪南‧林德曼（Ferdinan Linde-
mann）通過總結地證明圓的尺規求積問題不可能有答案，而將這一
追尋工作劃上句點。他的證明是以笛卡兒座標來進行的純代數方法，
那是這麼說的：

　　首先，以尺規進行的運算會有對應的代數描述。簡單的基礎概念
顯示任何可以尺規作圖的長度，都可以從整數開始，並且只使用一系
列的加法、乘法、減法、除法以及平方根取得。於是，可以利用古希
臘工具作圖的長度，在今日一定被稱為代數的；也就是說，它可以從
形如下列多項式方程式的解來獲得

$$a_n x^n + a_{n-1} x^{n-1} + \cdots + a_2 x^2 + a_1 x + a_0 = 0$$

其中係數 a_n，$\cdots$，a_0 全都是整數。

　　不是代數數的實數稱為超越的（transcendental）。超越數全都是
無理數，但反過來說，無理數並不都是超越數。比如說：$\sqrt{2}$ 是無理
數，但它可不是個超越數，因為它是方程式

$$x^2 - 2 = 0$$

的解。林德曼所做的，就是證明 π 這個數是超越的。他的證明利用了微積分的方法。

知道 π 是超越數之後，即表示圓的求積問題不可能有解。其原因就是，假設有個半徑 $r=1$ 的圓。這個單位圓的面積是 $\pi \times r^2 = \pi \times 1 = \pi$。因此，如果我們可以作出和這個圓相同面積的正方形，那麼，它的面積就會是 π，而它的邊長就會是 $\sqrt{\pi}$。這樣一來就代表我們可以用尺規作出 $\sqrt{\pi}$ 的長度，而這也就表示 $\sqrt{\pi}$ 是代數數，也就是說 π 是代數數，因此和林德曼的結果矛盾。 〔160〕

另一個托笛卡兒式技巧之福而獲得解決的古希臘問題，就是倍立方體（duplicating the cube）：給定任一正立方體，找出另一個恰為兩倍體積正立方體的邊長。再一次地，這個由希臘人提出的問題，還是只能以尺規來作圖；而同樣地，這問題若沒有此限制還是可以解的。正立方體的加倍用一種所謂的二刻尺作圖法（neusis construction）便可以輕易達成，亦即只要使用圓規和一把有刻度的尺（可以在設定的線上滑動，直到達成特定的條件），即可完成此一作圖。另一種解法則是使用圓錐曲線，以及存在有一種三維作圖，涉及了圓柱、圓錐和輪胎面（torus）。

解答如下。如果我們可以加倍這個體積為 1 的立方體，那麼，複製加倍的體積為 2，因此，它的邊長就一定是 $\sqrt[3]{2}$。以代數術語表示，這單位立方體的加倍問題，就會對應三次方程式 $x^3 = 2$ 的求解。一個比林德曼稍微簡單的論證，顯示這方程式無法以一系列的基本算術運算（即加、減、乘、除與開平方根）求解，而這些都對應到尺規作圖的運算。因此，這單位立方體無法單以尺規來複製加倍。

　　第三個因多年無法求解而成名的希臘問題，就是三等分一角。這問題是在只使用尺和規的條件下，找到三等分一個任意角的方法。

　　對於某些角度來說，這問題可以立即解決。舉例來說，三等分一個直角很簡單：我們只要做出一個 30° 角即可。但是，這問題要求的是所有角度都通用的方法。再次地，如果鬆弛尺規作圖的條件，它是可以求解的；確切地說，使用二刻尺作圖方法可以簡單地三等分任意角。

　　以代數術語表示，三等分一個任意角即相當於求解一個三次方程式，而如同我們剛剛看到的一樣，無法只用基本算術運算和開平方根求解。因此，三等分角的作圖無法只用尺和規達成。

〔161〕　　這裡必須要再強調一次：以上的三個問題本身並不是重要的數學問題。尺規作圖的限制主要只是個希臘的智力遊戲。希臘人可以在不受到這個限制之下，求解這三個問題。這些問題會出名，是因為在如此限制的情況之下，長年來始終無法求解。

　　有趣的是，在每個例子中，答案只有在問題從純幾何轉變成代數的情況下才出現，這個變換也將其他的技巧帶來此地使用。正如一開始的構式，這三個問題都是關於使用特定工具的幾何作圖模式（比如說，序列）；求解則是依賴這個問題以等價代數模式的再建構。

非歐氏幾何學的驚人發現

　　如同第 195 頁所提到的，歐幾里得在幾何學命題的第一次建構中，第五個，或是「平行設準」，被認為是有問題的。它的真實性從來沒有人懷疑過——每個人都認為它是「顯明」的。但是，數學家認為它不夠基礎到成為公理的程度，而應該被證實為定理才是。

　　這個公理的顯明，似乎是由所獲得的各種另類構式而得到了凸

216

顯。除了歐幾里得原本的陳述——如其所呈現，一個最爲不顯明的構式——之外，下面展示的每一個都和第五設準完全等價：

- 普列費爾（Playfair）設準：給定一條直線和一個不在該線上的點，恰好只有一條直線可以穿過該點並和原直線平行。（「平行」的形式定義爲：兩條直線不管如何延伸都不會相交。）
- 普洛克勒斯（Proclus）公理：如果一條直線和兩條平行線之一相交，那它也一定會和另一條相交。
- 等距設準：平行線每個地方都是等距離的。
- 三角形設準：一個三角形的內角和等於兩個直角。
- 三角形面積特性：三角形的面積可以依我們喜好而增大。
- 三點特性：三個點不是共線就是共圓。

許多人會認爲這裡面其中的一個或多個陳述是「顯明」的，通常是表 〔162〕
列中的前三項，也許再加上三角形面積特性。不過爲什麼呢？就拿普
列費爾設準來當例子好了。你怎麼知道它是眞實的？要怎麼試驗？

假設你在一張紙上畫一條直線，並且在線外標記一個點。你現在
的任務就是要說明，只會有一條和一開始直線平行的直線會通過這個
點。不過，這裡有些明顯的困難。首先，不管鉛筆的筆芯有多細，你
所畫的直線還是會有一定的厚度，而你要如何知道實際的直線在哪
呢？第二，爲了檢查你的第二條直線和第一條平行，你得將兩條線任
意延伸下去，而這也是不可能的。（你可以在這張紙上畫出許多通過
該點卻不和原直線相交的線。）

因此，普列費爾設準並非眞的適合用於實驗性的核證。那麼，三
角形設準呢？檢查這個設準的確不需要任意延伸直線，畢竟它可以

「在這一頁上」畫出來。無可否認地，就像我們針對唯一平行線一樣，對於三角形內角和為 180° 這件事，沒有人有強烈直覺說這是有可能的；但是，因為這兩個陳述完全等價，缺乏支持的直覺並不會影響三角形進路的有效性。

那麼，假設你可以畫個三角形並且高準確度計算它的內角和到一度的 0.001 範圍內——在現在這個年代，這是完全合理的假設。你畫個三角形並度量它的內角。如果加起來是 180°，那麼，你就可以斷定內角和會在 179.999° 和 180.001° 之間，而這是非結論性的。

另一方面，原則上可以用這方法演示第五設準的虛假（falsity）。如果你找到一個內角和為 179.9° 的三角形，那麼，你就會明確知道內角和會在 179.899° 與 179.901° 之間，也因此答案絕對不可能是 180°。

根據數學傳說，高斯本人在十九世紀早期曾試圖以實驗方法檢查第五設準。為了避免無限細的直線這難題，他將光線視為直線；為了將度量時的錯誤減到最小，他使用一個非常大的三角形，頂點在三座山頂上。在其中一個山頂上點火，再使用鏡子來反射光線，他創造了一個由光線組成的巨大三角形，其內角和算出來是 180° 加減實驗誤差。從最樂觀的想法來看，這個實驗性誤差至少是 30 秒。因此，這個實驗什麼都沒證明，除了指出在許多英里的範圍裡，三角形的內角和非常接近 180°。

〔163〕

事實上，我們每天的經驗裡似乎沒有一個支持第五設準的合理基礎。然而，就像普列費爾設準的形式一樣，我們相信它是真的——我們認為它是很顯明的。一條直線的抽象概念，只有長度而沒有寬度，看起來也非常合理，而且我們事實上也可以視覺化此種物件；兩條直線任意延伸，每個地方都等距並且不相交的想法，似乎也具有意義；

然後，我們有個根深柢固的觀念，認為平行線存在且是唯一的。

如同我在本章一開始提示的，這些基本的幾何想法，以及伴隨它們的直覺，並不存在於我們生活的物理世界中；它們是我們的一部分，是我們被建構為認知物件（cognitive entities）的方式之一部分。歐氏幾何可能是、也可能不是這世界「被構成」的方式，不管那是什麼意思，它看起來的確捕捉到了人類覺知（perceive）這世界的方式。

那麼，幾何學家到底能做什麼呢？她要以什麼作為她的主題，一個處理「點」、「直線」和「曲線」等等的主題，其中所有這些物件都是由我們的知覺所塑造的抽象理想化事物呢？答案就是，當吾人要建立表現數學真理的理論時，就只能依賴公理而已。實際的經驗和物理度量無法給我們數學知識的確定性。在幾何學裡建構一個證明時，我們也許可以依賴直線和圓等等的心智圖像，以便引導我們的推論過程，但是，我們的證明必須完全依賴這些公理針對這些物件所告知的訊息。

儘管歐幾里得嘗試公設化幾何學，數學家還是花了兩千年才完全和上述這個備註的意義達成協議；然後，再捨棄如下直覺，這個直覺告知他們歐氏幾何是我們宇宙裡不證自明的幾何學。

朝這領悟邁進的重要第一步，是由義大利數學家吉洛列摩・薩切利（Girolamo Saccheri）踏出。一七三三年，他出版了一本共兩冊、書名為《歐幾里得無瑕疵》（*Euclid Freed of Every Flaw*）的著作。在本書中，他試圖證明第五設準，說明否定它會得到矛盾。

給定一條直線以及一個不在該線上的點，通過該點的平行線數目，只可能有下列三種：

　　1. 恰好只有一條平行線；

　　2. 沒有平行線；

　　3. 有多於一條的平行線。

〔164〕　　這些可能性如圖 4.14 所示。

　　　　可能性 1 是歐幾里得的第五設準。薩切利開始證明其他兩個可能

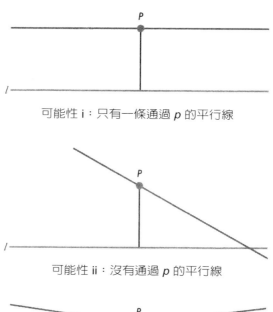

可能性 i：只有一條通過 *p* 的平行線

可能性 ii：沒有通過 *p* 的平行線

可能性 iii：有許多條通過 *p* 的平行線

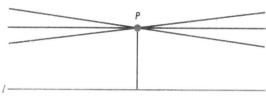

圖 4.14：平行設準。給定一直線 *l* 與不在該線上的一點 *P*，過 *P* 點並平行於 *l* 的直線之存在性有三種可能：恰好只有一條平行線；沒有平行線；有多於一條的平行線。至於平行設準，則是說第一種可能性會出現。

性都會導致矛盾。假設歐幾里得的第二設準要求的是無限長的直線，他發現可能性 2 會導致矛盾。不過，在排除可能性 3 時，他就沒有這麼順利了。他找到一些陳述 3（亦即可能性 3）違反直覺的結果，卻無法導出一個形式的矛盾。

一百年後，四個不同的數學家彼此獨立地進行研究，卻都嘗試了同樣的進路。不過，他們都踏出了前輩所沒有踏出的決定性的一步：他們掙脫了只有一個幾何學——亦即第五設準所支撐的幾何學——的信仰。　〔165〕

第一個是高斯。他研究的是一個和可能性 3 等價的構式，亦即任何三角形的內角和會小於兩個直角，他後來理解可能性3或許不會造成前後矛盾，而是一個奇異的另類幾何學——一個非歐幾里得的幾何學。我們無法確定高斯什麼時候從事這一研究，因為他並沒有出版他的結果。我們知道的第一個參考資料，是他在一八二四年寫給同事法蘭茲・陶里努斯（Franz Taurinus）的私函，其中寫到：

> 這三個角之和小於 180° 的假設會導致一個奇妙的幾何學，和我
> 們的非常不同，但是徹底地一致，而我對我的研究也完全滿意。

在一八二九年的另一封信裡面，他也清楚解釋何以不出版他的發現，那是因為他害怕說出如果歐氏幾何不是唯一可能的情況時，會傷害到他的威名。

這就是最成功的人會碰到的壓力。雅諾斯・波里耶（János Bolyai），一位年輕的匈牙利火砲官，就沒有受到這種限制的妨礙。波里耶的父親是高斯的朋友，曾研究過平行公理。雖然老波里耶建議他兒子不要浪費時間在這問題上，不過雅諾斯並沒有放在心上，也因此才能踏出他父親沒能踏出的無畏的一步。如同高斯所做的，他認清

可能性 3 或許不會造成前後矛盾，而是一個全新的幾何學。直到雅諾斯的研究以附錄形式出現在他父親一八三二年的著作時，高斯才告知兩人他之前在這主題所做的研究。

可惜的是，高斯不只比波里耶先想到這想法，波里耶在他一生之中也沒因爲自己的研究而廣爲人知，他甚至也不是第一個出版關於這個新的非歐氏幾何學的人。在三年前的一八二九年，一位俄羅斯卡山（Kazan）大學的講師尼可萊‧羅巴秋夫斯基（Nikolay Lobachevsky）已將同樣的結果，出版在他的書《想像的幾何學》（*Imaginary Geometry*）（翻譯自俄羅斯文）之中。

因此，現在有兩種幾何學。有唯一平行線的歐氏幾何學，和另一個有多條平行線、今日稱爲雙曲幾何的幾何學。不久之後，第三種也出現了。一八五四年，貝恩哈德‧黎曼重新檢查薩切利從可能性2導出的矛盾——即過給定點沒有與給定直線平行的線這個陳述——並注意到此矛盾是可以避免的。薩切利犯下的關鍵錯誤，就是假設歐幾里得的第二設準（一條有限的直線可以繼續延伸）意味著這直線的無限性。這個假設不是有效的。

〔166〕

黎曼提議可能性 2 或許和歐幾里得前四個設準一致，而如果眞是這樣，那麼，當所有五個設準一起訂爲公理時，結果就會是又另一種幾何學——黎曼幾何學（Riemannian geometry），其中三角形的內角和一定會大於兩個直角。

這齣戲裡的所有演員，都沒提議歐幾里得的幾何學不適合我們所居住的宇宙。他們只是提倡如下觀點：歐幾里得的前四個設準無法決定平行設準的三個可能性爲眞，這是因爲每個可能性都會導出一種一致的幾何學。除此之外，他們也沒有提出可能性 2 和 3 與歐幾里得其他設準一致的證明，而是基於他們所研究的相關設準，便有了本該如

此的意見。兩種非歐氏幾何學爲一致（更精準地說，是和歐氏幾何學本身一樣的一致）的證明在一八六八年出現，出自尤金尼歐・貝特拉米（Eugenio Beltrami）證明如何在歐氏幾何學裡，詮釋雙曲和黎曼幾何學。

就是在這兒，我們必須咬牙放棄自己的直覺，並且以純粹公理的方式來研究的時候了。

在歐氏幾何學裡，基本的未定義物體（undefined objects）爲點和直線。（圓是可以定義的：一個圓就是和給定點等距的所有點的集體。）我們可能會有這些物體的各種心智圖像和直覺，但是，除非這些圖形或直覺被我們的公理所捕捉，否則從幾何學的觀點來看，它們在邏輯上是無關緊要的。

歐氏幾何學在平面上是行得通的。考慮一下在地球（表面）曲面（這裡假設是個完美的球體）上行得通的幾何學，並將之稱爲「球面幾何」（spherical geometry）。雖然地球是個三維的物體，它的曲面還是二維的，因此，它的幾何是一個二維的幾何。然則這個幾何裡的「直線」是什麼呢？最合理的答案是它們是曲的測地線（geodesics）；也就是說，從點 A 到點 B 是曲面上 A 到 B 最短的距離。對於一個球體來說，從 A 到 B 的直線就是從 A 到 B 的大圓（great circle）路線，如圖 4.15 所示。從地球上方來看，這樣的一條

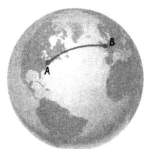

圖 4.15：球面幾何中的直線就是大圓路線上點 A 到點 B 的最短距離。

路線看起來不是一條直線，因為它必須遵照地球表面的曲線。不過，以曲面本身的幾何來說，它擁有所有直線的特性。舉例來說，一架由紐約（圖 4.15 裡的點 A）飛到倫敦（點 B）的最短航線，就會沿著這條路線進行。

〔167〕　　球面幾何滿足歐幾里得的前四個設準，不過，在第二設準之中，要注意直線的繼續可延伸並不代表無限。更確切地說，當一條直線線段延伸時，它遲早會繞地球一圈並碰到自己。第五個設準在這兒並不成立。在這幾何學裡的確沒有平行線；事實上，任意兩條直線都會在兩個對蹠點（antipodal points）相交，如圖 4.16 所示。

　　因此，黎曼幾何的公理對於球面的幾何是真實的──至少，就歐幾里得聲明他的設準的方法來說，是真實的。不過，我們通常會假設歐幾里得意指他的第一設準表示兩個點會決定剛好一條直線，而這在黎曼幾何中也應該是真的。球面幾何並沒有這個特性；任一對的對蹠點都會在無限多條直線上面，亦即每個大圓都會通過這兩點。要得到一個強化第一設準是有效的世界，我們可以宣稱這兩個對蹠點是同一點。這樣一來，北極就正好是南極，任何在赤道上的點都和赤道上直徑相反的點相同等等。當然，這個過程會創出一個違反視覺的幾何怪
〔168〕物。不過，我們雖然無法圖像化這個世界，它卻為黎曼幾何提供了一個合理的詮釋：黎曼幾何的所有公理，從而所有的定理，在這個世界

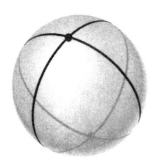

圖 4.16：在球面幾何中沒有平行線；任意兩直線都會交於對蹠點上。

中都是眞實的，其中幾何的「點」就是「曾經是球體」表面上的點，幾何的「直線」就是當對蹠點等同時，球面上的大圓。

雖然剛才敍述的黎曼世界我們無法圖像化，研究它的幾何在實際上並沒那麼糟糕。只有當我們試圖想像整個世界時，才會出現難題。這個對蹠點的奇怪等同，是爲了避免「無限長的」直線（即延伸到地球一半的直線）這個問題出現才需要的。在小一點的尺寸比例中，並沒有這類的問題，而這幾何則等同於一種球面幾何，也就是地球這顆行星上的居民非常熟悉的幾何。

特別地，我們對於全球旅行的日常知識，幫助我們可以用經驗事實的方式，觀察到黎曼幾何中三角形的內角和會大於兩個直角。事實上，三角形愈大，這個和就會愈大。一個極端的例子是，想像一個三角形的一個頂點在北極，其他兩點在赤道上，其中一個在格林威治子午線，另一個在西邊的 90°，如圖 4.17 所示。這個三角形的每個內角都是 90°，因此，總和即爲 270°。（要注意這是個球面幾何條件下的三角形；每邊都是大圓的一部分，因此，這圖形是由這個幾何中的三條直線組成。）

三角形愈小，其內角和也就愈小。佔據球面愈小範圍的三角形，其內角和會愈接近 180°。對於生活在地球表面上的人類來說，在這曲面上標出來的三角形內角和剛好會是 180°，就如同平面上行得通

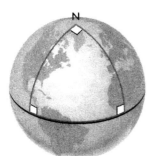

圖 4.17：在球面幾何中，三角形的內角和大於 180°。

〔169〕 的歐氏幾何一般，因爲地球的曲率在這麼小的尺寸比例之下，橫豎都爲零。不過，從數學的觀點來說，在球面幾何以及黎曼幾何中，三角形的內角和永遠不會是 180°，而是永遠大於 180°。

至於雙曲幾何，一般的想法是一樣的——取適當曲面的幾何，並以測地線爲直線。問題是，什麼曲面會產生雙曲線幾何呢？答案是每個家長都很熟悉的模式。

看著一個孩童走路並拉著一個由線綁起來的玩具。如果這孩童突然左轉，玩具會被拖在後面，但並不會出現一個急轉的角度，而是會一直彎曲到幾乎又在孩童後面。這個曲線稱爲曳物線（tractrix）。

現在拿兩條相反的曳物線，如圖 4.18 上方所示，並以線 AB 爲軸旋轉。得到的表面會如圖 4.18 下方的圖形一樣，我們稱其爲虛球面（pseudosphere）。它在兩個方向都會無限延伸。

在虛球面上的測地幾何學（geodesic geometry）就是雙曲幾何學。確切地說，歐幾里得的前四個設準以及其他由希爾伯特寫下的歐幾里得公理，對於這幾何都成立。但是，第五設準並不成立：在一個虛球面上，給定任意一條線和任意一個不在該線上的點，會有無限多條通過該點並和該線平行的線——這些線不管延伸多長，絕對不會相

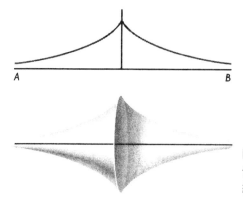

圖 4.18：雙重曳物線（上）和一個虛圓，由繞著 AB 迴轉這個曳物線而得的曲面。

交。

在虛球面上畫出的三角形（如圖 4.19 所示）的內角和會小於 180°。對於非常小的三角形，即虛球面的曲率不會造成很大的影響時，內角和會接近 180°。不過，如果將這三角形放大，內角和就會愈來愈小。

因此，在有三種同樣一致的幾何學的情況下，哪一種才是正確的——哪一種才是大自然的選擇呢？我們宇宙的幾何是什麼？這個問題是否有單一的、確定的答案，吾人並不清楚。宇宙照自己的方式運行；幾何學只是人類心智的數學創造，反映出我們和環境互動方式的某些面向而已。宇宙為何一定要有一個幾何呢？〔170〕

讓我們改變這個問題的措辭。考慮到數學提供人類一個用來描述和瞭解宇宙面向的極有力方法，三個幾何學之中哪個才最適合這項任務呢？哪個幾何學最符合觀察到的資料呢？

在一個小的、人的尺寸比例範圍內——包含地球表面的一部分或全部的規模——牛頓物理學提供了一個完全符合觀察到（和度量到）的證據的理論架構，而三種幾何學中任何一種在這個情況下都可行。因為歐氏幾何看起來與我們知覺這世界的直觀方法一致，我們也許可以將它視為「物理世界的幾何學」。

另一方面，在一個較大的尺寸比例範圍內——從太陽系到銀河以及更遠的情況——愛因斯坦的相對物理學提供了一個比牛頓架構更接

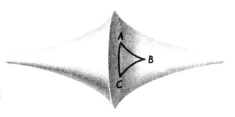

圖 4.19：在一個虛球面上，三角形的內角和小於 180°。

227

近觀察到的資料。在這個尺寸比例規模內，非歐氏幾何學看起來更為恰當。根據相對論，時空是彎曲的，而其曲率清楚顯示自身在我們稱之為萬有引力的力場中。時空的曲率是由觀測光線的舉止，即物理宇宙的「直線」來決定。當光線從遙遠的行星經過一個巨大的質量（比如太陽）時，它們的路徑會被彎曲，就有如地球彎曲表面上的測地線一樣。

要使用哪個非歐氏幾何，要看每個人自己對於宇宙理論的選擇。如果我們假設宇宙現在的擴張有天會停止並開始收縮，那麼，黎曼幾何就是最恰當的。另一方面，如果我們認為宇宙會無盡地擴張，那麼，雙曲幾何則更合適。

〔171〕　　特別迷人的是，愛因斯坦的相對論，以及示範它優於牛頓理論的天文學觀測，是在非歐氏幾何學發展的半個世紀之後出現。這裡的例子正說明了數學如何可以超越我們對於這世界的瞭解。由觀察週遭世界幾何模式而來的初期抽象性，引導希臘人發展了一個豐富的數學理論——歐氏幾何學。在十九世紀中，有關這個理論的純粹數學問題，涉及公理及證明的問題，導致了其他幾何理論的發現。雖然這些另類的幾何學一開始純粹是以抽象、公理化理論發展，在真實世界裡看起來也沒有什麼功用，但是，它們卻證明比歐氏幾何更適合來研究大規模比例的宇宙。

文藝復興藝術家的幾何

對於勘測地形的測量員或者建造房屋的木匠來說，歐氏幾何捕捉到了形狀的相干模式。對於環遊全球的水手或飛機駕駛員來說，球面幾何則是適當的架構。對於天文學家來說，可能會出現的幾何模式，則是黎曼幾何或雙曲幾何。這些只不過關係到我們想做什麼以及如何

做的問題罷了。

　　文藝復興時期藝術家達文西（Leonardo da Vinci）和阿爾布雷契·杜勒（Albrecht Dürer）想要在二維的畫布上表現出深度。在達文西和杜勒之前，我們推論藝術家從來沒有想過有方法可以在自己的繪畫裡表現出深度。

　　由達文西和杜勒所發掘的關鍵想法，就是將畫作的曲面視為一扇窗戶，經由它去觀看想畫的物體。從該物體匯集到眼睛上的視線會通過這一窗戶，而這些線和窗戶曲面相交的點，則會形成物體在曲面上的射影（projection）。畫作會捕捉到這個射影，有如杜勒在圖 4.20 中所做的一樣。因此，對於藝術家來說，重要的就是這些關於透視和平面射影的模式；而從這些考慮產生的幾何，就稱為射影幾何（projective geometry）。

　　雖然透視的基本想法在十五世紀就被發現，並且逐漸滲透畫作的世界，但是要一直等到十八世紀末，人們才開始將射影幾何視為一個數學學門來研究。在一八一三年，一位畢業於巴黎工藝學院（École Polytechnique），當時被關在俄羅斯的戰俘讓·維克特·彭士萊（Jean-Victor Poncelet），寫下了這主題的第一本書《圖形的射影性質論著》（*Traité des Propriétés Projectives des Figures*）。十九世紀早期，射影幾何成長為數學研究的一個主要領域。 〔172〕

　　如果歐幾里得幾何符合我們對週遭世界的心智概念，那麼，射影幾何就捕捉了一些使我們能夠以現有方式觀看這世界的模式，因為我們全部的視覺輸入都是在視網膜上由平的、二維的圖像組成。當一個藝術家創造出一幅透視正確的畫作，我們就可以詮釋它是一個三維的場景。 〔173〕

　　射影幾何的基本想法就是要研究那些圖形，以及那些在射影之下

圖 4.20：阿爾布雷契‧杜勒的木刻圖 *Institutiones Geometricae* 圖解了如何利用射影進行透視畫法。左邊的人拿著的玻璃板，顯示桌上物體的透視圖。為了畫出這個圖，這塊板子放在右邊的藝術家拿著的框架之中。當從物體到藝術家眼睛的光線（直線）與這塊板子相交時，它們決定了這個物體的一個影像，被稱為投射到這塊板子的射影。

未變的圖形之性質。舉例來說，點射影成點，直線射影成直線，因此，點和直線就是射影幾何的要角。

　　事實上，你必須更小心一點，因爲有兩種射影。一種是從單點的射影，也稱爲中心射影（central projection），如圖 4.21 所示。另外一種是平行射影（parallel projection），有時被稱爲從無限點的射影，如圖 4.22 所示。在這兩個圖解中，點 P 會射影到點 P' 上，且直線 l 會射影到直線 l' 上。不過，在射影幾何的公理研究中，這兩種射影之間的差異會消失，因爲在形式理論之中並沒有平行線──任意兩

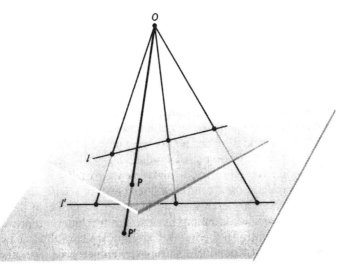

圖 4.21：單點射影。

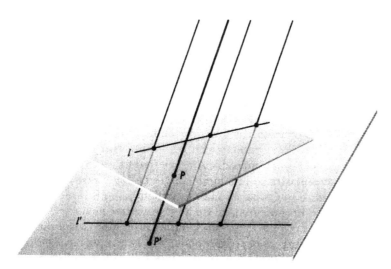

圖 4.22：平行射影。

條直線皆相交；而我們曾經認為是平行線，會在「無窮遠點」（point at infinity）相交。

　　明顯地，射影會因描述物體的相對位置而扭曲長度和角。因此，射影幾何無法涉及和長度、角或全等有關的公理或定理。確切地說，雖然三角形的概念在射影幾何中是合理的，但是，等腰三角形和正三角形卻不是。

〔174〕　　不過，任何曲線的射影即是另一個曲線。這項事實引出了一個有趣的問題，即曲線的什麼分類在射影幾何之中才有意義。舉例來說，圓的概念明顯地不是射影幾何，因為圓的射影不一定是圓：圓通常會射影成為橢圓。不過，圓錐曲線的概念在射影幾何中是有意義的。（在歐氏幾何中，圓錐曲線可以定義為一個圓射影到平面上。不同類的射影，會產生不同類的圓錐曲線。）

　　在這段說明中，我將會聚焦在點以及直線上。點和線的什麼種類性質在射影幾何中才有意義呢？相干的模式又是什麼呢？

　　明顯地，點和線的接合性（incidence）不會被射影所改變，因此，你可以討論點位於某特定線上，然後線會通過某特定點。這事實的一個立即結果就是，在射影幾何中，談論三點共線或三線共點，是有意義的。

　　不過這時候，一位多疑的讀者可能會開始好奇：我們是否留給自己任何足夠的家當，來證明任何有趣和非顯然（nontrivial）的定理。我們的確捨棄了大多數支配歐氏幾何的概念。另一方面，剩下的幾何捕捉了我們眼睛能夠詮釋為透視的模式，因此，射影幾何不可能沒有〔175〕　內容。問題是，這內容會以有趣的幾何定理來表現嗎？

　　這麼說好了，雖然在射影幾何中不能有任何與長度有關的定理，卻有一個具意義的相對長度的特殊概念。它被稱為交比（cross-

ratio），而它會關連到一條直線上的任意四個點。

給定一條線上三個點 A、B、C，一個將 A、B、C 映射到三個共線點 A'、B'、C' 的射影，通常會改變 AB 和 BC 的距離。它也有可能改變 AB/BC 的比值。事實上，給定任何兩組共線的三個點 A、B、C 和 A'、B'、C'，有可能造出兩個連續的射影，將 A 射到 A'，B 到 B'，然後 C 到 C'；因此，我們可以隨意造出 $A'B'/B'C'$ 的比值。

不過，在一條線上的四個點的例子中，存在有一個在射影下數值經常不變、稱為四點的交比的特定量。參照圖 4.23，四點 A、B、C 和 D 的交比定義為

$$\frac{CA/CB}{DA/DB}$$

雖然長度本身不是射影幾何的概念，但是，至少按剛剛敘述的形式而言，交比是一個奠基於長度的射影概念。交比在射影幾何的高等研究成果中，扮演重要的角色。

有關射影幾何絕非貧乏的一個更進一步標示，是由十七世紀早期的法國數學家吉拉德‧笛沙格（Gérard Desargues）提供的驚人結果：

笛沙格定理：如果在一個平面上，三角形 ABC 與 $A'B'C'$ 被放置，使得連接對應頂點的直線全都相交於點 O，則對應邊（如果延長的話）將會相交於同一直線上的三個點。

圖 4.24 說明了笛沙格定理。如果讀者不相信這個結論，可以自己多

圖 4.23：一直線上四點 A、B、C、D 的交比是 CA/CB 除以 DA/DB 的商數。

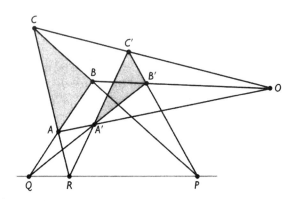

圖 4.24：平面上的笛沙格定理。

〔176〕
畫幾個圖形，直到說服自己爲止。這個定理明顯是個射影幾何的結果，因爲它只講點、直線、三角形、相交於一點的線和線上的點，而這些全部都是射影幾何的概念。

利用笛卡兒（歐幾里得）幾何的技巧，可以證明笛沙格定理，只不過非常不容易。最簡單的證明，就是使用射影幾何本身。證明如下。

如同射影幾何中的任何定理一樣，如果你可以證明它對一個特別的構形（configuration）成立，那麼它也會對該構形的任何射影成立。看起來非常困難的關鍵步驟，是要試圖證明這個定理的三維版本，其中兩個三角形分別處在不同、不平行的平面上。這個更一般的版本如圖 4.25 所示。原本的二維定理，很明顯地只是這個三維版本射影到平面上；因此，證明這個更一般的版本，會立刻證明原本的定理。

參考圖表，我們注意到 AB 和 A'B' 處在同一個平面上。在射影幾何中，任意兩條同一平面的直線一定相交。假設 Q 爲 AB 和 A'B' 的交點。同樣，設點 R 爲 AC 和 A'C' 的交點，然後點 P 爲 BC 和 B'C'

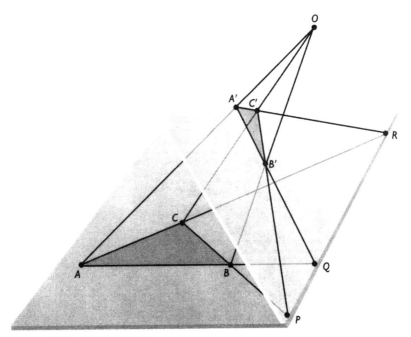

圖 4.25：空間中的笛沙格定理。

的交點。因為 P、Q、R 在三角形 ABC 和 $A'B'C'$ 各邊的延長線上，它們會在這兩個三角形的同一平面上，因此，也會在這兩個平面的交線上。所以，P、Q、R 共線，定理得證。

發展透視原理的藝術家體認到：為了在畫作上創造適當深度的印象，畫家可能需要建立一些無窮遠點，畫作裡對應到所畫景象的平行線如果延長，會在那裡相交。他們也體認到這些無窮遠點一定全部落在一條稱為無窮遠線（line at infinity）的單一線上。這個概念如圖 4.26 所示， 〔177〕

同樣地，發展射影幾何的數學家體認到引進無窮遠點非常方便。每條在平面上的線都被假設會有個單一的「理想」（ideal）點，即「無窮遠點」。任兩條平行線被假設會在它們共同的無窮遠點相

235

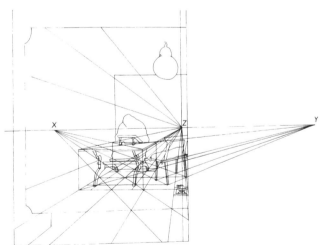

圖 4.26：（上圖）阿爾布雷契·杜勒的木刻圖 *St. Jerome* 圖解了散點透視
（multiple-point perspective）。（下圖）透視的分析顯示，三個無窮遠點
（*x*、*y* 和 *z*）全部落在一條無窮遠線上。

交。所有的無窮遠點都被假設會在一條單一的直線上，即「理想線」
（ideal line）或者是「無窮遠線」上。這條線上不會有無窮遠點以外
的點。

要注意的是，每條線只會增加一個，而不是兩個理想點，這是基
於一條線是朝兩個方向延伸到無限的想法。在歐氏幾何中，一條直線
會延伸（卻不會到達）到兩個方向的「無窮遠點」，但是，在射影幾
何之中卻不是這樣：對於每一條線，就只有一個無窮遠點，而該點一
定在這一條線上。

理想點和理想線是爲了避開平行性（parallelism）的議題——它
本身並不是射影幾何的概念，因爲射影可以摧毀平行性——而被構想
出來。因爲它歐幾里得式的習性，人類心靈無法立即形象化平行線的 〔179〕
相交，因此，要完全形象化這個增加理想點和線的過程是不可能的。
射影幾何的發展勢必需要公理化。因爲加入了理想點和理想線，平面
射影幾何便有了以下簡單的公理：

1. 至少有一個點和一條線。

2. 如果 *X* 和 *Y* 是不同點，那只會有剛好一條線通過它們。

3. 如果 *l* 和 *m* 是不同線，那它們只會有一個共通點。

4. 任一條線上至少會有三個點。

5. 並不是所有的點都會在同一條線上。

這個公理化並沒有說明一個點或一條線是什麼，或者一個在線上的點
或通過一個點的線有什麼意義。這些公理捕捉到射影幾何的本質模
式，但並沒有明確說明這些模式所展示的物件是什麼。這就是抽象數
學的本質。

在這個例子裡，這種抽象層次帶來的一個巨大好處，就是它實際

上加倍了可以獲得的定理數量。當我們證明了射影幾何的定理時，被稱為對偶定理（dual theorem）的第二個定理就會根據對偶原理（duality principle）立刻出現。這個原理說明如果我們取任何定理並且將「點」和「線」這兩個字互換，或者「同一條線上的點」和「在一個點相交的線」互換等等，那麼，所獲得的陳述一定也會是個定理，亦即第一個定理的對偶。

對偶原理是由公理的對稱性得來。首先，公理 1 在點和線之間完全對稱，然後，公理 2 和 3 形成一個對稱對（symmetrical pair）。公理 4 和 5 本身並不相稱，不過，如果以如下陳述取代它們：

4'. 任一個點上至少會有三條線通過。

5'. 並不是所有的線都會通過同一個點。

如此所得的公理系統就會等價於第一個。因此，任何由這些公理證出的定理，在點和線互換（連同所有相關概念）的情況下，仍然為真。

舉例來說，在十七世紀，布萊士·巴斯卡（Blaise Pascal）證明了以下的定理：

假設一個六邊形的頂點交錯地落在兩條直線上，那麼，對邊相交的點一定落在一條直線上。

〔180〕 這定理有如圖 4.27 所示。一個世紀之後，查里·布來恩崇（Charles Julien Brianchon）證明了下列定理：

假設一個六邊形的邊交錯地通過兩個點，那麼，連接對頂點的直線一定相交於一點。

布來恩崇定理有如圖 4.28 所示。雖然布來恩崇是從另一個論證獲得

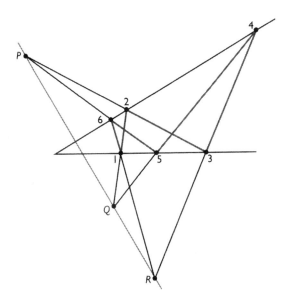

圖 4.27：巴斯卡定理。

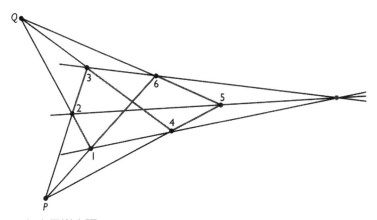

圖 4.28：布來恩崇定理。

這個結論，今天的幾何學家會立刻根據巴斯卡定理，推演出對偶形

式。

　　笛沙格定理的對偶就是它的逆定理：

假設在一個平面上，兩個三角形被放置，使得其對應邊若延長會相交於同一條直線上的三個點，則連接對應頂點的直線會交於一個單一點。

在這例子中，對偶原理告訴我們笛沙格定理的逆定理也成立，而不需要任何更進一步的證明。

明顯地，對偶原理只有在公理不依賴「點」和「線」是什麼意思時，才有可能成立。當一個數學家在做射影幾何時，他可能會有一個包含正常規點和線的心智圖像，並且可能畫出熟悉的圖表，以幫助他解決手上的問題。但是，這些圖像只是用來幫助他推理；這個數學本身並不需要這些額外的資訊。另外，就如希爾伯特所提議的，如果「點」和「線」被「啤酒杯」和「桌子」取代，然後，「同一條線上」和「在一個點相交」分別與「同一張桌子上」和「支撐同一個啤酒杯」互換，公理系統也同樣有效。這個特別的改變，產生了一個不滿足射影幾何公理的系統，如果這些文字與片語是照原意來看。舉例來說，一個啤酒杯只能在一張桌子上。但是，如果這些文字與片語的性質只能由射影幾何的五個公理賦予，那麼，所有射影幾何的定理對於「啤酒杯」和「桌子」將都會成立。

[181]

超越三維

不同的幾何學表現了捕捉和研究形狀模式的不同方法。但是，形狀有其他的面向，而研究它需要用到雖然和幾何緊緊相關、卻不被認為是幾何學一部分的工具。一個這樣的面向就是維度（dimension）。

維度的概念對於人類來說是很基本的。我們每天碰到的東西通常

都是三維的：高、寬和深度。我們的眼睛運作成為協調的一對，是為了獲得週遭世界的一種三維觀點。前一節敘述的透視理論，是為了在二維曲面上創造這個三維實在（three-dimensional reality）的幻覺而發展出來的。不管現在的物理理論如何告訴我們宇宙的維度——有些理論甚至涉及一打左右的維度——我們的世界，我們日常經驗的世界，就是個三維的世界。〔182〕

　　但維度是什麼呢？我們討論維度時捕捉到的是什麼模式？圖 4.29 圖示了基於方向或者直線的一個天真敘述。單一條直線代表單一個維度。第二條和第一條直線垂直的線，指出第二個維度。第三條和前兩條垂直的直線，則指出第三個維度。這過程到此打住，因為我們目前找不到第四條和這前三條垂直的線。

　　第二個有關維度的描述，如圖 4.30 所示，則是以笛卡兒引進的

圖 4.29：如果三根棍棒被安排使得每兩個都在一個端點垂直地相遇，則它們將落在三個不同的維度內。

241

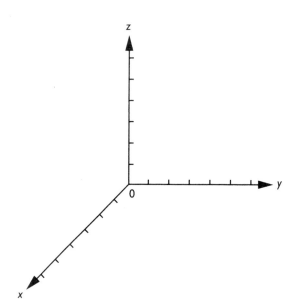

圖 4.30：三條互相垂直軸構成三維空間的笛卡兒幾何之基礎。

座標系統來解說。取為軸線，一條直線決定了一個一維的世界。加入和第一軸線垂直的第二條軸線，就會得到一個二維的世界（即平面）。加入和前兩條垂直的第三條軸線，得到的就是三維的空間。同樣地，過程在此停止，因為我們找不到和前三條垂直的第四條軸線。

　　這兩種進路都過度受限，因為它們被歐幾里得式的直線概念綁得太緊了。一種更好捕捉維度概念的方法，就是自由度（degree of freedom）。

〔183〕　　一台在鐵路上行進的火車是一維的。雖然鐵路本身可能會彎曲或升降，但是火車只會往一個方向前進。（反向被認為是負的向前移動。）鐵路被嵌入一個三維的世界，但是，火車的世界卻是一維的。相對於原點，火車在任何時候的位置可以用一個參數（parameter）來完全確定，亦即沿著鐵軌度量到原點的有號距離

（signed distance）。一個參數，一個維度。

一艘在海上的船有兩個自由度：前後和左右。這艘船因此是在二維之中移動。雖然海平面粗略來說是球面的（因爲照地球的弧度彎曲），也因此佔據了三維的空間，但是，船所移動的世界是二維的。它在任何時候的確切位置可以用兩個參數，即經度和緯度來確定。兩個參數，兩個維度。

一架航行中的飛機則在一個三維的世界中移動。飛機可以往前或（調頭之後）往後飛，往左或往右，往上或往下。它有三個自由度，所以，它的確切位置可以用三個變數，即經度、緯度和高度來確定。三個參數，三個維度。

有如前面兩個例子所述，自由度不一定得是空間性的。當一個系〔184〕統因爲兩個或以上的參數變動時，如果可以變動每一個參數而不更動其他參數，那麼，每個參數代表的就是一種自由度。

當維度不是以幾何方式，而是以自由度來看時，就沒有理由停在三（維）上。舉例來說，一架航行中飛機的位置可以用五個參數來確定：經度、緯度、高度、速度以及飛行方向。每一個參數都可以在不改變其他的狀態之下更動。假設我們想將飛機的航程表示爲時間函數的一個圖示，這個圖形將是六維的，每個在時間軸上的點，都會對應到五維空間（五軸爲經度、緯度、高度、速度與方向）上的一個「點」。這結果就是一個在五維空間裡移動的「點」依於時間的「路徑」或「曲線」。

可能的軸之數目在數學上並無限制。對於任何正整數 n，都會有一個 n 維的歐幾里得空間，通常記作 E^n。對於 E^n 的 n 個座標軸可以標記爲 x_1，x_2，$\cdots$，x_n。一個在 E^n 上的點將是（a_1，a_2，$\cdots$，a_n）的形式，其中 a_1，a_2，$\cdots$，a_n 爲固定的實數。這樣就可以視爲笛卡兒平

面座標幾何的延拓，按代數的方式來發展幾何學。

　　舉例來說，E^2 是我們熟悉的歐幾里得平面。在這個幾何中，一條直線會有以下形式的方程式：

$$x_2 = mx_1 + c$$

其中 m 和 c 為常數。

　　在 E^3 中，以下形式的方程式：

$$x_3 = m_1 x_1 + m_2 x_2 + c$$

則代表一個平面。

　　諸如此類。數學的模式算是十分明顯。當你從 E^3 過渡到 E^4（及以上），所改變的就只有人類視覺化這種情境的能力而已。我們可以想像 E^2 和 E^3，但無法視覺化四維或以上的空間。

　　然而真的不行嗎？也許真的有方法可以取得某種在四維空間裡的視覺印象也說不定。畢竟，透視幫助我們從二維表徵創造出一個三維物體的極佳圖像。也許我們可以建構一個四維物體的三維「透視」模型，比如說，一個四維的「超立方體」（一個立方體在四維裡的類比）。這樣的模型是以金屬線或金屬板建造，以便更能「看」到整個結構，並且顯示由四維物體所投射出的三維「影子」。

〔185〕

　　在正立方體的例子中，面視觀點（face-on view）是二維的，因此，我們看到的圖形就是實際的景象。最接近的面是個正方形。因為透視的影響，最遠的面是個在最近正方形中間的較小正方形，而剩下的面，全都被扭曲成菱形。

　　就像立方體的所有面都是正方形一樣，四維的超立方體所有「面」都是立方體。一個四維的超立方體是由八個「立方體面」組

成。想像照片裡實際的三維模型就在你面前。最外面的大立方體便是
「最接近」你的立方體面,中央較小的立方體便是離我們「最遠」
的立方體面,剩下的立方體面全部被扭曲成菱形底的角錐(rhombic
pyramid)。

試圖從三維模型(或者是這物體的二維圖像)創造出一個四維物
體的心智圖像,並不是件簡單的事。甚至從二維圖像重新建構三維物
體的心智圖像,都是一個高度複雜的過程,其中會牽扯到許多因素,
包括背景、照明、遮光、陰影、結構以及你的期望。

這就是柏拉圖在他的《理想國》(The Republic)第七冊裡的洞
窟寓言中想要提出的觀點。一個種族受迫在出生後就住在洞窟裡。他
們對於外面世界所知道的一切,就是投影在洞窟牆上的無色陰影。雖
然他們可以認識實體(比如甕等)的眞實形狀,透過觀察這些物體旋
轉時的影子變化;但是,他們的心智圖像註定會永遠貧瘠和不確定。

柏拉圖的洞窟在一九七八年被布朗大學(Brown University)
的湯瑪斯・班喬夫(Thomas Banchoff)和查理・史陀斯(Charles
Strauss)製作的電影《超立方體》(The Hypercube: Projections and
Slicings)更新了。這部電影是以電腦創作,並且使用顏色和運動來
表現一個四維超立方體的「眞實形狀」。

因爲在心靈中從一個三維模型重建一個四維圖形是如此困難,要
得到像是超立方體等物體的資料最可靠的方法,就是放棄視覺化的企 〔186〕
圖,並訴諸另一種表現方法:座標代數。事實上,《超立方體》正是
利用這種方法創造。電腦的程式被設計來執行必要的代數,並且在螢
幕上按圖表形式展示其結果,其中以四種不同顏色,來表示四個不同
維度裡的線。

利用代數,吾人就能研究比如 n 維的超立方體、超球面(hypersphere）等幾何圖形。使用微積分的方法也可能可以研究 n 維空間的運動，並且計算各種 n 維物體的超體積（hypervolume）。舉例來說，使用積分的方法就可以計算半徑 r 的四維超球面體積，公式為

$$\frac{1}{2}\pi^2 r^4$$

四或以上維度圖形的數學研究，變成了不只是一個現實世界沒有應用的智力遊戲。今日工業廣泛使用的電腦程式，就是這種研究的直接結果。這程式被稱為單純形法（simplex method），它告訴一個經理如何在複雜情境中極大化利潤或是任何有利的事物。典型的工業程序牽扯到上百個參數：原料和組成零件、定價結構、不同市場、員工範圍等等。試圖控制這些參數以提升利潤，是一項令人畏懼的任務。美國數學家喬治‧丹其格（George Danzig）在一九四七年發明的單純形法，就提供了一個奠基於高維幾何的解。這整個過程是以一個 n 維空間的幾何圖形來表現，其中 n 是牽扯到的獨立參數。在一個典型的例子中，這個圖形看起來會像是一個多面體的 n 維版本；我們稱呼這種圖形為多胞形（polytope）。單純形法利用幾何方法來研究多胞形，以找出可以獲得最大利潤的參數值。

另一個依賴高維度空間幾何方法的應用，就是排定電話的通話。在這例子中，由國家這端到那端的許多不同排定通話方法，可以利用 n 維空間多胞形的幾何方式來表現。

當然，實行這些計算的電腦無法「看到」相關的幾何圖形，電腦只是單純地運算程式設計好的代數步驟。一開始設計這程式時，就是使用 n 維幾何。數學家雖然可以利用代數語言陳述他們的想法，但是一般來說他們並不那樣想；甚至一個受過良好訓練的數學家，都可能認為一個冗長的代數過程十分難懂。但是，我們每個人都可以輕鬆地

〔187〕

246

操作心智圖像和形狀。藉由將一個複雜的問題翻譯成幾何學,數學家可以好好利用這個人類的基本能力。

如同這一章一開始說明的一樣,在某種程度上我們每個人都是幾何學家。透過剛才敘述的將幾何想法和代數的嚴謹方法結合起來,數學家就能將他們的觀察化為實際的用途。

第五章
數學揭開美之本質

利用群研究的便利　　　　　　　　　　　　　　　　　　　〔189〕

　　幾何學始於我們週遭世界的可見模式：形狀的模式。但是，我們的眼睛感知到了其他的模式：可見的模式並不總是形狀，而在於形式。對稱的模式就是一個明顯的例子。一抹雪片或一朵花的對稱，清楚地與那些物體明顯的幾何一致性有關。對稱的研究捕捉了形狀更深刻、更抽象的面向之一。因為我們總是察覺這些深層的、抽象的模式為美，它們的數學研究可以被描述為美感中的數學。

　　數學上有關對稱的研究，是藉由關注物體的變換來實行。對數學家來說，一個變換（transformation）是一種特殊的函數。變換的例子有一物體的旋轉、平移、鏡射、伸縮或是收縮等。某一圖形的對稱（symmetry）是一種使圖形保持不變的變換，也就是說，整體而言，這個圖在變換後看起來與變換之前相同，即使圖形上個別的點可能藉由變換移動了位置。

　　對稱圖形的一個明顯例子就是圓。讓圓不變的變換就是對圓心的旋轉（經由任意角度或方向），在任意直徑上的鏡射，或任意有限次的旋轉和鏡射的組合。當然，在圓周上標示的一個點最終可能會落在一個不同的位置：一個有標記（marked）的圓，也可能對於旋轉或鏡　〔190〕射不具有對稱性。如果你以逆時針方向將鐘面旋轉九十度，12 的位置將會落在左邊，也就是之前 9 的位置。因此，鐘面看起來就不一樣

了。再一次地，如果你在鉛直線上鏡射鐘面從 12 到 6，那麼，9 和 3 也會交換位置，所以，再一次地，其中所顯示的鐘面結果就會不同。因此，有標記的圓可能具有很少的對稱性。但是，對於圓本身，忽略任何標記的話，就擁有對稱性。

給予任何圖形，圖形的對稱群（symmetry group）是保持圖形不變的所有變換的集體。這個對稱群中的任一個變換，會讓圖形在形狀、位置或是賦向（orientation）上，和之前看起來完全相同。

圓的對稱群包含了對圓的旋轉（經由任意角度或方向）以及鏡射（在任意直徑上）的所有可能組合。對圓心旋轉的圓，其不變性稱為旋轉對稱性（rotational symmetry）；對直徑上鏡射的不變性，則稱為鏡射對稱性（reflectional symmetry）。這兩種對稱性都可藉由視覺辨認。

如果 S 和 T 是圓的對稱群中的任意兩個變換，那麼，先施行 S 然後 T 的結果，也是對稱群的一員——因為 S 和 T 兩者都使圓不變，所以，兩個變換結合的運用亦然。通常，我們將這種雙重變換標記為 $T \circ S$。（對於這個看起來相當反常的順序有一個好理由，與一個連結群和函數的抽象模式有關，但是，我在此處將不探討此連結。）

這種結合兩個變換給出第三個的方法，使人聯想起加法和乘法，就是結合任意一對整數去得到第三個。對於總是留心於模式和結構的數學家而言，結合這兩個變換給出第三個這樣的運算，究竟會呈現出何種性質，自然地就是一個有意義的問題。

首先，此組合的運算是結合性的（associative）：如果 S、T 和 W 是此對稱群的變換，那麼

$$(S \circ T) \circ W = S \circ (T \circ W)$$

從這個觀點來看，這種新的運算與整數的加法和乘法非常相似。

第二，此種組合的運算有一個單位元素，會使得任何與它結合的變換保持不變，這就是空旋轉（或零旋轉〔null rotation〕）。此種空旋轉，稱它為 I，可以應用於任何其他的變換 T，而得到

$$T \circ I = I \circ T = T$$

這個旋轉 I 在此處扮演的角色，很明顯地如同整數 0 在加法中，以及整數 1 在乘法中的地位。 〔191〕

第三，每一個變換都有一個反元素：如果 T 是任一變換，就會有另一個變換 S，使得

$$T \circ S = S \circ T = I$$

一個旋轉的反元素是在相反方向的一個相同角度的旋轉。一個鏡射的反元素，正是相同的鏡射。為了獲得任意旋轉和鏡射的有限組合之反元素，你取反向旋轉以及再鏡射（re-reflection）的組合，而這正是消解它的作用：從最後一個開始，消解它，然後，再消解前一個，然後，再前一個等等。

反元素的存在，是一個被整數的加法所分享的性質：對於每一個整數 m，有一個整數 n，使得

$$m + n = n + m = 0$$

（0 是加法的單位元素）；簡言之，$n = -m$。當然，對於整數的乘法就不同樣正確：並不是對於每一個整數 m，都有一個整數 n，使得

$$m \times n = n \times m = 1$$

251

（1 是乘法的單位元素）。事實上，只有整數 $m = 1$ 和 $m = -1$ 時，才有另一個整數 n 滿足上式。

總而言之，一個圓的任意兩個對稱變換，可以藉由結合運算的組合，給出第三個對稱變換。而此種運算有結合性（associativity）、單位元素（identity）及反元素（inverses）三種「算術」性質。

對於其他的對稱圖形也可以作類似的分析。事實上，我們剛觀察到的以圓為例的對稱變換性質，在數學上其實相當常見，因此，被賦予了一個名稱：群（group）。事實上，當我提到「對稱群」時，就已經使用了那個名稱。一般來說，無論數學家何時觀察到某一物件集合 G，以及一個運算 $*$，結合 G 中的任意兩個元素 x 和 y，在 G 中會產出另外一個元素 $x * y$，如果符合下述三種條件，他們就稱這種集體為一個群：

G1. 對於所有在 G 中的 x, y, z，$(x * y) * z = x * (y * z)$。

G2. 對於所有在 G 中的 x 而言，在 G 中有一個元素 e，使得 $x * e = e * x = x$。

G3. 對於每一個在 G 中的元素 x，在 G 中有一個元素 y，使得 $x * y = y * x = e$，此處的 e 與條件 G2 所述相同。

因此，圓的所有對稱變換的集體是一個群。事實上，你應該會毫〔192〕無困難地讓自己確信，如果 G 是任意圖形所有對稱變換的集體，$*$ 是結合兩個對稱變換的運算，那麼，其結果就是一個群。

從之前所做的評論，我們也應該可以很清楚地得知，如果 G 是整數所成的集合，運算 $*$ 是加法，那麼，所產生的結構就是一個群，這種情況對於整數和乘法而言就不正確。但是，如果 G 是除了 0 之

外所有有理數的集合，而 * 是乘法，那麼，結果就是一個群。

藉由第一章所討論的有限算術，我們提供了有關群的不同例子。對於任意整數 n，整數 0，1，…，n-1 以及模數 n 的加法運算，構成了一個群。而且，如果 n 是一個質數，那麼，整數 1，2，… n-1 在模數 n 的乘法運算下，也會構成一個群。

事實上，剛剛描述的三種例子僅僅刻畫了群概念的表面；在現代數學中，不管是純數或是應用，這個概念到處存在。誠然，群的概念第一次有系統地闡述，是在十九世紀早期，當時並非與算術或是對稱變換連結，而是屬於代數學中多項方程式探究的一部分。其中的關鍵想法，或許是從伊維里斯特・伽羅瓦（Evariste Galois）的研究中發現，我們將於本章後面闡述。

一個圖形的對稱群是一個數學結構，就某一意義上來說，它捕捉了圖形可見的對稱程度。以圓為例，它的對稱群是無限的，因為對於一個圓的旋轉，存在著無限多種可能的角度，而且，也有無限多條可能的直徑可以被鏡射。圓的對稱變換群的豐富性對應了視覺對稱的高等級──「完美對稱」（perfect symmetry），這是我們注視著圓時就能觀察到的。

在系譜的另外一端，一個完全沒有對稱的圖形，也有一個只包含一個單一變換的對稱群──那就是單位（或者「什麼都不做」）變換。很容易可以檢驗這個特殊的例子，確實滿足了群的要求，正如同單一整數 0 與加法運算一樣。

在考察群的另外一個例子之前，對於決定一個給定的物件集體以及一個運算，是否能夠形成群的 G1、G2、G3 三個條件，花一些時間思索是值得的。

第一個條件，G1，結合性的條件，從加法運算和乘法運算（雖

然不是減法或除法）的例子中，我們已經非常熟悉。

〔193〕　　條件 G2 斷定一個單位元素的存在性。如此的一個元素必須是唯一的，因為如果 e 和 i 都有 G2 所表述的性質，那麼，連續使用這個性質兩次，你將可以得到

$$e = e * i = i$$

因此，e 和 i 事實上是同一個。

上述的觀察，也就表示只有一個元素 e 能出現在條件 G3 之中。此外，對於在 G 中的任一給定元素 x，在 G 中也只有一個元素 y 滿足 G3 所提出的要求。這也相當容易演示，假設 y 和 z 在 G3 中都與 x 有關，也就是假設：

(1) $x * y = y * x = e$

(2) $x * z = z * x = e$

那麼，

$y = y * e$（由 e 的性質）

　$= y * (x * z)$（由方程式 (2)）

　$= (y * x) * z$（由 G1）

　$= e * z$（由方程式 (1)）

　$= z$（由 e 的性質）

所以，事實上 y 和 z 是同一個。因為在 G 中恰好有一個 y 與給定的 x 有關，如 G3 所示，可以給此種 y 一個名稱，它稱為 x 的（群）反元素，也經常被標記為 x^{-1}。由此，我已經證明了一個在數學主題中稱為群論的定理，這個定理是說：在任何群中，每一個元素都有一個唯

一的反元素。藉由邏輯地推演群公理 G1、G2 和 G3 三個初始條件，我已經證明了唯一性。

雖然這個特別的定理不管是陳述或證明都相當簡單，它確實闡明了在數學上抽象化的巨大威力。在數學上，有很多很多群的例子：寫下群的公理，數學家們從很多例子中捕捉到一個高度抽象的模式。只使用群的公理，就證明出群反元素是唯一的。我們知道這個事實將適用於一個群中每個單一的例子。不需要進一步的研究。如果明天你偶然遇到了一種相當新的數學結構，你也確定出這是一個群，你將立刻知道在你的群中的每一個元素，都有一個單一的反元素。事實上，根據群的公理，你就知道你所新發現的結構，能以一個抽象的形式，確立它所擁有的每一個性質。

一個給定的抽象結構的例子愈多，例如一個群，應用此抽象結構所證明的任何定理，也愈為普遍。這個大大提高效率的代價，是一個人必須學習與高度抽象結構——抽象物件的抽象模式——一起工作。在群論裡，就絕大部分而言，一個群的元素是什麼或群的運算為何，是無關緊要的。它們的類別並不起作用，元素可以為數、變換或另外種類的物件，而運算可以是加法、乘法、變換的組合或其他諸如此類。重要的是，這些物件以及運算，要能滿足群公理 G1、G2 和 G3。[194]

一個最後有關群公理的備註是順序性（order）。在 G2 和 G3 兩者中，組合寫成兩種方式。任何一個熟悉算術交換律的人可能會問，為何這公理要寫成如此形式？為何數學家不僅用單向方式在 G2 寫出

$x * e = x$

以及在 G3 寫出

$$x * y = e$$

然後,再增加一個公理,交換律:

G4. 對於在 G 中所有的 x,y,$x * y = y * x$。

答案是:這個額外的要求,將排除很多數學家想要考慮的群的例子。

　　雖然很多對稱群不滿足 G4 的交換條件,有很多其他種類的群卻可以。因此,滿足額外條件 G4 的群有一個特別的名稱,以挪威數學家阿貝爾(Niels Henrik Abel)命名,稱爲阿貝爾群。阿貝爾群的研究構成了群論一個重要的子領域。

　　另外一個對稱群的例子,考慮圖 5.1 所示的等邊三角形。這個三角形恰有六個對稱。有單位變換 I,逆時針方向旋轉 $120°$ 的旋轉 v 和逆時針方向旋轉 $240°$ 的旋轉 w,以及個別在 X、Y、Z 線上的反射 x、y、z。(當三角形移動時,線 X、Y、Z 保持固定。)沒有必要列出任何順時針方向的旋轉,因爲一個 $120°$ 的順時針方向旋轉,等價於 $240°$ 的逆時針方向旋轉,而 $240°$ 的順時針方向旋轉,與 $120°$ 的逆時針方向旋轉有相同的作用。

　　此處也不需要包含這六個變換的任何組合。因爲任何如此組合的結果,都等價於所給六個的其中之一。圖 5.2 的表給出了由運用任意兩個基本變換所產生的基本變換。例如,從這個表中找出 $x \circ v$ 的值,沿著標記爲 x 的列看去,找出行標記爲 v 的項,意即 y。因此,在這個群裡,

〔195〕

$$x \circ v = y$$

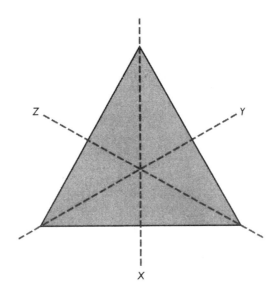

圖 5.1：一個等邊三角形的對稱性。

類似地，首先運用 w 然後 x 的結果，意即，此群的元素 x。w，是 z。
而且連續運用 v 兩次，意即 v。v，是 w。這個群表也顯現出 v 和 w 〔196〕
互為反元素，而 x、y、z 每個都是自反元素。

　　因為任何兩個給定六個變換的組合是另一個變換，你只要連續地
運用配對的規則，對於任意有限組合，結果也都如此。例如，(w。

∘	I	v	w	x	y	z
I	I	v	w	x	y	z
v	v	w	I	z	x	y
w	w	I	v	y	z	x
x	x	y	z	I	v	w
y	y	z	x	w	I	v
z	z	x	y	v	w	I

圖 5.2：這個三角形的對稱群。

x)。*y* 的組合等價於 *y*。*y*，也就等價於 *I*。

伽羅瓦

世人把群概念的提出歸功於才華洋溢的法國年輕人伽羅瓦。一八三二年五月三十日，二十歲的伽羅瓦在一場決鬥中遇害。伽羅瓦在有生之年，從未目睹由他的研究所開創的數學革命。事實上，一整個十年過去後，他的偉大成就才被承認。

由於嘗試求解一個特殊問題：對多項方程式的解找出簡單的代數公式，導致伽羅瓦建構出群的概念。每一個中學生都熟悉二次方程式的公式解。二次方程式 $ax^2 + bx + c = 0$ 的解可藉由下列公式

$$x = \frac{-b \pm \sqrt{b^2 - 4ac}}{2a}$$

給出。與此類似，求解三次和四次方程式的公式仍舊存在，雖然更為複雜。一個三次方程式形如

$$ax^3 + bx^2 + cx + d = 0$$

而一個四次方程式就是多了一個包含 x^4 的項。這些方程式的公式是類似的，沒有比牽涉到 *n* 次方根，或是根式（radical）的計算更複雜的了。

一八二四年，阿貝爾證明對於一個有第五次乘冪的多項式，也就是為人所知的五次多項式，沒有像上述的規則。更正確地說，阿貝爾證明沒有一個公式對全部的五次方程式都行得通。在五次或更高次多項式中，有一些可由根式求解，但是，其他則不能。

伽羅瓦尋找一個方法，去確定對於一個給定的多項方程式，是否

〔197〕

258

可藉由根式求解。這個任務就如同他的解出於原創一樣，充滿著雄心
壯志。

伽羅瓦發現一個方程式是否可藉由根式求解，取決於方程式的對
稱性，而且，特別取決於那些對稱性的群。除非你是一個新進的伽羅
瓦，或是以前看過這個，你可能不會想到方程式可以具有對稱性，或
甚至他們有任何「形狀」。然而，它們確實如此。一個方程式的對稱
性真的是高度抽象的，但是，它們所有的對稱性，並非可見的對稱，
而是代數的對稱。伽羅瓦使用一個對稱習用的概念，建構一個抽象
的方法去描述它（比如，對稱群），然後，應用那個對稱的抽象概
念到代數方程式上。它是至今可見的一個「科技轉移」（technology
transfer）的傑出例子。

為了獲得伽羅瓦推理的一些想法，取方程式

$$x^4 - 5x^2 + 6 = 0$$

為例。這個方程式有四個根：$\sqrt{2}$，$-\sqrt{2}$，$\sqrt{3}$ 和 $-\sqrt{3}$。任何一個代入
x，都可以得到答案 0。

為了忘記數字本身而專注於代數模式，分別稱這些根為 a，b，
c，d。很清楚地，a 和 b 形成一對，c 和 d 也是。事實上，這個相似
性比 b 相等於 $-a$ 及 d 相等於 $-c$ 來得更深刻。在 a 和 b 以及 c 和 d 之
間，有一個「代數對稱」。任何多項方程式（有著有理係數）被 a，
b，c，d 的一個或多個所滿足，也將被下列條件所滿足：如果我們交
換 a 和 b，或者交換 c 和 d，又或者同時做交換。如果方程式只有一
個未知數 x，交換 a 和 b 即是簡單地在方程式中用 b 代換 a，反之亦
然。例如，a 滿足方程式 $x^2 - 2 = 0$，b 也是。在方程式 $x + y = 0$ 中，x
$= a$，$y = b$ 是一個解，$x = b$，$y = a$ 也是。一個有四個未知數 w，x，

y，z 的方程式中解出 a，b，c，d，同時做兩個眞正的交換是可能的。如此，a 和 b 難以辨別，c 和 d 也是。另一方面，很容易可以辨別比如a和c。例如，$a^2-2＝0$ 爲眞，但是，$c^2-2＝0$ 卻爲假。

四個根的可能置換（permutation）──交換 a 和 b、交換 c 和 d，或者一起交換兩者──構築了一個稱爲原始方程式的伽羅瓦群（Galois group）。它是有關被這四根滿足的多項方程式（有著有理係數以及一個或多個未知數）的對稱群。因爲很明顯的理由，由置換所構成的群，伽羅瓦群是其中一例，被稱爲置換群（permutation group）。

〔198〕　　伽羅瓦在群上找到一個結構性的條件──也就是說，一個性質某些群會擁有而其他不會──使得原始的方程式將有一個根式解（a solution by radicals），若且唯若伽羅瓦群滿足那個結構性的條件。此外，伽羅瓦的結構性條件只依賴於群的算術性質。因此，原則上一個給定的方程式是否可以藉由根式求解，可以單獨藉由檢驗伽羅瓦群的群表列（group table）來決定。

直接從歷史的紀錄來看，伽羅瓦並沒有用一個如前文所說的，以三個簡單公理 G1、G2、G3 清楚而俐落地構造一個抽象群的概念。群概念的構造是亞瑟‧凱利（Arthur Cayley）和愛德華‧杭丁頓（Edward Huntington）約在本世紀交替之際所努力的結果。但是，本質的想法無疑地是在伽羅瓦的研究中發現。

一旦伽羅瓦的理念爲人所知，一些數學家就更進一步發展，也找到其他的應用。哥西和拉格朗日（Joseph Louis Lagrange）執行置換群的探究，而在一八四九年，奧古斯德‧布拉菲（Auguste Bravais）爲了分類結晶體的結構，使用對稱群於三維空間，在群論和結晶學（crystallography）之間，創造了一個延續至今日的緊密交互作用。

（見 280 頁）

　　對於群論的發展，另一個主要的刺激，是在一八七二年提供。當年克萊因（Felix Klein）在德國耶爾郎根（Erlangen）大學的演講，奠定了現在為人所知的耶爾郎根綱領（Erlangen program）。這個一統幾何學為單一學門的嘗試幾乎全然成功。在之前章節的討論中，應該指出為何數學家們覺得如此的統一是必要的。在十九世紀，歐式幾何統馭了兩千年之後，突然出現一整個範圍內的不同幾何學：歐氏的、波里耶－羅巴秋夫斯基的、黎曼的、射影的，以及其他多種，包括最新蒞臨的 —— 也是最難以下嚥的一種「幾何」 —— 拓樸學，將在下一章討論。

　　克萊因提議：一種幾何（a geometry）就是研究圖形在一個特定的變換群（屬於平面的、空間的，諸如此類）下維持不變的那些性質的學問。例如，平面的歐氏幾何，是那些圖形性質在旋轉、平移、鏡射以及相似性下維持不變的研究。因此，兩個三角形是全等的，如果藉由一個歐氏的對稱、一個平移、一個旋轉，以及可能是一個鏡射的組合，其中一個可以變換到另一個。（歐幾里得定義兩個三角形如果對應邊長相等，它們即是全等。）同理，平面的射影幾何是研究圖形在平面的射影變換群的成員（亦即一個變換）底下，那些性質維持不變的學問。而拓樸學則是對於圖形性質藉由拓樸變換維持不變的研究。

〔199〕

　　由於耶爾郎根綱領的成功，不同幾何學的更高一層抽象模式被揭露了：這個高度抽象的模式，是藉由決定這些幾何學的群之群理論結構來描述。

如何堆疊橘子

到處都可以發現數學模式。每當你凝視一片雪花或是一朵花時，你便看到了對稱性。你到當地的超級市場，那裡也可以提供另一種模式。瞧一瞧橘子堆（見圖 5.3），它們是怎麼堆疊起來的？在運送途中，它們如何被排列在包裝箱裡？在展示水果時，堆疊的目的是要求穩固；在運輸時，要求的則是要怎麼樣才能在特定的包裝箱裡排進最多個橘子。除了沒有邊牆，使得橘子的展示堆必須爲某種金字塔形式這個相當明顯的事實之外，這兩種排列方法會不會一樣？裝塡排列的穩固性和效率性，會不會導向相同的排列？如果會，你怎麼去解釋爲什麼會？

〔200〕　　換句話說，超級市場常見的橘子堆疊方式是不是最有效率的？也就是說，在這個可用空間裡，這種方式是不是能放進最多的橘子？

就像對稱性，涉及物體裝塡的模式也可以被數學地研究。超級市場管理人員有效率地裝塡橘子的問題，在數學家的版本被稱爲球裝塡

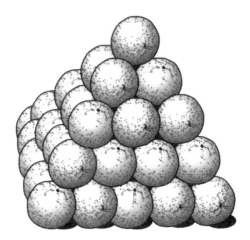

圖 5.3：在超級市場中常見的橘子堆疊方式。

（sphere packing）。怎麼樣才是裝塡相同球體最有效率的方法？儘管針對這個主題探究的歷史，至少可回溯至十七世紀克卜勒的研究，但是，時至今日對於球體裝塡，還是有一些最基本的問題懸而未解。

因此，比較聰明的方法，或許是暫時忘掉複雜惱人的球裝塡，先把問題焦點拉回顯然比較簡單的類似問題：二維空間的類比——圓裝塡（circle packing）。在給定的區域內，什麼方式是裝塡相同圓（或圓盤）最有效率的方式？

充塡區域的形狀和大小必然會造成差異，因此，爲了讓問題變得精確及具數學意義，你必須照著數學家們面對這種情況通常會做的事：選擇一個特定案例，讓案例的設定能切合問題的核心。因爲這個議題的重點是裝塡的模式，而不是容器的形狀或大小，所以，你應該專注於塡滿整個空間的問題——二維空間運用圓盤案例，三維空間則運用球體案例。在這種數學家的理想化下，你所獲得的任何答案，將預設爲適用於日常生活中足夠大的容器，而且容器愈大，得到的近似值愈佳。

圖 5.4 所示爲兩種最常用的圓盤裝塡方式，稱作矩形和六邊形排列。（這個術語是依照相鄰圓圈的共同切線所形成的圖形而得）。在裝塡最多圓盤的要求條件下，這兩種排列方式的效率如何？決定了要聚焦在裝塡整個平面，表示你必須小心翼翼地使用精確的術語，來闡述這個問題。測量任何裝塡效率的數據，毫無疑問地採用密度（density）來表示，也就是，物件裝塡所佔用的全部面積或容積除以整個容器的面積或容積。但是，當容器範圍設定爲所有的平面或空間時，以這種方式計算密度會產生 ∞/∞ 的無意義答案。

跳脫這樣的困局，可以從第三章中描述過的方法著手。裝塡的密度可以運用帶給牛頓及萊布尼茲解開微積分之鑰的相同模式來計算，

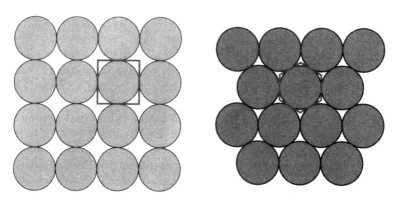

圖 5.4：兩種裝填相同圓盤填滿平面的方式：矩形包裝和六邊形包裝。

那就是：極限的方法。首先，藉由計算物件充填所佔用的全部面積或容積，比上愈來愈大的有限容器之面積或容積，你定義一個裝填排列

〔201〕 的密度；接著，當容器的邊界擴充到無限（意即：愈來愈大，沒有邊界限制）時，你計算這些比的極限值。於是，就圓盤裝填這個例子來說，你可以計算這些嘗試填滿愈來愈大的方形區域的（有限的）裝填密度比，直到邊界擴大到無邊際為止。當然，在微積分的演算上，我們不必要真的去計算一個無窮盡的真實有限比，而是在一個公式的形式中去尋找一個適當模式，然後，在這模式中計算極限值。

　　從平面上裝填圓盤的案例，克卜勒沿用了這一個策略。他發現矩形排列的密度是 $\pi/4$（近於 0.785），而六邊形排列的密度是 $\pi/2\sqrt{3}$（近於 0.907）。六邊形排列可得較高的密度。

　　當然，這樣的最後結論並不令人驚訝：因為只要稍稍看一眼圖 5.4 就可以發現，六邊形排列會讓相連接的圓盤中間留下比較少的間

〔202〕 隙，也因此在兩個排列方式中，是比較有效率的一個。但是，這並沒有明白顯示六邊形包裝是最有效率的一種方式——意即，它會比其他任何裝填的密度都要來得高。伴隨著這問題經常被問到的，是有關圓

盤所有可能的排列方式，無論如何複雜，也無論圓盤規則或不規則。
事實上，要解答哪一種圓盤裝填最有效率的問題是如此困難，也因此
先看看另一個特例的方式是合理的，這個特例提出了比一般案例更多
的模式，也是數學家們最後完成解答所採用的方式。

　　一八三一年，高斯證明在所謂的格子裝填（lattice packing）中，
六邊形排列有最高的密度。格子（lattice）是高斯的概念，這個概念
提供了所需的關鍵額外結構，也促使了這方面的許多進展。

　　在一個平面上，所謂的格子是一些點的聚集，這些點是一個規則
的二維網格的頂點。網格可以由正方形、矩形，或是相同的平行四邊
形組成，如圖 5.5 所示。在數學術語上，（平面）格子的圖形重點特

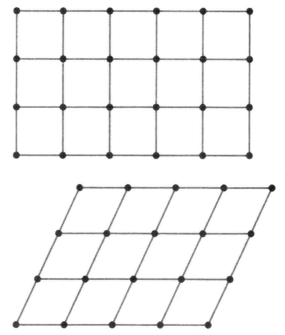

圖 5.5：兩個平面格子圖形：正方形網格組成的格子（上圖），以及由相同的
平行四邊形網格組成的格子（下圖）。

徵是具有平移的不變性或平移的對稱性。也就是說，在平面上只要不加以旋轉，特定的平移會讓整個格子疊加在原來的位置上，讓它看起來就像沒有改變。

一個圓盤的格子裝填，就是這些圓盤的中心點連線所形成的格子。這種包裝明顯有著高度的規則性。圓盤的矩形包裝和六邊形裝填，很明顯就是格子排列。把在平面上圓盤的格子裝填關連到數論，以及利用拉格朗日的一些數論研究成果，高斯確定六邊形是最有效率的格子排列。

〔203〕

當然，高斯的發現留下了下列未解決問題：六邊形（不論規則與否）排列是否為所有圓盤裝填中最有效率的？一八九二年，艾塞爾‧修（Axel Thue）宣稱這個答案是正確的；但是，直到一九一〇年，他才提出合理的完整證明。

當這個二度空間問題逐漸淡去，原本的三度空間球形裝填問題又有什麼發展呢？再一次地，問題又回到高斯所做過的努力，首先聚焦在格子裝填上。在這種方式下，這些球形的中心形成三維格子——一個規則的三維網格。

總共剛好有十四種不同的三維格子。在一八四八年，由法國植物學以及物理學家布拉菲以一些數學家的研究為基礎，建立了這個結果。因此，有時候也被稱作布拉菲格子。

在一個規則的格子形式下排列球體，一個很明顯的方式，是一層一層的排列，很像是超級市場的工作人員堆疊橘子一樣。為了得到有效率的裝填，考慮每一層的排列，使得球體的中心形成前面所提及的矩形或六邊形兩種平面格子形式之一，這是合理的作法。依據你的操作，會得到三種不同的三維排列，如圖 5.6 所示。而它們的形成過程如下。

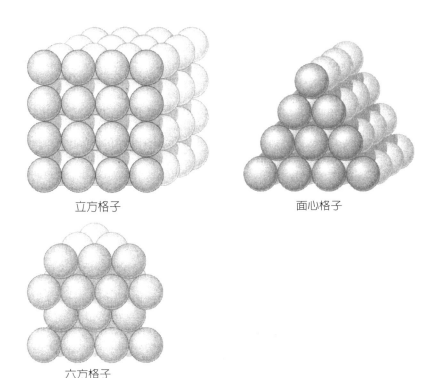

立方格子　　　　　　　　　　　面心格子

六方格子

圖 5.6：依規則性層次堆疊的三種不同方式的球體排列。球體的中心會分別構成一個立方體，一個面心立方體，以及一個六方格子。

　　如果你選擇矩形方式排列每一層，會有兩種堆疊方式出現：一種是每一層球體直接堆疊在另一層的上方；或者是交錯堆疊，讓每一個上層的球體，置於下層四個球體所造成的凹槽中間（第二種方式就是一般為求穩固的堆疊橘子的方式）。前者的排列會讓這些球體的中心形成一個立方（cubic lattice），而後者這些中心，則會形成一個我們認知的面心格子（face-centered cubic lattice），也就是每個立方體都「占據一個角落」（stood on one corner）的一種立方格子。

　　另外一種方式是每層形成六邊形格子形式，而同樣層與層的堆 〔204〕

疊，也有對齊堆疊和交錯堆疊兩種方式。這樣全部產生了四種不同的三維格子包裝，但事實上只有三種。因為球體的六邊形裝填與矩形裝填的交錯堆疊，其實是等價的，兩者只是因為觀察的角度不同。你可以藉由常見的交錯堆疊成金字塔狀的橘子堆中，輕易地看出等價關係。如果你從其中一個斜面來看，你就會看見交錯六邊形裝填的一層。

在第三個不同的格子裝填方式，也就是對齊的六邊形裝填，這些球體的中心，會構成一個三維的六邊形格子。

克卜勒計算這三種格子裝填的密度，得到下面的數據：立方格子為 $\pi/6$（近於 0.5236），六方格子為 $\pi/3\sqrt{3}$（近於 0.6046），面心格子為 $\pi/3\sqrt{2}$（近於 0.7404）。因此，面心格子——也就是橘子堆的排列——是三者中最有效率的裝填。但這種方式是否是所有格子裝填中最有效率的？或者更廣泛地說，無論規則與否，它是所有裝填中最有效率的一種嗎？

〔205〕　　這兩個問題中的第一個問題，高斯在解決二維的類比問題後不久便提出了答案。他再一次利用了數論的結果獲得解答。但是，第二個問題直到今日仍然懸而未解，我們一直不能明確地知道，熟悉的橘子堆疊排列，是否就是所有球體排列方式中最有效率的方法。

橘子堆疊絕對不是唯一的最佳裝填，因為還有能得到相同密度的非格子裝填。藉由下面的方法來堆疊六邊形排列層，很容易就可以建構一個諸如此類的非格子填裝：置放一個六邊形排列層；接著，將第二層緊貼排列在第一層的凹槽上；然後，同樣排列第三層緊貼在第二層的凹槽上。我們有兩種不同的方式來進行這樣的堆疊，一個是將第三層的球體，放置在對應的第一層球體正上方，另一種方式就不做這樣的對齊。如果我們採用第二種方式重複堆疊，就會導致一個面心格

子。而採用第一種方式，就會導致一個與第二種方式有相同密度的非格子裝填。

確實，藉由堆疊六邊形排列層，且在每一層中隨機選用前述兩種方式的任何一種，你會得到一個在垂直方向上為隨機的球裝填，但是，它卻與面心格子的排列，有著相同的密度。

在離開球裝填的主題之前，我必須說明雖然數學家們無法確實知道超級市場是否以最有效率的形式堆疊橘子，但是，他們知道所使用的這種排列非常接近最佳結果。已經得到證明的是，沒有任何一種球裝填能超過 0.77836 的密度。

雪片和蜂巢

在此必須指出，克卜勒並不是因為受到水果堆疊，而引發出對於裝填球體不可抗拒的興趣，但他仍然受到另外一種相同的實際現象——雪花的形狀所激發。而且，克卜勒的研究，確實牽涉到水果：不是一般的橘子，而是（在數學上）更有趣的石榴。蜂巢，也出現在他的探究裡面。

正如克卜勒觀察到的，雖然任兩片雪花在很多地方都有細微的差異，但它們都有六重的或六邊形對稱的數學特性：如果你將一片雪花旋轉 60 度（一個完整旋轉的六分之一），那麼，就像一個六邊形，它看起來像是沒有改變一樣（見圖 5.7）。克卜勒詢問：為什麼所有的雪花都有這樣基本的六邊形形式？

一如往常，克卜勒在幾何學中尋求他的解答。（請記住，他最出名的成就，是發現行星繞著橢圓形軌道運行。同時也請記住，他醉心於柏拉圖奠基自五個正多面體的原子論，他也試圖運用與本書第 204 頁所描述的相同幾何圖形，來描述太陽系。）他的想法是，自然力量 〔206〕

圖 5.7：雪花的六重對稱性。如果你將一片雪花以 60 度（一個完整旋轉的六分之一）的任何倍數旋轉，那麼結果看起來都一樣。

使得一些看起來不同的物體，成長為規則的幾何結構，例如：雪花、石榴以及蜂巢。

　　克卜勒的關鍵性結構概念，是認為可以讓幾何立體彼此密合地充滿整個空間。他建議有一個自然的方式來得到這樣的圖形。首先，從球體的排列開始，想像每個球體持續擴張，直到完全填滿中間空隙。假設大自然總是採用最有效率的手段來達到她的目的，那麼，這些蜂巢和石榴的規則模式，以及雪花的六邊形形狀，都可以透過檢視球體的有效率裝填，以及觀察所產生的幾何立體來說明。

　　特別地，排列在一個立方格子的球體，會擴充成為一個立方體；排列在一個六方格子的球體，會擴充成六角柱體，而排列在面心格子的球體，則會擴充成為克卜勒所稱的菱形十二面體（rhombic dodecahedron）（見圖 5.8）。確實，就石榴的例子來說，這些理論性的結果似乎在事實上成立：成長中的石榴籽一開始是球狀的，以面心格子排列。當石榴持續成長，石榴籽也持續擴充，直到形成菱形十

〔207〕

270

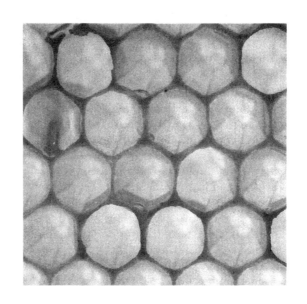

圖 5.8：菱形十二面體，每一個圖形有十二個相同的菱形面。

二面體，完全填滿整個內部空隙。

　　除了激發球體裝填的數學探究之外，克卜勒的理念也導致許多裝填的實驗性研究。例如，有著愉悅標題的《蔬菜靜力學》（*Vegetable Staticks*），是一七二七年英國人史提芬·哈爾（Stephen Hales）的作品，描述了他如何將豌豆裝滿在壺內，並盡可能地加以擠壓，據此觀察到每顆豌豆都呈現正十二面體的形狀。事實上，哈爾的說法可能有些誇大，因為正十二面體無法填滿整個空間。然而，雖然球體的隨機初始排列並不會導致正十二面體，但會產生不同種類的菱形體。

　　一九三九年，兩位植物學家馬文（J. W. Marvin）和麥茲克（E. B. Matzke）利用熟悉的橘子堆疊方法，將鉛丸排列在鋼製圓柱內，然後以活塞加以擠壓，得到了理論上可預測的克卜勒菱形十二面體的結果。採用隨機裝填鉛丸的方式重複實驗，導致了不規則的十四面體圖

271

形。

對這個特性的進一步實驗，也顯示了隨機裝填一般來說不如面心格子排列來得有效率。隨機排列的最高密度大約落在 0.637；相對地，吾人所熟悉的橘子堆疊密度則是 0.740。

〔208〕

接著，看看蜂巢（見圖 5.9）如何形成它們的六邊形呢？合理的推測是蜜蜂分泌液態的蠟質，然後，這些蠟質在表面張力的影響下，形成我們觀察到的六邊形。最小化表面張力（minimizing surface tension）確實會導致一個六方格子形狀，這是由名著《形式的法則》（*Law of Form*）的作者迪亞西‧湯普森（D'Arcy Thompson）提出的理論。另外一個可能性，是蜜蜂一開始挖空圓筒狀蠟質，然後，將每一個蠟質筒壁向外推展，直到碰到相鄰的蜂室，而且填滿了蜂室間的空隙為止。達爾文（Charles Darwin）便認為是如此發生的。

事實上，這兩種說明都不正確。因為蜂巢優雅又對稱的形狀，並非無生命的自然法則所造成，而是蜂群自己建構它們的蜂巢成這種形式。蜜蜂分泌的蠟質原本是固態的薄片，然後，它們一個蜂室接著一

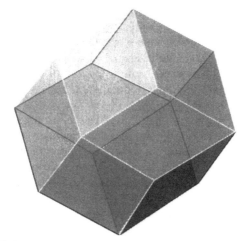

圖 5.9：蜂巢的特寫圖。

個蜂室，一個表面接著一個表面，把蜂巢建造成這樣的形狀。在某些方面，辛勤的蜜蜂像是帶有高超技能的幾何學者，它們的演化賦予它們建造數學上最有效率的蜂巢這項任務的能力。

最後，到底是雪花的什麼特性，激發克卜勒開始了他對球裝填的初始研究？在克卜勒死後，科學家們才逐漸相信他是對的，而且也相信結晶體規則且對稱的形狀，反映出一個高度有秩序的內部結構。在一九一五年，借助於新開發的 X 光繞射（diffraction）技術， 〔209〕勞倫斯‧布拉格（Lawrence Bragg）才能確定地展示這種結構。結晶體確實是由排列在規則格子上的相同粒子（原子）所組成。（見圖5.10）。

雪花一開始是一個很小的六邊形冰晶種，存在於高空大氣層中。當氣流帶著它們上上下下，穿過不同的高度以及溫度，這些晶粒便開始增長。雪花產生的模式，實際上要看這些增長中的雪花在大氣層中特別的移動而定。但是，由於雪花很小，每邊因此都會產生同樣的增長模式，也因此原始晶種的六邊形形狀會被保留下來。這樣的增長過

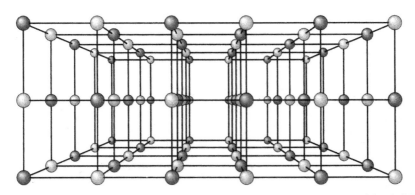

圖 5.10：常見的鹽（氯化鈉）晶體形成完美的正立方體。它們的外在形式反映出鹽分子內部的立方格子結構，由鈉離子（深色球體）以及氯離子（淺色球體）四面八方交替而組成。

程導致熟悉的六邊形對稱（附帶說明，英文的 crystal 一字是從希臘文的 ice 一字轉化而來）。

　　到現在已經很清楚了，數學上的球裝填研究，可以幫助我們瞭解某些出現在我們週遭的現象。終究，這也是克卜勒開始進行這個研究的原因。最可以確定他沒預期到的，是球裝填研究在二十世紀數位通訊科技的應用。這是由球裝填問題延拓到四維或四維以上空間的研究衍生出的結果。這個令人驚訝的近期發展只是另一個例子，說明實際應用源自純數學家對於只存在人類心智的抽象模式的追尋。

　　在四維或五維中，最稠密的空間格子排列是類似面心格子排列，但是，五維以上就不再是這種排列。其關鍵因素在於，當維度的數目〔210〕不斷增加，各種不同的超球面（superspheres）中間，就會有愈來愈多的空隙。例如，在八維時的面心格子包裝中，就有如此多未被佔用的空隙，以至於可以讓另一個複製的相同裝填擠進可用間隙，而沒有任何的球體重疊。這樣的裝填是在八維中最稠密的格子包裝。此外，此種裝填的某些截面是在六維或七維中最稠密的格子裝填。這些結果於一九三四年被布力克費爾德（H. F. Blichfeldt）發現。

　　為了讓高維度空間的球體裝填變得有意義，我們來看一些簡單的例子。

　　圖 5.11 顯示四個半徑為 1 的圓，緊貼著裝填於一個 4×4 的正方形內，相鄰的圓只是相互碰觸。很明顯地，我們可以原點為圓心，放進一個比較小的第五個圓，使得它剛好碰觸到原來的四個圓。

　　圖 5.12 顯示在三維中類似的情況。八個半徑為 1 的球體可以緊緊地裝填在一個 4×4×4 的立方盒內。很明顯地，正中央可以放進一個比較小的第九個球體，使得它剛好碰觸到原來八個球體的每一個。

　　雖然你無法看到，但是，你可以在四、五維，甚至任何維度的空

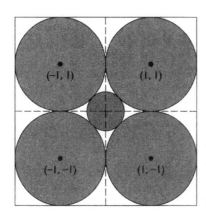

圖 5.11：在一個正方形內的四個圓中間置放一個較小的第五個圓。如果四個大圓的圓心是在點 (1, 1)，點 (1, -1)，點 (-1, -1)，點 (-1, 1)，那麼，第五個圓的圓心會落在原點，如圖所示。

間運用相同的方式。舉例來說，你可以把十六個半徑爲 1 的四維超球體，裝填在一個規格爲 4×4×4×4 的四維超立方之內；然後，你可以在正中央放進一個額外的超球體，使得它剛好碰觸到原來的每一個超球體。於是，這就出現了一個明顯的模式：在 n 維中，你可以在一個邊長都是 4 的超立方體內，裝填 2^n 個半徑爲 1 的超球體；然後，你可以在正中央放進一個額外的超球體，使得它碰觸到所有原來的超球體。

〔211〕

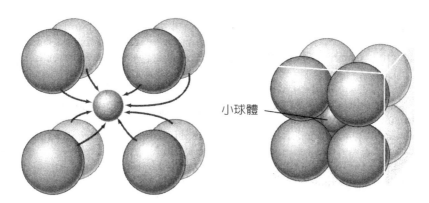

小球體

圖 5.12：將第九個小球體置放在一個正立方體內的八個球體中間。

　　讓我們來看看是不是還有其他模式。在原來二維的範例中，額外的第五個圓圈，包含在有界的正方形框裡面；而在三維的範例中，額外的第九個球體，也包含在有界的立方體容器裡面。

　　同理，在四維、五維和六維中，這個額外增加的超球體，應該位在包含原有那些超球體的超立方體中。這種模式如此清楚，致使只有極少的人不認為這個模式在任何多維空間都應成真。但是，實際上卻潛藏著令人驚訝的狀況。當你延伸到九維時，奇怪的事情發生了：在九維空間裡，這個額外增加的九維超球體，實際上已經碰觸到包容它的超立方體的每一面；而且，在十維以及十維以上，這個額外增加的超球體，實際上已經突出到包容它的超立方體之外。這個突出部分，會隨著維度的增加而不斷地加大。

　　這個令人訝異的結論，很容易用代數演算得到。在二維的範例中，額外增加的圓的半徑應該多大，才能讓它剛好接觸到原有的四個圓？利用畢氏定理，從原點到四個給定圓的圓心距離是：

$$\sqrt{1^2 + 1^2} = \sqrt{2}$$

由於原有的每一個圓的半徑都是 1，所以，這個額外增加的圓半徑應該是 $\sqrt{2}-1$，近似值大約是 0.41。明顯地，這個半徑是 0.41 的額外增加圓的圓心位在原點，因此，它可以很輕易地被包含在原本 4×4 的正方形容器中。

〔212〕　　在 n 維的範例中，藉由畢氏定理的 n 維版本，從原點（小球體被放置的中心）到每一個給定的超球體圓心的距離是：

$$\sqrt{1^2 + 1^2 + \dots + 1^2} = \sqrt{n}$$

因此，這個額外增加的 n 維超球體一定會有 $\sqrt{n}-1$ 的半徑。例如，在

三維裡，額外增加的這個球體半徑約為 0.73，它同樣可以很輕易地被包含在有界的 4×4×4 正立方體裡面。但是，當 n=9 時，這個額外增加的超球體應該會有 $\sqrt{9}-1=2$ 的半徑，這就表示它會剛好碰觸到這個有界超立方體的各個面；更且，當 n>9 時，半徑 $\sqrt{n}-1$ 將會大於 2。因此，這個額外增加的超球體，將會突出在這個有界超立方體的各個面之外。

重點在於維度愈多，介於原有超球體中間的空間愈大。就算從二維到三維，額外增加的「超球體」大小，會變得愈來愈接近有界的「超立方體」：它的半徑從 0.41 增加到 0.73。額外增加的超球體最後的突出情況會令人感到訝異，只因為它直到九維時才發生，而九維空間超出了我們的日常生活經驗。

我之前提到，球體裝填在通訊科技上的應用，是從思考二十四維空間的球體排列衍生而來。一九六五年，約翰·李奇（John Leech）在一個現在被稱作李奇格子（Leech lattice）的基礎上，建構了一個了不起的格子裝填模式。這個格子模式和群論緊密連結，讓一個二十四維度空間的球裝填，幾乎確定達到了最高密度的格子裝填。在這個模式裡，每一個超球體會碰觸到除它以外的 196,560 個超球體。李奇格子的發現，導致了一個在資料傳輸設計上的突破，現在被稱作偵錯碼（error-detecting codes）以及除錯碼（error-correcting codes）。

雖然乍看之下令人驚訝，球裝填和資料編碼設計之間的連結其實相當簡單。（不過，為了說明這個一般的理念，我將大大簡化細節）。想像你面對一個任務，需要運用數值格式設計一套可以編製個別字體的編碼，以便在一些通訊網路上傳送訊息。假設你決定採用八位元二進位的數串作為編碼，於是，每一個字會被編製成一個數串，就像是（1,1,0,0,0,1,0,1）、（0,1,0,1,1,1,0,0）等等。在傳輸途中，可

〔213〕 能因爲傳輸管道的信號干擾，而造成其中一個或兩個位元的傳訊失誤，使得在發送時的數串（1,1,1,1,1,1,1,1），到了接收時或許變成（1,1,1,1,0,1,1,1）。爲了能夠偵測這類的傳輸失誤，你必須去設計你的編碼結構（scheme），讓這兩個數串的第二位留空，使它很容易在傳輸失誤中被辨識出來。如果你的設計可以從這些傳輸失誤接收來的數串辨識出它原來最可能的數串，然後加以改正，那就更好了。爲了達到這兩個目的，你必須選擇編碼數串，讓任兩個被採用的編碼數串至少有三個二進位元的不同。另一方面，爲了編製所有需要被傳送的訊息代碼，你必須有一個儘可能最大的編碼數串庫。如果你現在從幾何上來看這個問題，它就是一個八維空間的球體裝塡問題。

爲了更清楚瞭解這個狀況，把所有可能的暗語想像爲八維空間裡的點。這個集體很清楚地構成了一個（超）立方格子，格子裡所有點的坐標都是 0 或 1。對於每個被選定爲暗語的數串 s 來說，你想要確定的是，沒有其他被選爲暗語的數串與 s 有四個位元以上的不同。用幾何術語來說，就是必須確定沒有另外一個落在以 s 爲圓心，半徑 $r=\sqrt{3}$ 的球體範圍內的格子點，也是一個編碼數串。把數串數量極大化，而且讓任兩個數串不會落在彼此距離是 r 的範圍內，就等同於求出在這個格子上半徑爲 $r/2$ 球體的最密集裝塡。

於是，從雪花和石榴一直到現代電子通訊技術，你都可經由多維空間的幾何學，得到相關問題的解答。

有多少種壁紙模式？

對比於數據通訊，壁紙模式的設計聽起來似乎無足輕重；但是，既然雪花和石榴的研究都能導致除錯碼的設計，那麼，誰也無法肯定壁紙模式的探究，會導引出什麼樣的結果。當然，壁紙模式的數學最

終變成了深刻且有著相當內裏的趣味。

對數學家來說，壁紙模式的特性最有趣的，就是它以一個不斷重複的規則型式，填滿一個平面。依據這個特性，數學家們對「壁紙模式」（wallpaper patterns）的研究，也散見於他們對亞麻油氈地板、模式化圖紋的布匹、大小型式的各類地毯等等的研究上。在這些實際生活的例子中，此模式不斷重複一直到牆壁、地板或材料的終端為止；不過，數學家們的模式卻是從各個方向延伸到無限。 〔214〕

任何壁紙模式背後的數學理念，是一個被稱作迪力策勒域（Dirichlet domain）的想法。在一個平面格子上給定任何一點，這個點的迪力策勒域（在原給定的格子上），是由平面上相較於格子上其他點較近於這個給定點的整個區域所組成。格子的迪力策勒域提供了格子對稱的一個「磚狀模型」（brick model）。

設計一個新的壁紙模式，你首先要做的，就是在整張紙上的一部分製作一個模式；然後，在紙上所有部分都按照這個樣式一再重複。更明白地說，就是先從一個網格開始，用你的模式填滿一個特定的迪力策勒域；然後，把模式重複在其他的迪力策勒域上。縱使設計師並沒有刻意地按照這種方法進行，任何壁紙模式其實都可被視為依照這個方法製作。

在平面上總共可以產生恰好五種個別的迪力策勒域，每一種的形狀不是四邊形就是六邊形。這五種類型顯示於圖 5.13。 〔215〕

當然，可以被設計出來的壁紙模式種類並沒有限制，但是，按這種方式製造的模式，到底有多少種在數學上屬不同，也就是說，有不同的對稱群？這個答案可能會讓你覺得驚訝。儘管對於可以畫出的不同模式之數量並無限制，每個模式都將只是恰好十七種不同對稱群中的某一個。這是因為實際上壁紙模式的對稱性，總共只能夠對應到十

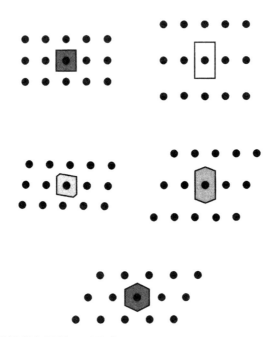

圖 5.13：二維格子上五種不同的迪力策勒域。

七種不同的群。要證明這個事實確實非常困難。有關歷史上藝術家和
設計家們曾經採用的各種重複模式的研究，已經揭露出所有十七種可
能的範例。

　　迪力策勒域和壁紙模式的概念當然可以延拓到三維。圖 5.14 所
列的五種獨特的迪力策勒域，組成一組立體，其中每一個如同五個柏
拉圖立體一樣基本，雖然它們並不為人們所熟知。

　　這五個迪力策勒域在三維的壁紙模式上，衍生出剛好 230 種不同
的對稱群。這些三維模式很多引發自自然界和結晶體的結構。這結果
讓對稱群的數學，在結晶學上扮演了一個重要的角色。事實上，在十
九世紀末期，大多數有關這 230 種不同的對稱群分類工作，是由結晶
學家執行的。

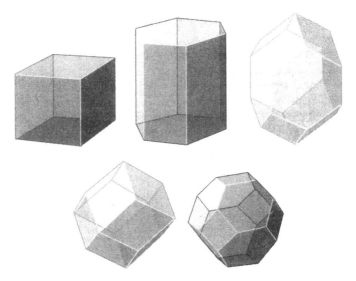

圖 5.14：三維格子上五種不同的迪力策勒域。

你能用多少種方式鋪設地板？

〔216〕

　　當球裝填被用來解決特定形狀——球體——的最佳排列方案，以便得到最高密度的時候，數學上對於地磚鋪設問題的研究，看起來卻是稍有不同：哪些形狀可以完全鋪滿整個空間？這個基本問題可以類比為物質分裂成原子，以及自然數分解成質數乘積之探討。

　　譬如說，從二維的例子開始，正方形、等邊三角形，以及正六邊形的每一個，都可以完全地填滿或鋪設（tile）整個平面，就如圖 5.15 所示。是不是只有這幾種正多邊形可以鋪滿平面？（一個正多邊形是一個各邊等長，而且各個內角相等的多邊形。）這個問題的答案是正確的。

　　如果允許二種或更多種的地磚，但加上額外的要求，也就是相同多邊形的陣列圍繞著每一個頂點，那麼，就會出現恰好八種另外可能

性，由三角形、正方形、六邊形、八邊形以及十二邊形組合而成。這十一種鋪設地磚的規則性足以讓人賞心悅目，因為每一種都為地板鋪設提供了吸引人的模式，或許也可以補充早先考慮的十七種基本壁紙模式中的一種。

〔217〕　如果也允許不規則多邊形，那麼，將會有無限多的可能鋪設方式。特別的是，任何三角形或四邊形都可以用來鋪設平面。然而，並不是每一種五邊形都可以運用；事實上，含正五邊形的鋪設就無法完全鋪滿平面，而會留下空隙。另一方面，任何五邊形只要有一對平行邊就可以鋪滿整個平面。到目前為止，數學家總共辨識出十四種不同的五邊形可以鋪滿整個平面，最新近的一組在一九八五年被發現；但是，我們並不知道表列的這些是否已包含所有可能的形狀。（這個發現需要一點修飾：它只適用於那些所有的角都突出向外的凸五邊形。）

在六邊形的例子裡，早在一九一八年就被證出恰好有三種凸六邊形可以鋪滿整個平面。到了六邊形，只用一種不規則凸多邊形來鋪滿整個平面的可能性就結束了。沒有七邊或七邊以上的凸多邊形可排列以填滿整個平面。

如同球裝填的例子，其中一開始的研究區別了格子裝填與不規則的形式，地磚的鋪設也能分成兩種方式。一種具有平移對稱性，以重複（或週期性）的模式鋪設這個平面，就像圖 5.15 所示。另一種是不具平移對稱性、非週期性的（aperiodic）鋪設。週期性和非週期性的磚鋪設方式，其差別多少類同於有理數和無理數間的不同；後者在小數點以下會無限展開，而沒有循環節的出現。

有關週期性鋪設所知甚多。特別地是，任何這種平面的地磚鋪設，都必須有如前面小節討論過的十七種壁紙模式群之一的對稱群。

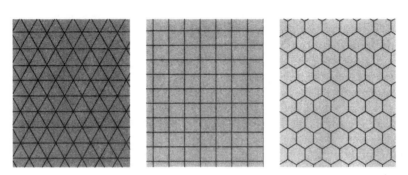

圖 5.15：有三種正多邊形可以排列鋪滿整個平面：等邊三角形、正方形以及正六邊形。

但是，非週期性的模式又是怎麼樣的情形呢？是否的確有任何一個這樣的鋪設方式？鋪設的平面是否可以分割成相同形狀的小區塊，但是又不像週期性排列那樣？一九七四年，英國數學家羅傑·潘羅斯（Roger Penrose）給出了這個或許讓人驚訝的答案：是的。潘羅斯發現一對多邊形可以密合地鋪滿整個平面，但是，只有在非週期性的型態之下——也就是說，沒有平移對稱性。潘羅斯原本發現的這一對多邊形並不都是凸多邊形，但是隨後，也可在非週期性情況下鋪滿整個平面的兩個凸多邊形被發現了，這個形狀可以參照 5.16 的圖示（新發現的這一對多邊形，與潘羅斯原本發現的那一對多邊形密切相

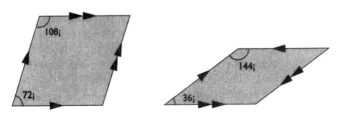

圖 5.16：潘羅斯的地磚鋪設。把這兩種形狀的地磚按照箭頭標示的方向接合相鄰的邊，可以鋪設成一個完整的平面，但是只有在非週期性的方式下才能達成。

關）。按照潘羅斯原本的地磚範例，為了迫使任何非週期性的地磚鋪設使用這些圖形，這些多邊形的邊緣——兩者皆為菱形——必須指向一個特定的方向；而且，地磚的鋪排必須使得這些方向與任何接連處相合無縫。

　　另外一個方式可以達成相同結果，但不須在鋪設的程序上加上這個額外的限制，只須在這菱形圖案加上楔形和凹槽，如圖 5.17 所示。

〔218〕　　到目前為止，應該已逐漸適應在看起來很不相同的情況下，不斷重複出現的各種數值模式的讀者，可能不至於過分驚訝地發現這些外表下潛藏的黃金比 ϕ（近於 1.618）。如果圖 5.16 的兩個菱形各邊的邊長都是 1，那麼，左邊菱形的長對角線應該是 ϕ，而右邊菱形的短對角線應該是 $1/\phi$。當整個平面用這兩種圖形鋪滿時，較寬的地磚相對於較窄地磚使用的數量比，如果計算其極限值，則應該是 ϕ。

　　如果你仔細地看著潘羅斯地磚一段時間，你會注意到這種鋪設模式的小區塊帶有一個五重對稱性（fivefold symmetry）——如果你像旋轉一個正五邊形那樣，旋轉這個小區域，這個小區域看來會像沒有改變。然而，這個五重對稱性僅是局部的。即使這種鋪設方式的各種有限區域帶有五重對稱性，整個無限範圍的鋪設就沒有這種對稱性。

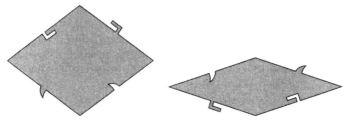

圖 5.17：潘羅斯的地磚鋪設。在這些地磚上加上楔形和凹槽，就可以讓多邊形鋪設成整個平面——但只在非週期性的方式下——而不須限定地磚的對齊方向。

因此，縱使正五邊形不能鋪滿一個平面，然而，還是可以用展示局部
五重對稱性的圖形鋪設這個平面。當結晶學家在一九八四年發現了今　　〔219〕
日爲人所知的準晶體（quasicrystals），這個源自潘羅斯單純消遣的
探究而導致的數學發現，因而出現了進一步的重要意義。

　　結晶學家觀察到在某種鋁和錳的合金上，會顯現出局部五重對稱
性的分子結構。由於在一個晶體格子中，只會有二重、三重、四重或
六重對稱性，所以，這種合金結構在一般認知上不可能是一種結晶，
「準晶體」這個新術語因而有了意義。通常，一個準晶體雖然沒有一
般晶體的規則性格子結構，然而，它的原子卻以顯示出局部對稱性的
高度規則型態來排列。

　　雖然還不清楚任何已知的準晶體結構是否就屬於潘羅斯地磚鋪
設，但可以確定的是，對於準晶體的研究仍處於初期階段，而且也並
非沒有爭議。然而，平面可以運用一個具有局部五重對稱性的高度規
則非格子形式來鋪設，這一事實明確示範了一個可能性，那就是，數
學架構可以作爲瞭解這些新發現物質的一個基礎。再一次地，我們有
純數學發展的一個先於實際應用的例子，它發現自數學家爲了本身目
的而尋找新模式時。

　　回到三維空間的「地磚鋪設」問題上，很明顯地，立方體將塡滿
整個空間。事實上，這是唯一可以做得到的正多面體。我們已經在圖
5.14 中，看到在格子形式中塡滿整個空間的五種非規則多面體。非週
期性潘羅斯地磚鋪設的三維類比物，已經爲人所知很多年了。潘羅斯
自己發現了一對菱面體（壓扁的立方體），當它們按照各種對齊條件
排列（很像二維的類似範例）時，會以非週期性方式塡滿整個三維空
間。

　　在一九九三年，令大多數數學家們感到驚訝的事發生了。一個能

填滿整個空間的單一凸多面體被發現，但只按非週期性的排列方式。發現這個不尋常立體的榮耀，歸屬於英國數學家約翰·康威（John Horton Conway）。康威的新立體，如圖 5.18 所展示，就是已知的一個雙稜柱體（biprism），也就是兩個斜三稜柱體融接在一起時所形成。它的面由四個全等的三角形和四個全等的平行四邊形組成。為了用這個多面體填滿整個空間，你必須一層一層地進行排列。每一層都是週期性的。但是，為了把次一層疊在前一層上面，次一層必須按照一個固定的無理數度數的角（irrational angle）加以旋轉，而這樣的扭轉保證這種地磚鋪設在垂直方向上是非週期性的。（一個使用非凸多面體以非週期性地磚鋪設來填滿一個空間的方法，之前已被奧地利數學家彼得·史密特［Peter Schmitt］發現）。

〔220〕　　　儘管這種對地磚鋪設的研究與設計師有關，或者是數學家偶發的

圖 5.18：這張照片顯示用紙版做的雙稜柱體模型，按照空間的非週期性地磚鋪設排列的一部分。這種雙稜柱體在西元一九九三年由約翰·康威發現。

興趣消遣，至少一直到最近的二十五年前左右，它還是屬於數學領域裡比較冷僻的一個分支。但是，現在已經是一個相當興盛的研究領域，在其他數學領域中找到許多令人驚訝的應用，譬如在供給的配送和電路設計的任務上。因為這些不斷擴增的興趣，數學家們發現地磚鋪設的領域，還有很多他們不明瞭的地方，而這也提供更進一步的證據，說明深層和具有挑戰性的數學問題，皆是源自我們生活的各個層面。

第六章

當數學到位

同時是對與錯的地圖

〔221〕

　　倫敦地下鐵地圖最早畫於一九三一年。它的創造者，二十九歲的亨利‧貝克（Henry C. Beck），是服務於倫敦地下鐵公司（London Underground Group）的一位臨時畫圖員。他總共花了兩年的時間說服上司出版現在大眾習以為常的地圖。即使如此，這家公司的出版部門還是只印製了小小的數量而已。他們擔心地圖上完全捨棄的地理精確度，將導致地鐵乘客無法理解。不過他們錯了。到了使用的第一年年底，大眾相當喜愛，於是，這個地圖的更大版本逐貼滿了整個地鐵沿線。毋須任何說明或訓練，一般大眾不僅輕易地克服了他們與這個地鐵網絡一個真實拓樸表徵（topological representation）的初次接觸，也立刻體認到它比起吾人較熟悉的幾何描繪更加好用。

　　今日的倫敦地下鐵地圖，除了後來因地鐵系統擴充而增加一些路線之外，大致保存了原始的形式。它的長壽正好宣示了其實用性與審美訴求。不過，按幾何說法，它確實令人絕望地失準。它的確並非按照比例繪製，而且如果你企圖將它疊上倫敦標準地圖，你將會發現這個地下鐵地圖的車站位置並不完全正確。正確的是這個網絡的表徵：這個地圖告訴你搭哪條路線從 A 點到 B 點，而且如有必要，應該在哪一站換車。這畢竟是地鐵乘客唯一關心的事──吾人幾乎不會觀賞途中的風景吧！就此一面向來說，這張地下鐵地圖是正確的──完全

〔222〕

正確。因此，他非常成功地捕捉到倫敦地鐵系統的地理學模式。這個模式正是數學家稱為拓樸模式（topological pattern）的那一個。

在二維中，眾所周知的拓樸學（topology）的數學學門，經常被稱為「橡皮幾何學」（rubber sheet geometry），因為它研究曲面經過伸展或扭曲之後，其上之圖形保持不變的性質。這個地下鐵地圖的拓樸本質，經常出現在今日倫敦製造與出售的紀念 T 衫上（地圖畫在胸部位置）。這些地圖繼續為搭乘地下鐵提供可靠的導引，無論它們所裝飾的身體形狀為何 —— 雖然受限於禮節，拓樸學的研究者並未將這一特殊面向的研究推得太遠。

拓樸學是今日數學的一個最根本分支，伸入數學的其他許多領域、物理學乃至其他科學。拓樸學這個名稱來自希臘文，亦即「位置之研究」(the study of position)。

克尼斯堡的七座橋

就和數學裡常發生的一樣，這個稱為拓樸學的廣泛主題，源自一個看起來簡單的娛樂謎題 —— 克尼斯堡橋問題（Königsberg bridge problem）。

位於東普魯士的普列格河（River Pregel）上的克尼斯堡市，包含了兩座小島，以及連接它們的橋梁。如圖 6.1 所示，一個小島和兩岸各有一座橋連接，而另一個小島和兩岸則各有兩座橋連接。克尼斯堡比較有活力的市民習慣在每個星期天全家一起出門散步，而且非常自然地，他們的路徑常常會帶領他們越過許多橋。一個明顯的問題就是：是否有一條路徑，能使他們只會越過每座橋一次。

歐拉在一七三五年解決了這個克尼斯堡橋問題。他領悟到小島和橋的精確陳列是無關緊要的，重要的是橋由什麼方式連接 —— 也就

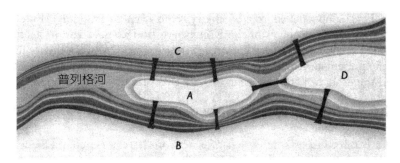

圖 6.1：克尼斯堡橋問題：有沒有可能進行一趟克尼斯堡之旅，使得只通過每座橋恰好一次？在一七三五年，歐拉證明這是不可能的。

是說，由橋梁所形成的網絡（network），如圖 6.2 所示。河流、小島和橋梁的實際陳列 —— 也就是說，這問題的幾何 —— 無關緊要。使用我們現在就要定義的術語，在歐拉的網絡中，橋是由邊（edge）表示，兩岸和兩個小島則是由頂點（vertex）表示。按網絡的觀點來看，這裡提問的是：是否有一條路徑只會沿著每個邊剛好一次。〔223〕

歐拉的論證如下：考慮這網絡的頂點。任何在該路徑上非起點或終點的頂點，一定會有偶數個邊相遇，因為這些邊可以被配對成路徑的進出對。但是，在橋的網絡中，所有的四個頂點都有奇數個邊相

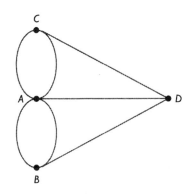

圖 6.2：歐拉依賴他最先觀察到的網絡的決定性風貌為一種由橋構成的網絡，而解決了克尼斯堡橋問題。點 *A*、*B*、*C*、*D* 這些頂點對應到圖 6.1 地圖中的點 *A*、*B*、*C*、*D*。至於直線 —— 邊 —— 則代表橋梁。

遇。因此，這種路徑不可能存在。所以，剛好只通過一座橋一次的克尼斯堡之旅，也是不可能存在的。

歐拉得以解決克尼斯堡橋問題的關鍵，在於他領悟到這問題和幾何學幾乎沒有關連。每個小島和每個岸邊都可以被視為一個點，而重要的是這些點被連接的方式——不是這些連接的長度或形狀，而是那些點和其他點連接的方式。

〔224〕 這個由幾何學獨立出來的精髓就是拓樸學。歐拉解決克尼斯堡橋問題的答案，引發了拓樸學一個稱為網絡理論（network theory）的重要分支。網絡理論有許多現今的運用，兩個非常明顯的例子就是傳播網路的分析和電腦迴路的設計。

數學家的網絡

數學家對於網絡的定義是非常一般性的。取任意集體的點（稱為網絡的頂點），並且將其中一些以線（稱為網絡的邊）連接起來。邊的形狀不重要，但任意兩條邊除了頂端以外不能相交，而邊也不能和自己相交，或是形成一個封閉的圈。（不過，你可以將兩條或以上不同的邊在端點合併成一個封閉的迴路。）在平面上的網絡，或者其他二維的曲面（比如說球面）上，這個不得相交的需求，是非常具限制性的。我在這裡就是要討論這類的網絡。對於三維空間的網絡來說，邊通過其他邊不會有任何問題。

另一個額外的限制就是，一個網絡必須要是連接起的：也就是說，頂點和頂點之間必須可以由邊的路徑連接起來。圖 6.3 圖示了一些網絡的例子。

平面上網絡的研究導致了許多令人驚訝的結果，其中之一就是歐拉在一七五一年所發現的歐拉公式。對於平面或是其他任何二維曲面

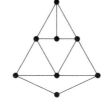 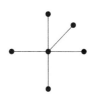

V = 7, E = 12, F = 6　　　　V = 8, E = 13, F = 6　　　　V = 6, E = 5, F = 0

圖 6.3：適用於網絡的歐拉公式。歐拉證明，對任何畫在平面上的網絡而言，$V-E+F$ 恆等於 1，其中 V 是頂點的個數，E 是邊的個數，F 是由網絡的邊所圍成的面之個數。

上的網絡，該網絡的邊會將曲面（平面也被視爲一種曲面）分成稱爲　〔225〕
網絡的面（face）的不同區域。取任何網路並且計算頂點的個數（稱
爲數目 V）、邊的個數（稱爲數目 E），以及面的個數（稱爲 F）。
如果你現在計算

$$V-E+F$$

的和，你會發現答案永遠都是 1。

　　這答案很明顯地相當引人注意：不管你畫的網絡多麼簡單或複
雜，不管你的網絡有幾個邊，以上的和永遠都會是 1。要證明這個事
實不難，以下就是證明。

　　給定任何網絡，如圖 6.4，從外圍往內開始將邊和頂點擦掉。消
去一個外圍的邊（而不消去兩端的頂點），會將數目 E 減掉 1、V 不
變，F 也減 1。因此，這個 $V-E+F$ 的和值會是零，因爲 E 和 F 的
減少會彼此互消。

　　當我們有個「懸盪的邊」——即在一個頂點終止，沒有和其他
邊連接的一條邊——的時候，將該邊和閒置的頂點（free vertex）移　〔226〕

293

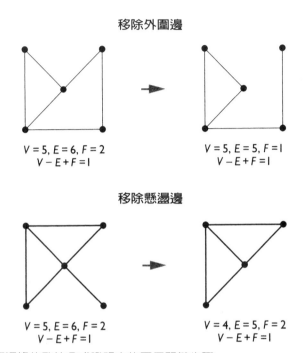

圖 6.4：平面網絡的歐拉公式證明中的兩個關鍵步驟。

除。（如果兩個頂點都是閒置的，移除一個頂點並且孤立另一點。要移除和孤立哪個頂點都可以。）這會將 V 和 E 各減掉 1，並且使 F 不變。因此，再一次地，$V-E+F$ 這個和的值不會因此過程而改變。

如果你按這種方式一個接一個，繼續消去外圍的邊、成雙的懸盪邊以及頂點，你最終只會剩下一個單一的、孤立的頂點。對於這個最簡單的網絡，$V-E+F$ 的和很明顯是 1。但是，這個和的數值在這整個消減的過程之中，完全沒有改變，因此，它在最後的值會與一開始一樣。所以，$V-E+F$ 的初始值一定是 1。而這也就是證明！

所有網絡的 $V-E+F$ 之值等於 1 這一事實，可以類比爲譬如所有平面上的三角形內角和等於 180°。不同的三角形可以有不同的角

和不同長度的邊，但是，內角的和永遠都是 180°；相似地，不同的網絡可以有不同數量的頂點和邊，但是，$V-E+F$ 的和永遠都是 1。不過，三角形的內角和非常依賴形狀，因而是幾何學的一個事實；歐拉的 $V-E+F$ 結果卻完全與形狀無關。網絡的線可能是直的或彎的，同時，網絡所在的曲面，可能是平直的或波浪形的，甚至是折起來的。而且，如果網絡被畫在可以拉長或縮小的物質上，這些操作都不會影響結果。所有這些確實都是不證自明的。這些操作的每一個都會影響幾何事實，但是，這個 $V-E+F$ 並不是一個幾何事實。一個不依賴彎曲、扭轉或伸縮的圖形事實，就是一個拓樸學的事實。

　　而當網絡不畫在平面而在球面（球體的曲面）上，會發生什麼事呢？你可以試著用軟頭色筆在橘子上畫個網絡。假設你的網絡覆蓋了整個曲面（也就是說，假設你不只用一部分的曲面，像使用彎曲紙張一樣），你會發現 $V-E+F$ 的和不是 1，而是 2。因此，當彎曲、扭轉、拉長或是縮小一片平面紙張，不會影響這和之值時，將紙張改為球面卻會造成不同的結果。另一方面，要說服我們自己彎曲、扭轉、拉長或縮小這個球面，也不會改變 $V-E+F$ 這個值永遠是 2，也是很簡單的。（我們可以在氣球上畫個網絡來確認。）

　　證明球面上網絡的 $V-E+F$ 和之值永遠是 2，與證明平面上類似的結果一樣簡單，只要運用同樣的論證即可。不過，有另一種方法可以證明這個事實。它是一個對於平面上網絡的歐拉公式的結果；同時，它可運用拓樸推理之前的結果推論得到。這種拓樸推理是相對於幾何推理，亦即歐幾里得用以證明《幾何原本》定理的方法。 〔227〕

　　要開始這個證明，假設你畫在球面上的網絡完全可以伸縮。（這種物質還未被發現，不過，這並不是問題，因為數學家的模式通常都存在心靈之中。）移除一整個面。現在將包圍著移除面的邊伸長，

使得整個剩下的曲面壓扁成為一個平面,如圖 6.5 所示。這個伸長的過程,很明顯地不會影響這網絡的 $V-E+F$ 之值,因為它不會改變 V、E、F 的任何一個。

當伸長完成時,我們就有一個平面上的網絡。可是,我們已經知道,在這情況之下,$V-E+F$ 的值會是 1。從球面上原本的網絡變成平面上網絡的過程中,我們只移除了一個面,而頂點和邊完全沒動到。因此,這一開始的舉動造成了 $V-E+F$ 這個值減少了 1。所以,這個 $V-E+F$ 的原始值一定剛好比我們得到的平面網絡多 1,也就是說,畫在球面上網絡的原有值是 2。

和這個球面上網絡的結果緊緊相關的,就是下列有關多面體的事實:如果 V 代表多面體的頂點個數,E 為邊的個數,且 F 為面的個數,那麼,

$$V-E+F=2$$

這個拓樸證明相當顯然。假想這多面體被「吹」成球面的形狀,球面上的線代表多面體的(之前)邊的位置。而結果就是:球面上的網絡,擁有和原來多面體相同的 V、E、F 值。

事實上,在一六三九年,這個等式 $V-E+F=2$ 被笛卡兒以適用於多面體的結果發現時,就是這個形式。不過,笛卡兒並不知道如何證明這個結果。當應用在多面體上時,這個結果就稱為歐拉的多面體公式(Euler's polyhedra formula)。

莫比烏斯和他的帶子

歐拉並不是唯一研究拓樸現象的十八世紀數學家。哥西和高斯兩人都領悟到,圖形擁有的形狀本質比幾何學的模式來得更為抽象。不

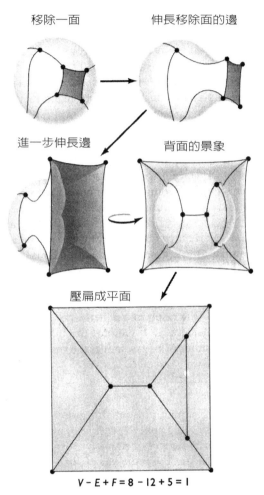

移除一面　　　　　伸長移除面的邊

進一步伸長邊　　　背面的景象

壓扁成平面

$$V - E + F = 8 - 12 + 5 = 1$$

圖 6.5：移除一個單一的面，並且將剩下的曲面拉長成為平面，如此一來，球面上的網絡就會變換成為平面上的網絡。後者之頂點數與邊數將與前者相同，但是少了一個面。

過，反而是高斯的學生奧古斯特·莫比烏斯（Augustus Möbius）在給出拓樸變換（topological transformation）的精確定義之後，真正啓動了現在稱為拓樸學的數學學科。根據莫比烏斯的定義，拓樸學是有　〔228〕

關拓樸變換後保持不變的圖形性質之研究。

〔229〕　拓樸變換是從一個圖形映成另一個圖形的變換，其中原圖形中任意兩個緊緊相鄰的點，在變換過的圖形中依然緊緊相鄰。要瞭解這定義裡「緊緊相鄰」（close together）的精確意義，需要下一點功夫；特別地是，伸長是允許的，儘管這項操作明顯地會增加這些點之間的距離。不過，這個直觀應該是夠明顯的了。這個定義所禁止的最重要操作，就是切開或撕開，不過，下列情況除外：當一個圖形為了要進行某種操作而切開，並且在之後黏回去，然後，原來切開前緊緊相鄰的點，在變換完成之後，還是緊緊相鄰。

　　拓樸學早期的大部分研究，都指向二維曲面的學問。一個特別迷人的發現是由莫比烏斯和另一個高斯的學生約翰·利斯亭（Johann Listing）在早期發現的。他們發現到構造單面的曲面（one-sided surface）是有可能的。如果你取一片長條形的紙帶——比如說一英寸寬、十英寸長——給它一個單半轉，然後將兩端黏起來，就會得到一個只有單面的曲面，今日被稱為莫比烏斯帶（見圖 6.6）。如果你試圖將莫比烏斯帶的一面著色，你會發現最後這圖形的「兩面」都會被我們上色。

圖 6.6：莫比烏斯帶經由下列方式構造而得：一片長條形紙帶之單半轉，將兩端黏起來成為一個封閉圈。在科普界，它通常被描述為只有一個邊與一個面的曲面。

　　這個呢，就是數學家通常將莫比烏斯帶呈現給孩童或是剛開始學習拓樸學的學生的（表演）方式。不過，和往常一樣，真實的故事更為精巧。

　　首先，數學的（mathematical）曲面並沒有「面」（sides）。面這個概念是由週遭三維空間觀察一個曲面而來。對於一個被限制在曲面「裡面」的二維生物來說，面的概念完全沒有意義，就像我們討論我們自己的三維世界擁有面一樣沒道理。（由四維的空間時間來看，我們的世界是有面的，也就是過去和未來。但是，這些概念只有在我們加入時間這個額外的維度時才有意義：過去和未來指的是世界在時間裡的位置。） 〔230〕

　　因為數學曲面並沒有面，因此，你無法在曲面上的「一面」畫圖形。數學的曲面是沒有寬度的；一個網絡可能在一個曲面裡，但不在它的上面。（要注意的是，數學家通常會說「在一個曲面上畫網絡」。畢竟，這個說法對於我們每天會碰到的非數學曲面來說是合適的。但是，當進行數學分析時，數學家會小心地視一個網絡或其他的圖形在一個曲面裡，而非曲面「上」。）

　　因此，說莫比烏斯帶只有「一面」，在數學上是不正確的。那麼，到底是什麼使得莫比烏斯帶不同於另外一個未曾半轉的紙帶所黏成的一般圓柱面帶子呢？答案就是：正規的帶子是可賦向的（orientable），而莫比烏斯帶則是不可賦向的（nonorientable）。可賦向性這個數學概念是一個數學曲面可能會或可能不會有的真實特質。直觀地看，可賦向性是指可以明顯區別順時鐘和逆時鐘，或者左手向和右手向（left- and right-handedness）的不同概念。

　　要獲得這個抽象概念的初始理解，先假想有兩條帶子：一條簡單的圓柱面帶子和一條莫比烏斯帶，由透明膠捲（比如說透明的照相軟

片，或是投影機的幻燈片）製成。（或者，做出這兩條帶子，並且實際順著討論更好。）在每條帶子上畫一個小圓圈，然後，在上面加一個箭頭指示順時鐘方向。當然，要稱這方向為順時鐘或是逆時鐘，必須依賴你如何在週遭的三維空間裡觀察它。使用透明膠捲允許你從兩「面」看到自己的圓圈；這個物質的使用，也因此提供了有關真實數學曲面的一個比起不透明紙張更好的模型。

先從莫比烏斯帶開始。假想將你的圓圈繞帶子一周，直到它回到原來的位置上。要在你的模型上模擬這種情況，你可以如圖 6.7 所示，從自己的圓圈開始，並且在帶子上以同一方向行進，依固定的小間距分開，畫下相繼的圓圈以及其上的方向箭頭。當你完整地繞了帶子一圈之後，你會發現，最後的圓圈會在膠捲上原始圓圈的另外一面。你的確是可以在原始的圓圈上面重疊這最後的圓圈。不過，從原始圓圈上複製的方向箭頭，卻會與原始圓圈的方向相反。這個在帶子上移動的過程，圓圈的賦向改變了。但是，因為這圓圈一直待在曲面「裡面」，並且只單純地移動，這個結果就意味著，對於這個特定的曲面而言，完全沒有順時鐘或逆時鐘這種東西；這個概念就是沒有意義。

〔231〕

另一方面，如果你在圓柱面帶子上重複這個過程，得到的結果就會完全不一樣了。當你完成了這一條帶子的繞行，並且在圓圈回到原始的位置之後，方向箭頭指的方向依然會與之前相同。對於在圓柱面帶子「裡面」畫的圖形來說，你無法按移動圖形的方式，來改變帶子的賦向。

這個可賦向的抽象概念也可以手向（handedness）來理解。如果你在（透明的）莫比烏斯帶上畫出人手的輪廓，並且繞帶子一周，你會發現他的手向改變了：你（在週遭的三維空間裡看這帶子時）可能

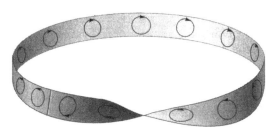

圖 6.7：對應到「只有一面」的莫比烏斯帶的真實拓樸性質，就是它是不可賦向
的。在這個帶子上繞一圈，吾人可以將一個順時鐘方向變換成逆時鐘方向。

認為左手或右手的方向已經互換了。但在莫比烏斯帶裡，並沒有左手
向或右手向的概念。

　　可賦向性（orientability）是一個曲面的真正拓樸特質。因為圓柱
面帶子是可以賦向的，而莫比烏斯帶卻不能；如此，這兩種曲面從拓
樸觀點來看，一定是不同的。所以，利用拓樸變化不可能將一條圓柱
面帶子變換成莫比烏斯帶。這與我們的直觀一定是相符的。唯一可以
將莫比烏斯帶「物理地」變換成圓柱面帶子的方法，就是切開它，消
除那個半轉，再將兩個切開的兩端黏回去。但是，這個消除半轉的動
作，表示當這兩個自由端重新接起來時，因切割而分開的原來緊緊相
鄰的點，彼此就不再相鄰了，也因此，這個變換並不是一個拓樸變
換。

　　而曲面特質和週遭空間特質的區別，可以利用第三條帶子的建構　　〔232〕
來生動地解說。這一條新帶子和莫比烏斯帶不同的地方，是在切割後
黏回之前，要將帶子做個全轉（而不是半轉）。然而，這條新帶子與
圓柱面帶子是拓樸等價的，因為它可以在切開、消除全轉且黏回去之
後，變換成為另一個。在帶子割開的任何一邊的點，不論是切割前還
是切割後，都會緊緊相鄰，因此，這是一個真正的拓樸變換。

現在，在你手上的三條帶子上，進行以下的操作。拿一把剪刀沿著中心點且繞著帶子剪開。這三條帶子剪出來的結果非常不同，而且如果你之前沒有看過，會相當意外。在圓柱面帶子的例子中，你會得到和原帶子同長度的兩條分開的圓柱面帶子。剪開莫比烏斯帶子，會得到一條全轉的帶子，長度是原帶子的兩倍長。至於剪開一個全轉的帶子，則會得到兩條相扣的全轉帶子，這兩條的長度和原來的相同。你可能會認為剪開圓柱面帶子和莫比烏斯帶子的結果差別，是因為這些曲面的拓樸差別所致；但是，剪開圓柱面帶子和全轉帶子的結果，卻無法這樣解釋，因為這兩條在拓樸學上是等價的。這些不同的結果，源自這些帶子被嵌入週遭三維空間的方式。

你也可以再試試一個更進一步的實驗。取你手上三條帶子的每一條，並且用之前剪開的方法再剪一次，只不過這次不是由中間開始剪，而是距離一邊三分之一的地方開始。這次的結果和之前的結果會有什麼不一樣呢？

可賦向性不是可以用來區別曲面的唯一拓樸特質。邊的個數也是曲面的一個拓樸特徵。一個球面沒有邊，莫比烏斯帶有一個邊，圓柱面帶子則有兩個邊。（你可以用色筆照著莫比烏斯帶的一邊著色，以確認它只有一個邊。）因此，邊的個數是另一種拓樸特質，可用來分辨莫比烏斯帶和圓柱面帶子。另一方面，以邊來說，莫比烏斯帶和一個二維的圓盤（只有一個邊）是相同的。在這例子中，可賦向性就是一個可以用來分辨這兩種曲面的拓樸特質：圓盤是可賦向的，但莫比烏斯帶則不行。

然則圓盤中間有個洞又如何？這個曲面是可賦向性的，有兩個邊，就和圓柱面帶子一樣。而事實上，這兩個曲面在拓樸學上是等價的；要看出如何將一個圓柱面帶子變換成中間有洞的圓盤，是很簡單

〔233〕

的事，只要（數學上）將圓柱面拉開並壓扁就好。

　　所有這些的確很有趣，更不必說十分具娛樂效果。但是，曲面的拓樸特質卻不只是內稟的趣味而已。通常，當一個數學家發現一種真正基本種類的模式時，它會變得具有廣泛的應用。這對拓樸模式來說，更是特別正確。

　　在歷史上，真正促成拓樸學這個新學門成為現代數學中流砥柱的，是由於複變分析的發展，那是我們在第三章末討論的微分學方法從實數擴充到複數的延伸。

　　因為實數落在一條一維的線上，一個由實數到實數的函數可以表徵為平面上的一條（曲）線——亦即函數的圖形。但是，複數是二維的，因此由複數到複數的函數是由曲面而非一條（曲）線來表徵。最簡單的假想例子，是由複數到實數的連續函數。這個函數的圖形是個三維空間裡的曲面，其中這個函數在任何複數點的實值，被視為一個在複平面（complex place）上面或下面的「高度」。正是由於黎曼在複變分析裡使用曲面的關係，才使得數學家在二十世紀之交（譯者註：本書第一版問世於一九九八年），將曲面的拓樸性質研究帶到數學的最前線，一直到今天仍然如此。

你如何分辨咖啡杯和甜甜圈？

　　在曲面研究的重要性建立起之後，數學家需要一種可靠方法，用來進行曲面的拓樸分類（topological classification of surfaces）工作。曲面的什麼特色足以進行拓樸地分類，而使得任意兩個拓樸等價的曲面可以分享那些特色？同時，在拓樸上不等價的兩個曲面也可以被這些特色所區別呢？舉例來說，在歐氏幾何中，多邊形可以依它們邊的個數、邊的長度，以及它們的夾角來分類。拓樸學也需要一個可以類

比的方案。

　　所有拓樸等價的曲面都會共有的特質，就稱爲拓樸不變量（to-pological invariant）。邊的個數是可以用來分類曲面的一種拓樸不變量。可賦向性則是另外一種。這些用來分辨比如球面、圓柱面、莫比烏斯帶並沒有問題。但是，它們無法分辨球面和輪胎面，這兩者都沒有邊，並且都可以賦向。當然，我們可以說輪胎面中間有個洞，而球面沒有。問題是，這個洞不是曲面本身的一部分，就像邊也不是一樣。輪胎面的洞是這曲面處在三維空間裡的一個特徵。一個被限制住在這輪胎面裡面的渺小二維生物，永遠不會碰到這個洞。而曲面的分類者所會碰到的問題，就是要找到這曲面的某些拓樸本質，使得這種生物可以認識輪胎面和球面是不同的。

　　而除了邊的個數和可賦向性之外，還有什麼拓樸不變量呢？一個可能性，是由歐拉對於曲面裡面網絡之值 $V-E+F$ 的研究結果所啓發。給定網絡裡的 V、E、F 值在網絡所在的曲面經過拓樸變化之後還是不變。除此之外，$V-E+F$ 這個量的值，並不需要依賴實際畫出來的網絡（至少平面和球面是不用的）。因此，這個 $V-E+F$ 的量是一個曲面的拓樸不變量。

　　而它的確如此。歐拉用來建立 $V-E+F$ 對於平面或球面裡的網絡恆久不變的那種消去方法，可以應用在任何曲面上的網絡。這個對於給定曲面上任何網絡的 $V-E+F$ 的不變值，就稱爲該表面的歐拉示性數（Euler characteristic）。（你必須要確認的是，這個網絡眞正包覆了整個曲面，而不只是一個曲面上一小部分的平面網絡。）以輪胎面的例子來說，所得到的歐拉示性數爲 0。因此，這個拓樸不變量即可用來分辨輪胎面和球面（歐拉示性數爲 2）的不同。

　　現在，我們就有三種可以用來分辨曲面的特徵了：邊的個數、可

〔234〕

賦向性，以及歐拉示性數。還有其他的嗎？更重要的是，我們還需要其他的，或是這三種已足夠用來分辨任何在拓樸上非等價的一對曲面嗎？

也許有點令人驚訝，不過，我們的確只需要這三種不變量而已。證明這個事實，是十九世紀數學的偉大成就之一。

這個證明的關鍵，就是今日稱爲標準曲面（standard surfaces）的發現：足以用來刻畫所有曲面的特定種類曲面。下列事實已經被證明：任何曲面拓樸等價於一個有零個或大於零個洞、有零個或大於零個「柄」（handle），以及有零個或大於零個交叉帽（crosscap）的球面。因此，對於曲面的拓樸學研究，可以化約成對這些修飾過的球面的探討。

假設你有一個和給定曲面拓樸等價的標準曲面。這個標準曲面裡的洞對應到原曲面的邊。我們已經在核證有關球面上網絡的歐拉公式〔235〕時，見過最簡單的例子了。我們移除了一面，製造一個洞，然後，將洞的邊延伸成爲平面（的曲面）的界邊（bounding edge）。因爲這個球面的洞和一個曲面的邊之連結，對於通例來說相當典型，所以，從現在起，我會將注意力放在沒有邊的曲面上，比如球面或輪胎面。這類的曲面稱爲封閉曲面（closed surfaces）。

要將一個柄附著在一個曲面上，你只要切兩個圓洞，再將一個圓柱面的管子連接到這兩個新的邊上，如圖 6.8 所示。任何可賦向的封閉曲面和一個有特定數量柄的球面，在拓樸上是等價的。柄的個數是曲面的一個拓樸不變量，稱爲它的虧格（genus）。對每個自然數 $n \geq 0$，虧格 n 的標準（封閉）可賦向曲面，是個連接有 n 個柄的球〔236〕面。舉例來說，球面是個虧格 0 的標準可賦向曲面；輪胎面拓樸等價於一個有單一柄的球面，也就是虧格 1 的標準可賦向曲面；一個有雙

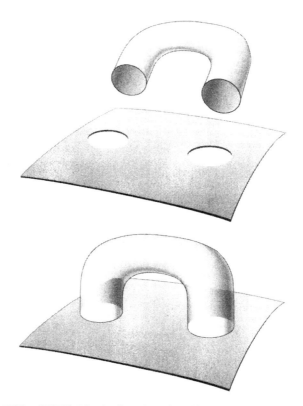

圖 6.8：為了將一根柄貼到一個曲面上，在該曲面上切開兩個洞，並且用一個中空圓柱管將它們連接起來。

洞的輪胎面拓樸等價於一個有兩個柄的球面，也就是虧格 2 的標準可賦向曲面。圖 6.9 說明了一個由高彈性物質製造的雙洞輪胎面如何被操作，變成一個有兩個柄的球面。

一個有 n 個柄的球面，其歐拉示性數是 $2-2n$。要證明這點，你從一個球面上（相當大）的網絡（當 $V-E+F=2$）開始，然後加入 n 個柄，一次一個。你得小心加入每個柄，使得它連結的兩個洞是由

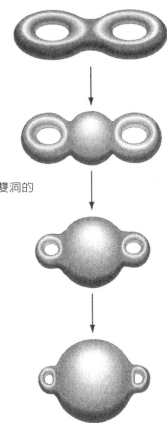

圖 6.9：將中間區域吹大，縮小兩圈，一個有雙洞的
輪胎面，可以變換成一個有雙柄的球面。

移除網絡的兩個面而來。為了確保網絡會真正完整地覆蓋曲面，你
在柄上新加兩條邊，如圖 6.10 所示。切割兩個洞，會將 F 的值減少 〔237〕
2；將柄（以及新的邊）連接上會在 E 和 F 的值上增加 2。因此，加
上柄的淨值，$V-E+F$ 的值會減 2。這在我們每加入一個柄時都會發
生，因此，如果加入了 n 個柄，那麼，歐拉示性數就會減少 $2n$；也
因此，最後的值就是 $2-2n$。

　　虧格 n 的標準非可賦向（封閉的）曲面，是一個加入了 n 個交叉

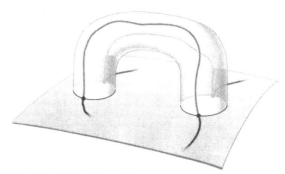

圖 6.10：在球面上增加柄數，以便計算所導致之曲面的歐拉示性數。

帽的球面。要加上一個交叉帽到球面，你只要切一個洞，然後連接一個莫比烏斯帶上去，如圖 6.11 所示。莫比烏斯帶的整個邊都必須縫接在圓形的洞上；在三維空間中，這只有在你允許曲面和自己相交時才有可能達成。要想不和自身相交且縫接整個邊，我們就必須在四維空間裡進行這個過程。（記住，任何曲面都是二維的；週遭空間並不是曲面本身的一部分。要建構平面之外的任何曲面，需要至少三維才能進行。交叉帽應該是你所碰到第一個需要用到四維的情況。）

　　爲了計算有一或多個交叉帽的球面之歐拉示性數，你從一個球面裡適當大小的網絡開始，然後，一次一個加入恰當數量的交叉帽。每個交叉帽取代網絡的一個完整面：將面切掉，並將一條莫比烏斯帶縫接在該面的界邊上。在莫比烏斯帶上畫一條新的邊，然後如圖 6.12 所示，將邊連結到自己身上。移除一個邊會將 F 的值減 1；將莫比烏斯帶縫接上，會加入一個邊和一個面。因此，加入一個交叉帽的淨值，是將 $V-E+F$ 的值減 1。所以，一個有 n 個交叉帽的球面，其歐拉示性數是 $2-n$。

〔238〕　　特別地是，一個有單一交叉帽的球面，其歐拉示性數 $V-E+F$ ＝1；而有兩個交叉帽的球面，其歐拉示性數則是 0。前述最後這個

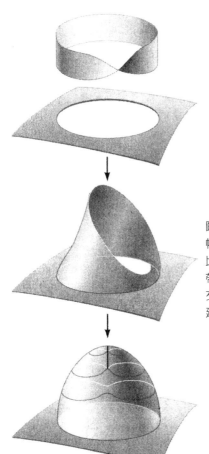

圖 6.11：為了在球面上添加一個交叉帽，在曲面上切開一個洞，且縫上一個莫比烏斯帶。在三維空間中，連接莫比烏斯帶只能按理論形式完成，允許這條帶子自交。交叉帽是一種需要四維空間才能恰當建構的曲面。

曲面，可以沿著單邊將兩條莫比烏斯帶縫接在一起而構成，通稱為克萊因瓶（Klein bottle）。當它被視為某種容器時，它沒有裡面也沒有外面。再一次地，這個自身相交是企圖在三維空間裡體認這個曲面的結果；在四維中，曲面不需要通過自己。

為了完成所有曲面的分類，只要證明任何封閉曲面（比如說，沒有邊的任何曲面）拓樸等價於標準曲面即可。給定任何封閉曲面，一 〔239〕

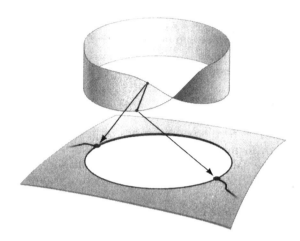

圖 6.12：在一個球面上添加交叉帽，以便計算所導致曲面的歐拉示性數。

直移除與圓柱面或莫比烏斯帶拓樸等價的部分，然後，以圓盤來取代它們，這個過程最終會導出一個球面。一個圓柱面以兩個圓盤取代，莫比烏斯帶則以一個圓盤取代。這個過程稱爲割補術（surgery）。由於這個細節非常技術性，因此，我在此不打算說明它們。

〔240〕　　最後，這一節的標題有什麼意義呢？你要如何分辨咖啡杯和甜甜圈（圖 6.13）呢？如果你是拓樸學家，那麼，這答案就是：你無法這麼做。如果你拿一個塑膠黏土做的甜甜圈，你可以將它轉變爲（只有一個柄的）咖啡杯的形狀。這就表示，你可以將拓樸學家形容成一位無法分辨咖啡杯和甜甜圈的數學家。

四色定理

一個最早被研究的拓樸問題關連到地圖的著色。一八五二年成形的四色問題，針對在擁有共同邊界的兩個區域不得是同色的前提之下，提出究竟需要多少顏色以畫一張地圖的問題。

圖 6.13：咖啡杯與甜甜圈。對拓樸學家來說，這兩者完全等同。

　　許多簡單的地圖無法只用三個顏色著色。另一方面，對於許多地圖來說，四個顏色就足夠了。四色猜測（four color conjecture）提議，要為平面裡的任何地圖著色，只需要四個顏色就已足夠。多年來，許多數學家和業餘愛好者都企圖證明這個猜測。因為這個問題問的是所有可能的地圖，而不只是一些特定的地圖；光看特定地圖來證明四個顏色是不可能的。

　　這個問題很明顯屬於拓樸學範疇。其中有意義的，不是地圖裡區域的形狀，而是它們的圖面配置──哪些區域和其他區域擁有共同的邊界。特別地是，需要的顏色數量在我們操作地圖所在的曲面時不會變化──雖然答案可能會在每種曲面之間有所不同，比如說，畫在球面上的地圖和畫在輪胎面上的地圖。不過，為任何地圖著色所需顏色的最小數量，對於球面上的地圖或平面上的地圖都是一樣的；因此，四色猜測也可以等價地適用於球面上的地圖。

　　一九七六年，肯尼斯・阿培爾（Kenneth Appel）和沃夫岡・哈肯（Wolfgang Haken）解決了這個問題，也因此，四色猜測成了四色定

理。他們的證明裡一個革命性的觀點,就是電腦使用的不可或缺。四色證明是第一個無人能解讀其完整證明的定理。論證的一部分需要非常多案例的分析,使得沒有人能搞懂它們全部。取而代之地,數學家只得以確認檢查所有這些案例的電腦程式來滿足自己。

地圖著色的問題自然地會延伸到畫在非平面的曲面地圖上。二十世紀開始時,佩西‧希伍德(Percy Heawood)找到了一個看起來除 〔241〕 了一個特例之外,可算出在任何封閉曲面上給任何地圖著色,所需要的最少顏色數量之公式。對於有歐拉示性數n的一個封閉曲面,這公式預測所需要的最少顏色數量為

$$\frac{7 + \sqrt{49 - 24n}}{2}$$

舉例來說,根據這個公式,要為輪胎面($n=0$)上任何地圖著色所需要的最少顏色數量為 7。對於球面($n=2$),這公式給的答案是 4。(可惜的是,希伍德無法證明他的公式對於球面的例子給出了正確的答案;因此,這個公式並沒有幫他證明四色猜測。)

我們現在已經確認希伍德的公式除了克萊因瓶之外,對於其他所有例子所給的最少顏色數量都是正確的。對於這個曲面,它的歐拉示性數和輪胎面一樣都是 0。因此,根據這個公式,只需要用到七個顏色;可是,任何在萊茵瓶上的地圖著色,卻只需要六個顏色即可。

流形的各式各樣可能性

一個曲面可以被視為由一些——可能是個極大的數字——小的、本質上是平面的片斷組合而成。在這些組成的片斷之中,曲面就像是歐氏平面的一部分。曲面的整體性質是依這些片斷組合的方式而產

生。舉例來說，不同的組合方式，結果會變成球面或輪胎面的差異性。在這兩者的任何小區域上，曲面看起來就像是歐氏平面；然而，在整體上，這兩種曲面非常不同。基於自身的體驗，我們對於這個現象非常熟悉：純粹根據我們每天和週遭環境互動的經驗，無法說出我們居住的星球到底是平面的、球面狀的，或者是輪胎面狀的。這就是為什麼歐氏平面幾何的概念和結果，對我們的平常生活如此關係重大。

在平滑方式接成的曲面（即沒有尖銳的角或是折疊）以及尖銳的邊組成的曲面（如多面體）之間，可以做出區別。前者的曲面稱為平滑曲面（smooth surface）。（因此，數學家在這脈絡中，給「平滑」賦予一個專門的意義。幸好，這專門意義和我們平常使用它的意思是一樣的。）在某些連結有尖銳的角之曲面的情況，圍繞該連結的曲面部分，並不像是歐氏平面的一部分。

根據以上討論的想法，黎曼引進了流形（manifold）的概念，以便作為曲面向更高維度的一個重要延拓。一個曲面是一種二維的流形，或者簡寫為 2-流形（2-manifold）。球面和輪胎面正是平滑 2-流形的例子。一個 n 維的流形，或稱為 n-流形，是由許多小片斷接合而成，每個小片斷都可以算是 n 維歐氏空間的一個小區域。如果片斷接合的接縫處沒有尖銳的角或是折疊，那麼，這個流形就是平滑的。〔242〕

一個物理學的基本問題是，我們居住的物理宇宙是什麼類型的 3-流形呢？局部來說，它和其他任何 3-流形一樣，看起來像是三維的歐氏空間。但是，整體的形狀是什麼呢？它每個地方都會像歐氏三維空間嗎？或者它是一個 3 維球面或 3 維輪胎面，還是其他種類的 3-流形呢？這答案沒有人知道。

　　除去宇宙的本質不談，流形理論的基本問題就是，要如何分類所有可能的流形。這就表示要找出可以分類拓樸上不等價流形的拓樸不變量。這些不變量將是用來分類所有封閉 2－流形的可賦向性和歐拉示性數的高維類比。這個分類問題絕不能算是已經解決了。數學家直到現在都還在試圖克服一個障礙，那是進行第一次分類工作的研究時所遭遇到的。

　　亨利‧彭加萊（Henri Poincaré, 1854-1912）正是尋找可應用在更高維流形的拓樸不變量的最早幾個數學家之一。為此，他協助建立了現在稱為代數拓樸學（algebraic topology）的一個拓樸學分支；其中，他企圖利用代數的概念來分類和研究流形。

　　彭加萊的發明之一，就是一個稱為流形的基本群（*fundamental group*）的東西。這個如圖 6.14 所示的基本想法，會在以下說明。你〔243〕在流形裡固定一點 O，然後視所有通過流形的迴圈（loop）都在 O 點開始和結束。接著，你試圖將這些迴圈變成一個群。這就表示你必須找到一個可以將任意兩個迴圈結合成第三個的運算，然後核證此運算滿足群的三個公設。彭加萊考慮的運算是群之和（group sum）：如果 s 和 t 為迴圈，那麼群之和 $t+s$ 就包含先是 s 再是 t 的迴圈。這個運算是結合性的，因此，我們離一個群已經不遠了。此外，這裡有一

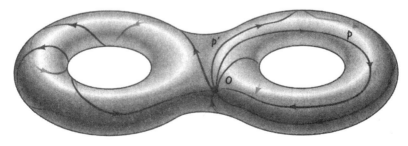

圖 6.14：一個流形的基本群。

個明顯的單位元素,即永遠不會離開點 O 的零迴圈(null loop)。因此,如果所有的元素都有個反元素,我們就會得到我們的群了。下一步,就是要看看這個基本群的代數本質,可以刻畫流形到什麼程度。

對於一個給定迴圈 λ 的反元素有一顯明候補,也就是和 λ 走一樣路徑卻反方向的反迴圈(reverse loop),可以 $-\lambda$ 表示。問題在於,雖然 $-\lambda$ 會取消 λ 的效果,但是,$-\lambda + \lambda$ 的組合卻不是零迴圈,就像從紐約飛到舊金山然後再飛回來,並不等於從來沒離開過紐約一樣。在這兩個例子中,我們的確都在紐約開始和結束,但是,它們之間發生了什麼事情,可就非常不一樣。

走出這個兩難的方法,就是宣告任意兩條迴圈,如果其中一條可以在流形中連續地變形(continuously deformed)成為另一條,那麼,這兩條迴圈就是等同的。舉例來說,在圖 6.14 中,路徑 P 可以在流形中連續變形(也就是,拓樸變換)成 P'。由於 $-\lambda + \lambda$ 明顯地可以連續變換成為零迴圈,所以,我們就成功解決這個難題了。

一個從一條迴圈或路徑映成另一條的連續變換(continuous transformation)稱為同倫(homotopy);而彭加萊依此方法得到的基本群,就稱為流形的同倫群(homotopy group)。在流形為圓(一個 1－流形)的最簡單情況下,兩條迴圈之間的唯一差別,就是各自繞著圓的旋轉數,而這情況下的基本群,就會變成加法下的整數群。

就它們本身來看,基本群並不足以分類流形。但是,這個一般性想法很不錯,因此彭加萊和其他的數學家們將這想法更進一步推前。利用 n 維的球面而非 1 維的迴圈,對於每個自然數 n 而言,他們建構了稱為 n 維的更高階同倫群(higher homotopy group)。任何兩個在拓樸上等價的流形,必定會有一樣的同倫群。如此一來,問題就成為:所有同倫群所成的集合,足夠用來分辨任兩個在拓樸上不等價的

流形嗎？

〔244〕　由於 2－流形的分類問題已經解決了，第一個要探討的例子，就是維度 3。這例子的特殊情況就是，如果一個 3－流形 μ 和 3－球面 δ^3 有一樣的同倫群，那麼，μ 會拓樸等價於 δ^3 嗎？彭加萊本人在一九○四年提出了這個問題，而這個答案為是的猜測，在後來被稱為彭加萊猜測（Poincaré's conjecture）。

彭加萊猜測以直截了當的方式延拓到 n－流形的情況：如果一個 n－流形 μ 和 n－球面 δ^n 有同樣的同倫群，那麼，它們在拓樸學上是等價的嗎？

使用 2－流形的分類，在例子 $n=2$ 時，答案是如此沒錯。（這問題化約成檢視與標準曲面有關的同倫群。）但是，許多年來，沒有人在更高維的情況中獲得更多進展，也因此，彭加萊猜測在拓樸學中開始得到有如數論裡費馬最後定理的地位。事實上，這個比較對彭加萊猜測而言並不公平。當費馬最後定理愈久沒被證明而更加出名的時候，它並沒有引出什麼重大的後果。相對地說，彭加萊猜測卻是數學開出一片新天地的關鍵，是我們想要更加瞭解流形的一個基本障礙。

看到彭加萊猜測裡二維的情況如此簡單就被解決，我們可以想像下一個就是三維，然後四維等等。但是，和維度有關的問題，通常都沒這麼單純。雖然問題的複雜度和難度普遍會和維度在 1、2、3 的增加而提升，但是，在達到 4 維或 5 維時，卻有可能極度地簡單化。額外的維度看起來給了我們更多的移動空間，提供了更多用來解決我們問題的工具之機會。

這也剛好是發生在彭加萊猜測的情況。一九六一年，史蒂芬・史梅爾（Stephen Smale）證明了這個猜測在 $n=7$ 和以上的情形。很快之後，約翰・史托靈（John Stallings）將結果往下推到 $n=6$；然後，

克利斯多佛‧齊曼（Christopher Zeeman）更進一步將結果推到 $n=$ 5。現在，就只剩下兩個情況要證明了！

　　一年過去了，然後兩年，然後五年。然後十年。然後二十年。更進一步的進展，看起來似乎是無望了。

　　終於，在一九八二年，麥可‧弗利德曼（Michael Freedman）打破僵局，找到了證明彭加萊猜測在 4 維為真的方法。現在，就只剩下 $n=3$ 的情況了。而這個情況，直到今天還挫折著所有人。在除了 3 維以外的所有彭加萊猜測都已被證明的此際，我們的確很想說這猜測對所有維度皆成立。而且，大部分拓樸學家或許都期待事實是這樣沒 〔245〕 錯。然而，預期並不等於證明。所以，在這時候，彭加萊猜測還是拓樸學裡尚未解決的最大問題之一（譯者註：本書出版時〔第一版一九九八年，第二版二〇〇〇年〕，此一猜測尚未成為定理。然而，彭加萊猜測目前已經成為定理，這是俄羅斯隱士數學家裴瑞曼〔Grigory Perelman〕的偉大貢獻）。

　　一個可以處理這問題的可能方法──同時也是 3－流形的全面分類──就是使用幾何學的技巧。至少，這是一九七〇年代由數學家威廉‧塞斯頓（William Thurston）所提出的方法。塞斯頓的方法讓人聯想到克萊因的耶爾郎根綱領，其中正是用群論來研究幾何學（見第 260 頁）。儘管拓樸的本質是高度非幾何性的，塞斯頓還是認為幾何模式可能對於 3－流形的研究會有幫助。

　　這樣的綱領要執行並不容易。首先，塞斯頓自己在一九八三年證明了三維中需要應付八種不同的幾何。其中的三種會與三個平面的幾何相對應，也就是歐氏 3－空間、橢圓 3－空間（與二維的黎曼幾何對應），以及雙曲 3－空間（與二維的雙曲幾何對應）。剩下的五種幾何是全新的，由塞斯頓的研究而產生。

　　雖然塞斯頓的綱領絕非完備，卻有不少的進展，並再度說明了當一個領域的模式被應用到另一領域時，數學交互豐富（cross-fertilization）的驚人力量。在這例子中，塞斯頓的綱領分析了可能的幾何（要記得，任何幾何都是由變換的一個特定群來決定）的群論模式，然後，將這些幾何模式應用在 3－流形的拓樸研究上。

　　這裡應該說明的是，預期彭加萊猜測所剩下的最後一個情況最終為真，不是因為其他情況都已被證實的緣故。如果拓樸學家真的認為所有維都有差不多相同的行為舉止，那麼，他們會因為一個年輕的英國數學家賽門・唐納松（Simon Donaldson）在一九八三年的發現，而被迫徹底改變看法。

　　物理學家和工程師在三維或以上的歐氏空間研究之中，頻繁地使用微分學。根據我們在第三章的敘述，將微分概念從二維延拓到三維，是相當直截了當的。不過，特別是物理學家們，需要在歐氏 n－空間之外的平滑流形上，使用微分學的技巧。由於（根據定義）任何 n－流形都可以被拆成像歐氏 n－空間的小片斷，其中每一片上我〔246〕們都知道如何進行微分，因此，我們可以嚴格地按局部方式（local way），將微分學應用在流形上。問題是，微分可以全部進行嗎？一個微分的全部方案（global scheme）即稱為微分結構（differentiation structure）。

　　一九五○年代中期，已知任何平滑的 2 或 3－流形都可以給出一個唯一的微分結構，並且假設這結果最終可以延伸到更高的維度上。不過，讓每個人都出乎意料之外的是，約翰・米諾（John Milnor）在一九五六年發現了 7－球面可以有 28 種不同的微分結構，而且不久之後，類似的結果也在其他維度的球面上發現。

　　然而，拓樸學家可以安慰自己說，這些新的結果並不能應用在歐

氏 n －空間上。他們認爲，對於這些熟悉的空間，也就是牛頓和萊布尼茲的原始方法可以應用的空間來說，只有唯一的一種微分結構，這應該沒錯。

不過眞的是這樣嗎？我們的確知道歐氏平面和歐氏 3 －空間具有唯一的微分結構，也就是標準的那一個。我們也知道這個標準的微分結構對於 $n=4$ 以外的所有歐氏 n －空間，都是獨一無二的。不過，令人好奇的是，沒有人可以證明四維的情況。然而，某個人偶然獲得想法的正確組合只是時間上的問題，不是嗎？數學家對於無法提供一個證明而感到挫折，因爲這正是在四維時空裡工作的物理學家最關心的空間。物理學家們正在等待他們的數學家同事來解決這個問題。

不過，這卻變成正常合作模式反過來的罕見情況。這次不是物理學家使用數學的新想法，而是物理方法幫助了數學家。一九八三年，藉由使用在物理學裡被稱爲楊－米爾斯規範場（Yang-Mills gauge fields）的想法（爲了研究基本粒子的量子行爲而引進），以及弗利德曼爲了證明維度 4 的彭加萊猜測而發展的方法，唐納松證明了如何在尋常的微分結構之外，建構歐氏 4 －空間的一個非標準微分結構。

事實上，這個情境很快就變得更加奇異了。克利佛‧陶布斯（Clifford Taubes）在之後的研究，說明了歐氏 4 維空間裡平常的微分結構，只是不同微分結構裡的無窮家族之一！唐納松和陶布斯的結果完全出乎意料之外，而且，這結論也和每個人的直覺相反。看起來歐氏 4 －空間的特殊重要性，不僅在於它是我們所居住的空間（如果加入時間的話），對於數學家來說，它也是最有趣以及最具有挑戰性的。

我們會在不久之後回到這項研究上。在此同時，我們先來看看拓樸學的另外一個分支：紐結（knot）的研究。〔247〕

319

作「結」自縛的數學家

　　第一本有關拓樸學的書籍，是一八四七年出版，由高斯的學生利斯亭撰寫的《拓樸學的初步研究》（*Vorstudien zur Topologie*）。這個專題著作的一大部分，都是在討論紐結的研究，一個至此之後一直迷住拓樸學家的主題。

　　圖 6.15 說明了兩個典型的紐結，即熟悉的反手結（overhand knot）和八字結（figure-of-eight）。大部分的人都會同意這兩種是不同的紐結。但是，要說兩個紐結是不同的，到底是什麼意思呢？它們不是由不同的繩子綁成；繩子本身的形狀也沒有關係。如果你將這兩個紐結的其中一個拉緊，或者改變迴圈的大小、形狀，它的整體外觀可能會有巨大的改變，但是，它還會是同一個紐結。不管如何拉緊、放鬆，或者重新排列，一個反手結都無法變成一個八字結。區別每個紐結特徵的，無疑就是它的結性（knottedness）了，也就是它圈住自己的方式。這是數學家開始定義紐結理論時，所研究的抽象模式。

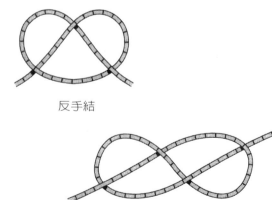

反手結

八字結

圖 6.15：兩種熟悉的紐結：反手結與八字結。

　　因為繩索的結性不會因我們拉緊、放鬆，或者操弄個別圈圈的形狀而改變，所以，紐結的模式是拓樸的。你可以預期利用拓樸學的想法和方法來研究紐結。不過，你必須小心。譬如，在拓樸學上的確有個極簡單的方法，可以將反手結變成八字結：只要將反手結解開，並改綁成八字結即可。在這個過程之中，沒有剪切或是撕開的動作；以拓樸學的觀點來看，這過程是非常合法的。但很明顯地，如果你想要利用數學方法研究紐結，我們就必須排除這個解開一個紐結、再綁成另一個紐結的變換方法。〔248〕

　　因此，當數學家研究紐結時，他們要求紐結必須沒有未連結的末端，如圖 6.16 所示。在分析一個特定的紐結之前，數學家先將未連結的兩個末端綁起來，變成一個封閉的迴圈。圖 6.16 的兩個紐結，是將反手結和八字結的未連接末端綁起來的樣子，分別稱為三葉紐結（trefoil）和四紐結（four-knot）。對於由繩索做成的實物紐結來

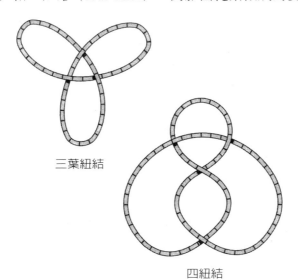

三葉紐結

四紐結

圖 6.16：兩種數學紐結：三葉紐結與四紐結。數學紐結包含空間中的封閉迴圈。

說，將兩末端連結起來，就代表將它們黏在一起。

　　將我們的注意力限制在綁成封閉迴圈的紐結上，就解決了將紐結解開並重綁這個沒有價值的問題；而且，保留了結性的本質概念。無疑地，我們不可能將圖 6.16 裡的三葉紐結，變換成同圖所示的四紐結。（你可以自己試看看。拿一條繩子並綁成一個三葉紐結，將末端黏在一起；然後，試著在不解開末端的情況下，將它變成一個四紐結。）

　　在決定忽略紐結構成的物質，並堅持這紐結沒有未連接的末端之後，我們得到了一個紐結的數學定義：它是一個三維空間裡的封閉迴圈。（從這個觀點來看，圖 6.15 的兩個「紐結」根本就不是紐結。）作爲一個在空間裡的迴圈，數學紐結當然沒有厚度；它是一個一維的物件──更精準地說，它是一個 1－流形。

　　我們現在的任務，就是要研究紐結的模式。這表示我們要忽略緊度、大小、個別迴圈的形狀、紐結在空間裡的位置，以及可賦向性等問題；數學家不會去區別拓樸上等價的紐結。

　　但是，最後那一句「拓樸上等價」到底是什麼意思？畢竟，還是有將一個三葉紐結變成四紐結的既簡單又合乎拓樸的方法：將繩子剪斷、解開，將它重綁成四紐結；然後，將未連接的末端黏起來。在這過程之前的相鄰點，之後還是相鄰的，因此，這是個可允許的拓樸變換。但是，它明顯違反了我們試圖去做的本意：在紐結的研究之中，我們不允許的一件事，就是剪切。

　　數學紐結的要點就是，它的模式源自它所在三維空間裡的方式。這個模式是拓樸的，但相關的拓樸變換是整個 3－空間的變換，而不單只是紐結而已。當數學家說兩個紐結是拓樸等價時（也因此，事實上是「同一個」紐結），他們說的是有某種 3－空間的拓樸變換，將

〔249〕

一個紐結變換成另一個。

雖然這個紐結等價的公定定義（official definition）對於紐結的深入數學研究很重要，它卻不是非常直覺性的。不過，這個定義的本質就是，它排除了剪開紐結迴圈的情況，而又允許其他任何拓樸變換。只有在紐結理論更進一步的研究之中，也就是，當拓樸學家檢視紐結從 3－空間裡移除所剩下的複雜 3－流形時，他們才會更仔細地注意整個空間。

紐結的研究是數學家處理新研究時的一種典型例子。首先，觀察一個特定的現象——在這例子中，是結性。然後，數學家將看起來和研究無關的問題全部抽離，並且為重要的概念構造精確的定義。在本例中，這些重要的概念為紐結和紐結等價。下一步，就是找出描述和　〔250〕分析不同種類紐結的方法——即不同的紐結模式。

舉例來說，我們要怎麼分辨三葉紐結和空結（null knot）——一個未打結的圈呢？當然，它們看起來是不一樣的。但是，如我們之前提到的，一個紐結長什麼樣子——也就是說，一個特定的紐結如何展示或者表現——是不重要的。問題是，三葉紐結可以在不剪開圈圈的情況下，變換成未打結的迴圈嗎？它看起來的確像是不行。除此之外，如果你用繩子綁出一個三葉紐結且玩弄一會之後，你可能會發現無法解開它。但是，這並不等於一個證明，也許你只是沒有照正確的組合進行罷了。

（實際上我們可以爭論，在一個如三葉紐結之類的極簡單例子中，心智或是實體操弄，同等於一個證明，除了最嚴格的形式邏輯之外——那種最嚴格形式的證明，幾乎是所有真正的數學定理都不曾堅持的標準。但是，在更複雜的紐結例子中，這種進路並不會構成一個證明。此外，我們要的不是應付一個特定、極簡單例子的方法，而是

一個對於所有紐結——包括目前沒人見過的——都有效的普遍方法。我們在使用例子時都必須小心。為了要適用其本身，例子必須簡單，但是，它的目的就是要幫助我們瞭解可應用在更複雜例子裡的底層議題。）

一個用來分辨兩個紐結的更可靠方法，就是找出某個他們相異的紐結不變量（knot invariant）——一個不會在我們將紐結做任何允許的操弄時改變的紐結性質。為了尋找紐結不變量，我們必須先找出某種表徵紐結的方法。一個代數的記號最後可能會有幫助，但是，在研究的一開始，最明顯的表徵就是圖表了。事實上，我在圖 6.16 已經呈現了兩個紐結的圖表了。數學家在畫類似圖表時，唯一會有的修飾就是，他們不會畫出一個由細線或繩子構成的實體紐結圖形，而是使用簡單的線條，來畫出指出紐結模式本身的圖形。圖 6.17 給了一些例子，包括數學家三葉紐結的版本，之前在圖 6.16 展示過。線條在紐結通過本身時以斷線來表示。這種紐結的圖解表徵（diagrammatic representation）通常被稱為紐結表現（presentation）。

一個理解複雜紐結結構的方法，就是試著將它拆開成更小、更簡單的紐結。舉例來說，平結（reef knot）和祖母結（granny knot）這兩個都可以被拆開為兩個三葉紐結。用相反的方式來表示，一個構成（數學上的）平結或祖母結的方法，就是將兩個三葉紐結綁在同一條數學線上，然後，將未連接的末端黏起來。描述這個將兩個紐結綁在同一條線上的過程，很自然地被稱為構成兩個紐結的「總和」。

〔251〕

這個總和的運算是結合性的，而且，零迴圈很明顯是個等式運算（identity operation）。在這時候，一直在尋找新模式的數學家，會開始好奇這是否是群的另外一個例子。現在，就只需要每個紐結有個反結（inverse）就行了。給定任何紐結，是否有可能引進另一個紐結

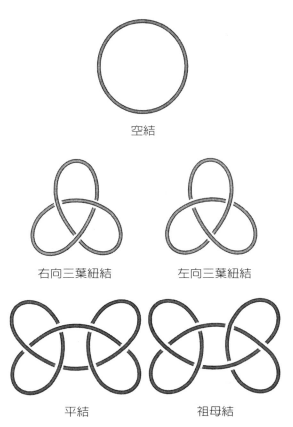

空結

右向三葉紐結　　　　　　左向三葉紐結

平結　　　　　　　祖母結

圖 6.17：紐結理論家典型地會表徵的五種簡單紐結。在短暫的考量之後，任何一種都異於其他四種，似乎是顯然的事實，儘管這並不容易證明。這也就是說，任何操弄都無法將這些紐結中的任何一種，變換成其他四種中的任何一種。

到同一條數學線上，使得結果變成零迴圈呢？如果有，那麼，以操弄　　〔252〕
細線的方式打結的迴圈，就可以變換成一個未打結的迴圈。雖然舞台
上的魔術師知道如何利用這個性質，以解開特定的「紐結」，這並不
代表每個結都有一個反結。事實上，魔術師的打結繩索完全沒有打
結；它只是看起來像打了結而已。將兩個紐結總和的運算並不會產生

一個群。

　　不過，只因為一條途徑行不通，並不表示我們應該放棄尋找熟悉的模式。紐結總和可能不會產生群模式，卻有可能產生其他的代數模式。在看過平結和祖母結可以拆成更簡單紐結的總和之後，我們可能會考慮採用「質」結（prime knot）的概念，也就是無法以兩個更簡單紐結的總和來表示的紐結。

　　不過，在我們往這方向前進之前，我們必須說明文脈中的「更簡單」到底是什麼意思。畢竟拿一條未打結的迴圈，將它弄成一個惡魔般複雜的紐結——精緻的項鍊常不需人手的幫忙，就可以達成這種狀態——是非常容易的。得到的糾結看起來可能像是個複雜的紐結，但事實上，它卻是最簡單的紐結，也就是空結。

　　要定義一個紐結的複雜度，數學家提出一個涉及各紐結的正整數，稱為交叉數（crossing number）。如果你查看紐結的圖表，你可以將交點——也就是線通過自己的點——的總數加起來。（這個同樣的個數也可以被描述為如圖所示之線斷裂的個數。你必須先操弄紐結圖表，使得三條線永遠不會交於同一點。）交叉數提供我們一個有關圖表複雜度的一種度量。不幸的是，它沒有辦法告訴我們太多和實際紐結有關的事。問題在於，同樣的紐結可以依此一方法被賦予無窮多個不同的數值：你在不改變紐結的情況下，總是可以簡單地在迴圈上，藉由引入一個新扭轉的動作，使得該數值以加1的方式遞增，要多少次都可以。

　　但是，對於任何紐結，都會有一個可以依此方法得到的唯一最小數目的交叉數。這個最小數無疑是該紐結複雜度的一個度量；圖解中交叉數所代表的，就是紐結最簡單的可能形式，它在迴圈上完全沒有多餘的扭轉。這個最小的交叉數值才被稱為交叉數。它告訴我們：為

了製造出這個紐結，迴圈必須要通過自己幾次，而不管紐結在特定的表現中實際上通過了自己幾次。舉例來說，三葉紐結的交叉數是 3，而平結和祖母結的交叉數都是 6。

你現在有方法可用來比較兩個紐結了：若紐結 A 的交叉數比紐結 B 小，那麼，紐結 A 就比紐結 B 更簡單。你可以繼續定義一個質結爲一個不能表示爲兩個更簡單的紐結（兩者都非空結）之和的紐結。

〔253〕

早期紐結理論的一大部分研究，包含了許多企圖確認擁有特定交叉數的全部質結。在二十世紀開始時，有許多交叉數到 10 的質結已經被確認了；這些結果可以紐結的圖解表呈現（見圖 6.18）。

這研究是魔鬼般困難的。首先，除了最簡單的例子之外，要分辨兩個看起來不同的圖表是否代表同一個紐結，極度地困難；因此，沒人可以確定最新的圖表是否有重複的項目。然而，一九二七年，在亞歷山大（J. W. Alexander）以及布里格（G. B. Briggs）的研究之下，數學家確信交叉數表到 8 爲止，是沒有重複的；然後緊接著，萊德麥斯特（H. Reidmeister）也確認交叉數 9 是沒有問題的。交叉數 10 的情況也終於在一九七四年，被佩果（K. A. Perko）拍板定案。所有這些進展能夠達成，都是因爲利用了各種不同的紐結不變量來分辨不同紐結的緣故。

〔254〕

交叉數是個非常粗糙的紐結不變量。雖然知道兩個紐結有不同的交叉數，的確會告訴你這兩者肯定不是等價的，而且，它也的確提供了一種比較紐結複雜度的方法，但是，擁有同樣交叉數的紐結太多了，以致這種紐結的分類方法沒什麼太大用處。比如說，交叉數 10 的質結，就有 165 種。

交叉數爲何是個薄弱的不變量，一個理由是它僅僅計算了交點而

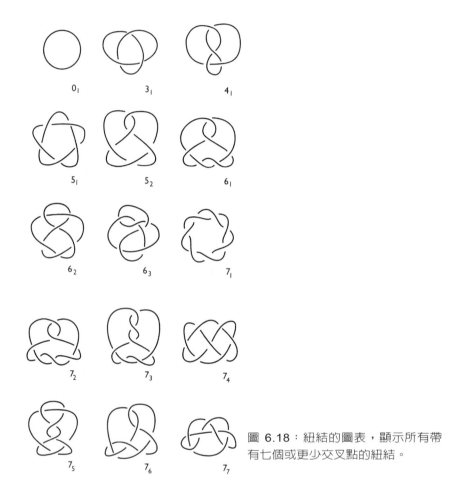

圖 6.18：紐結的圖表，顯示所有帶有七個或更少交叉點的紐結。

已；它並沒有企圖捕捉紐結在自身上編織時交點的模式。克服這種不足的一個方法，是由亞歷山大在一九二八年發現。由紐結的圖表開始，亞歷山大證明了如何計算一個在今天被稱為亞歷山大多項式（Alexander polynomial）的代數多項式，而不是一個數目。如何這麼做的細節無關本書脈絡，因此並不重要。對於三葉紐結，它的亞歷山大多項式為 $x^2 - x + 1$，而四紐結的則是 $x^2 - 3x + 1$。當兩個紐結加在

一起時，相乘兩個亞歷山大多項式，就會得到總和紐結的亞歷山大多項式。舉例來說，皆由兩個三葉紐結總和構成的平結和祖母結，其亞歷山大多項式為

$$(x^2-x+1)^2=x^4-x^3+3x^2-2x+1$$

由於它從代數的角度捕捉到一個紐結纏繞在自身上的某種方式，因此，亞歷山大多項式的確是個有用的紐結不變量。而且，知道一個紐結模式可以部分地被代數模式捕捉，也是非常迷人的。不過，亞歷山大多項式還是有一點粗糙；它並沒有捕捉到足夠多的紐結模式面向，以便分辨比如一個平結和祖母結有什麼不同，而這是一件任何曾露營過的小孩都可以輕鬆做到的事。

其他為了找出簡單紐結不變量的企圖，都在分辨平結和祖母結時以失敗告終。這些方法雖然都失敗了，但這些各式各樣的進路，再次突顯了數學家編織的不同模式，可以在許多其他領域中找到應用的方式。

亞歷山大多項式是由另一個更強大的、稱為紐結群（knot [255]
group）的紐結不變量推演而來。這就是紐結補集（knot comple-
ment）的基本群（或同倫群），這個補集是在紐結本身被移除時所剩下的3－流形。這個群的成員是封閉的、定向的（directed）迴圈，它開始並結束於某個不在紐結上的固定點，且會圍繞這個紐結。如果紐結群裡的一個迴圈可以在不經過剪切、穿越紐結的情況下，變成另一個迴圈，那麼，它們兩個就被認為是等同的。圖 6.19 說明了三葉紐結的紐結群。

紐結群提供給數學家一個根據群的性質來分類紐結的方法。一個紐結群的代數描述，可以從紐結的圖表推演而來。

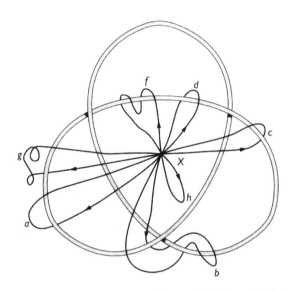

圖 6.19：三葉紐結的紐結群。這個群的成員是始於點 X 且終於同一個 X 的封閉、定向迴圈。迴圈 a, b, g 被視為相同，因為吾人可以不必切開或穿越這個紐結而將一個迴圈變換成另一個迴圈。迴圈 c 和 d 被視為相異，因為它們是以相反方向穿越這個紐結。迴圈 h 等同於沒有長度的零迴圈，是這個紐結群的單位元素。這個群的運算是迴圈的組合，其中迴圈 x 與迴圈 y 的「和」$x+y$ 包含了迴圈 x 接在迴圈 y 之後。（當兩個迴圈被組合時，穿越基底點 X 的中間步驟會被忽略。）例如，$d+d=f$ 且 $c+d=h$。

〔256〕　　　另一種用來分類紐結的巧妙方法，就是對於任意給定紐結建構一個可賦向的（比如說，「兩面的」）曲面，並使紐結成為它的唯一邊；然後，取該曲面的虧格為紐結不變量。由於按這種方式，可能有多於一種可以結合同一紐結的曲面，你就取依這方法所產生的最小虧格數。如此所得到的數目，就稱為紐結的虧格，是一個紐結不變量。

　　　不過，到目前為止提到的紐結不變量，都無法分辨平結和祖母結，而且在經過這許多年之後，要找到一個簡單的分辨方法似乎是無望了。（紐結理論家可以用更複雜的想法來分辨。）但是，這些都在一九八四年改變了，當時一位名為包漢・瓊斯（Vaughan Jones）的紐

西蘭數學家，發現了有關紐結相當新的一類多項式不變量。

這個發現十分偶然。瓊斯本來是在研究一個在物理學裡可以應用的分析問題。這問題與一個稱為馮紐曼代數的數學結構有關。在檢視這些馮紐曼代數由更簡單的結構組成的方式時，他發現了一些模式，而這些模式使他的同事聯想到某些和紐結有關的模式（由約彌爾·阿廷〔Emil Artin〕在一九二○年代發現）。他自己意識到他可能碰巧發現了一個意外的、隱藏的連結，瓊斯找來了紐結理論家瓊·柏爾曼（Joan Birman）以及其他人商量，而事情就是這樣了。和亞歷山大多項式一樣，瓊斯多項式也可以由紐結圖表獲得。不過，這個多項式是個非常新穎的東西，可不是瓊斯本人一開始所想像的，只是亞歷山大多項式的一個簡單變體而已。

特別的是，瓊斯多項式可以分辨平結和祖母結。這兩個紐結的不同，就在於兩個三葉紐結彼此相對的可賦向性。如果你仔細想一下，你可以領悟一個三葉紐結可按兩種方法之一來纏繞；因此，這兩個三葉紐結所得到的形狀，恰好是彼此互為鏡像。亞歷山大多項式無法分辨這兩種三葉紐結，也因此無法分辨平結和祖母結的不同。不過，瓊斯多項式確實可以分辨這兩種三葉紐結。這兩個瓊斯多項式分別為

$$x + x^3 - x^4$$
$$x^{-1} + x^{-3} - x^{-4}$$

嚴格來說，上面的第二式並不是一個多項式，因為它包含了變數 x 的負次方。不過，針對這個案例，數學家還是使用這個名詞就是了。

事實上，瓊斯一開始的突破不只非常有意義，它還為大量的新多項式不變量開路，並且引領了紐結理論在研究上的戲劇性暴增，有些是由不斷察覺到它在生物學和物理學裡令人興奮的新應用所激發，我

〔257〕

們會在待會兒討論它們。

　　首先，生物學。人類的一條 DNA 可以有 1 公尺長。將它捲起來，可以塞進直徑約為五百萬分之一公尺的細胞核裡面。很明顯地，DNA 分子必須要緊密交織。然而，當 DNA 分裂成兩個相似的自身時，這兩個複製品可以毫不費力地滑開。到底是什麼樣的紐結，允許這種平滑分離發生呢？這只是生物學家在他們瞭解生命祕密的道路上，所碰到的諸多問題之一。

　　這可能是個經由數學的幫助就可以解決的問題。自一九八○年中期以來，生物學家和紐結理論家聯手，企圖理解大自然為了在基因裡儲存資訊而使用的紐結模式。將單條的 DNA 分離，再將它的末端連起來變成一個數學的紐結，並且以顯微鏡觀察它，就有可能應用包含瓊斯多項式等數學的方法，來分類和分析這些基礎的模式（見圖 6.20）。

　　這研究的一個重要應用，就是找出和病毒感染戰鬥的方法。當一個病毒攻擊細胞時，它通常會改變這細胞 DNA 的紐結構造。由研究被感染細胞的 DNA 紐結構造，研究人員希望可以瞭解這病毒如何作用，從而發展出一個對策或解藥。

圖 6.20：（左）一束 DNA 的電子顯微鏡圖。（右）以曲線描繪出來的 DNA 分子紐結結構。

由生物學轉到物理學，我們應該說明早在一八六七年，克爾文爵士（Lord Kelvin）便提出了一個原子理論，提倡原子是以太（ether）〔258〕裡的紐結。這個稱爲漩渦原子理論（theory of vortex atoms）的提議，有一些合理的理由。它解釋了物質的穩定性，並且提供一個許多不同原子的集合；這些不同的原子都是從紐結理論家正在分類的豐富紐結集合中借來的。它也提供了對於其他各式各樣原子現象的解釋。克爾文的理論受到重視，提供了紐結分類一開始的數學研究動力；特別地是，他的共同研究者泰特（P. G. Tait）製造出了大量的紐結表。但儘管數學上非常地優雅，漩渦原子理論和我們在第四章敘述的柏拉圖原子論走上了同一條路。這理論在之後被尼爾斯・波爾（Niels Bohr）提出的想法，亦即原子是個小型的太陽系所取代。

在波爾的理論因爲太幼稚而被捨棄的時日裡，紐結理論又再度回到了前線。物理學家建議物質是由所謂的超弦（superstring）構成，這種更基本的東西，是在空間－時間裡非常微小、打結、封閉的一種迴圈，它們的性質與其結性程度密切相關。

現在回到原來的主題：一九八七年瓊斯多項式被發現之後，基於統計力學（應用數學的一個領域，研究液體和氣體的分子行爲）的想法，更多有關紐結的多項式不變量被發現了。不久之後人們觀察到，瓊斯多項式捕捉到的紐結理論模式也會在統計力學裡出現。紐結看起來似乎到處都是——或者更精確地說，紐結展示的模式到處都是。

紐結的無所不在，更可以格外戲劇性和影響深遠的方式，由迅速崛起的拓樸量子場論（topological quantum field theory）來說明，這是一個由愛德華・維敦（Edward Witten）在一九八○年代末期發展出的新物理理論。數學物理學家麥可・阿提亞爵士（Sir Michael Atiyah）最早提及瓊斯多項式捕捉到的數學模式，對於瞭解物質宇宙的結構

可能會有幫助。回應阿提亞的建議，維敦想出一個單一且非常深刻的理論，它延拓並建立在量子論所捕捉的模式、瓊斯多項式，以及我們在前一節提到的賽門・唐納松的基本研究。這個針對一些想法的一種強而有力的嶄新組合，提供給物理學家一種觀看宇宙的全新方式；同時，也給數學家們帶來有關紐結理論的新洞識。這結果是拓樸學、幾何學和物理學三者一個非常豐富的合併，也給這三個學科對於更進一步的發現帶來更多的希望。我們會在第八章再度回到這個議題上面來。在此同時，我們應該注意到發展紐結的數學理論時，數學家創造〔259〕了瞭解世界的某些面向——像是 DNA 的生命世界，以及我們生活的物理宇宙——的新方法。畢竟，除了認識此類或他類的模式之外，所謂的理解還能是什麼呢？

再回來看費馬最後定理

現在，我們終於可以完成從第一章開始的費馬最後定理的描述了。

你應該還記得，費馬所留下的挑戰，就是要證明如果 n 大於 2，那麼方程式

$$x^n + y^n = z^n$$

沒有（有意義的）整數解。因為每天的生活都和熟悉的整數有關，我們可能會認為這問題的簡易度，使得找到證明應該不會太困難。但是，這個印象只是一個幻覺。這種特定問題（ad hoc questions）的難題就是，為了要找到答案，我們必須發掘出深刻和隱藏的模式。對於費馬最後定理這個案例來說，相關的模式證明非常多且多樣化，而且的確非常深刻。事實上，整個世界可能不會超過幾十個數學家能完全

理解這問題最近的研究。值得給這研究一個簡短說明的原因，是因為它提供了一個強力的說明，指出數學中顯然不同的領域，可以擁有深刻、底蘊的連結。

　　對於這問題的研究，過去五十年的起始點，都是將費馬的斷言改變成方程式的有理數解。首先注意，為如下的方程式形式

$$x^n + y^n = z^n$$

找出整數解（包含 $n=2$ 的情況），正如同為如下方程式

$$x^n + y^n = 1$$

找出有理數解。因為，如果第一個方程式有整數解——比如說，$x=a$，$y=b$，$z=c$，其中 a，b，c 為整數——那麼，$x=a/c$，$y=b/c$ 就是第二個方程式的有理數解。舉例來說，

$$3^2 + 4^2 = 5^2$$

因此，$x=3$，$y=4$，$z=5$ 就是第一個方程式的整數解。相除找出 z 的答案，也就是 5 之後，我們會得到第二個方程式的一個有理數解，也就是 $x=3/5$，$y=4/5$ 〔260〕

$$(3/5)^2 + (4/5)^2 = 1$$

然後，如果第二個方程式有一個有理數解，比如說 $x=a/c$，$y=b/d$，使得

$$(a/c)^n + (b/d)^n = 1$$

那麼，將兩個解的數目乘以它們分母的乘積 cd（實際上，最小公倍

數即可），你就會得到第一個方程式的整數解，也就是 $x=ad$，$y=bc$，$z=cd$：

$$(ad)^n+(bc)^n=(cd)^n$$

當費馬問題被改成有理數解的問題時，我們就可以拿幾何和拓樸的模式來延伸它了。比如說，方程式

$$x^2+y^2=1$$

是半徑為 1、中心為原點的圓方程式。想要找這個方程式的有理數解，就相當於要找在這圓上兩個座標都是有理數的點。因為圓是一個這麼特別的數學物體——對許多人來說，所有幾何物體中最為完美的——使用以下簡單的幾何模式來找出這種點相當容易。

參考圖 6.21，首先在圓上選擇某一點 P，任何點都行。在圖 6.21 中，P 為點（-1，0），選這個點使這問題簡單一些。這問題的目標，就是要找出在這圓上座標都是有理數的點。對於圓上的任何點 Q，畫一條由 P 到 Q 的直線。這條線會在某個點通過 y 軸。設 t 為這個在原點以上或以下的高度。接下來，只要使用簡單的代數和幾何，就可以確認點 Q 的座標只有在數字 t 為有理數時，才會是有理數。因此，為了要在原本的方程式中找出有理數解，我們只需要從點 P 畫線穿越 y 軸，在原點以上或以下的距離 t 為有理數，然後，直線和圓相交的點 Q 就會有有理數的座標。因此，我們對這個方程式就有有理數解了。

〔261〕　　舉例來說，如果我們設 $t=1/2$，經過計算之後顯示點 Q 的座標為（3/5，4/5）。同樣地，在 $t=2/3$ 時座標為（5/13，12/13），然後 $t=1/6$ 時座標為（35/37，12/37）。這些數值分別和（整數的）畢氏

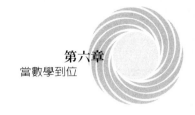
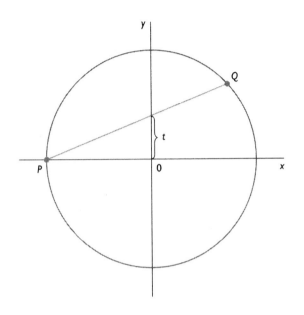

圖 6.21：決定畢氏三數組的幾何方法。

三數組（3，4，5）、（5，12，13）、（35，12，37）相呼應。事實
上，如果你分析這個幾何進路，你會看到它導出一個生成所有畢氏三
數組的公式，正如同在第 69 頁裡提到的。

　　因此，在這指數 $n=2$ 的特殊例子中，圓形的良好性質允許你利
用幾何研究下列方程式的有理解：

$$x^n + y^n = z^n$$

但是，對於其他 n 值，也就是曲線不再為簡單、優雅的圓形之後，就
沒有這麼簡單的分析了（見圖 6.22）。利用幾何名詞重述，這個問題
就如同在尋找下列曲線：

$$x^n + y^n = 1$$

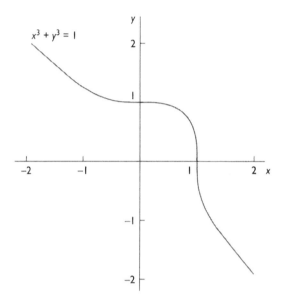

圖 6.22：費馬曲線：曲線 $x^3 + y^3 = 1$。

擁有有理數座標的點，仍然是行進的正確方向。但是，當 n 大於 2 時，這一步只是一條漫長和折磨人的路徑的開始。

〔262〕　　問題就是，在缺乏圓形的宜人幾何結構之後，你所得到的曲線和圓的方程式比起來，一點也不容易分析。面對這個障礙，大部分凡人都會放棄，然後尋找其他的方法。但是，如果你是對於我們現在理解費馬最後定理有貢獻的許多數學家之一，你就不會。你會前進，尋找曲線幾何之外的額外結構。你的希望，是這個額外結構的遞增複雜度，可以提供你有用的模式，以便幫助你獲得整體的瞭解，並且在最終得到證明。

　　首先，你可以延拓這個問題，允許兩個未知數裡有任意多項式。對這樣的方程式，你可以問是否有任何有理數解；然後，也許再檢視

這一類的所有方程式，你可能會察覺到能幫助你解決費馬原始問題的模式。不過結果是，這種延拓的程度還是不夠：在有用的模式開始出現之前，你需要更多的結構。曲線看起來就不像是會給出足夠有用模式的樣子。

因此，作爲更進一步的延拓，假設方程式裡的未知數 x 和 y 被視爲不只是實數，而有可能是複數，那麼，與其產生一個曲線，這方程式反而會決定一個曲面 —— 更精確地說，是一個封閉、可賦向的曲面。實際上，並不是所有方程式都會產生一個美好、平滑的曲面，但是，加入一些額外的努力可以做點修補，使得所有事情都順利完成。這步驟的重點就是，曲面是種呈現許多有用模式的直觀物體，其中有許多豐富的數學理論可供使用。

〔263〕

比如說，有一個已臻完善的有關曲面的分類理論：每個封閉、可賦向的、平滑的曲面，在拓樸上和一個有明確柄數量的球面是等價的。這個柄的數量，稱爲曲面的虧格。在這由一個方程式產生的曲面例子中，我們很自然地稱呼這數目爲該方程式的虧格。指數爲n的費馬方程式，其虧格算出來是

$$\frac{(n-1)(n-2)}{2}$$

後來，尋找方程式的有理數解（亦即，曲線上的有理數點）的問題，變得與方程式的虧格（相關曲面的虧格）有緊密的關係。虧格愈大，曲面的幾何愈複雜，也使得要在曲線上找到有理數點更爲困難。

最簡單的例子，就是當虧格爲 0 時，它就像下列畢氏風格的方程式一樣：

$$x^2+y^2=\mathrm{k}$$

其中 k 為任何整數。在這例子中，只有以下兩個結果之一是有可能的。一個可能性是這方程式缺少有理數點，比如下列方程式：

$$x^2 + y^2 = -1$$

第二個選擇就是，假設有一個有理數點，那就有可能在所有的有理數 t 與曲線上所有的有理數點之間，建立一個一對一的對應關係，就像我對圓所做的一樣。在這情況裡，存在有無窮多的有理數解，而這個 t 一對應關係，給了我們一個計算這些解的方法。

曲線虧格 1 的情況，則更為複雜。擁有虧格 1 的方程式之曲線稱為橢圓曲線（elliptic curves），因為它們是在計算橢圓的部分長度時產生的。橢圓曲線的例子可見圖 6.23。橢圓曲線有一些使它們在數論裡極其有用的特質。舉例來說，已知用來分解巨大整數為質數（在電腦上）的某些最強而有力的方法，就是根據橢圓曲線的理論而來。

就像其他虧格為 0 的曲線一樣，一個橢圓曲線可能沒有有理數點。但是，如果有的話，一件有趣的事情就會發生，如同英國數學家路易士・莫德爾（Lewis Mordell）在二十世紀初期發現的一樣。莫德爾證明了雖然有理數點的個數可能是有限或無窮的，但永遠都會存在有一個有限多的有理數點的集合──稱為生成子（generator）──使得所有其他的有理數點，都可以按照一種簡單、清楚的過程，藉由它們產生。只需要用到簡單的代數，連同做出與曲線相切，或者與它相交於三個點的直線。因此，即使在有無窮多個有理數點的情況下，還是會有一個結構──一個模式──來處理它們。

當然，虧格 1 的情況，如果目標不是要證明費馬最後定理，它本身則不怎麼有趣，畢竟在不算指數 $n=3$ 的情況下，該定理只和虧格

〔264〕
〔265〕

340

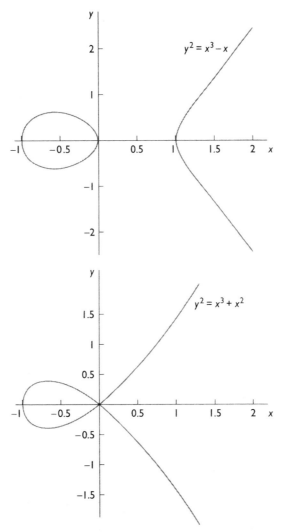

圖 6.23：兩條橢圓曲線。上面的曲線是一個單一函數的圖形。即使它斷成兩個
分離的部分，數學家還是指稱它為一個單一的「曲線」。至於下面的曲線則在
原點自交。

大於 1 的方程式有關。不過,由於莫德爾在一九二二年的研究,他做了一個和費馬最後定理非常相關的觀察:沒有人找得到一個虧格大於 1 的方程式擁有無窮多個有理數解!特別地是,刁番圖所研究的許多方程式虧格不是 0 就是 1。莫德爾提議這並不只是意外,而是虧格大於1的方程式沒有一個能有無窮多個有理數解。

特別地是,莫德爾的猜想意味著,對於指數 n 大於 2 時,費馬的方程式

$$x^n + y^n = 1$$

最多可以有有限個有理數解。因此,莫德爾猜想的證明雖然無法證明費馬最後定理,卻可以朝那目標前進一大步。

莫德爾的猜想終於在一九八三年,由一位年輕的德國數學家吉德·法廷斯(Gerd Faltings)證明了。法廷斯必須結合一些深刻的想法來提出他的證明。這些關鍵想法中的第一個,在安德烈·凡爾(André Weil)一九四七年的研究中出現,當時凡爾正在研究相對於有限算術(finite arithmetics)中的方程式之整數解。凡爾的基本問題是,給定一個質數 p,那麼,在模數 p 條件下的方程式會有多少個整數解?這問題很明顯和費馬最後定理有關,因為如果在模數 p 時沒有解,那麼,一般說來也就不可能有解了。利用拓樸學中的某些結果類推,凡爾構造了一些和這問題有關的專門技術性猜想。這些猜想涉及稱為代數簇(algebraic variety)的這種學問——粗略來說,解集合不是對單一方程式,而是一整個方程組。凡爾的猜想終於在一九七五年被皮耶·德林(Pierre Deligne)證明。

〔266〕　　第二個證明莫德爾猜想的重要貢獻,是由係數為數目的尋常方程式,類推到係數為有理函數的方程式——$p(x)/q(x)$ 形式的函數,其中

$p(x)$ 和 $q(x)$ 爲多項式——所產生。這個類推非常有力,而且許多數論的概念和結果,都在這些被稱爲函數體(function field)中有類推(的對應)物。特別地是,莫德爾猜想也有一個類推(的對應)物。當蘇聯數學家尤里·曼尼(Yuri Manin)在一九六三年證明了這個類推物時,它提供了額外的證據,指出莫德爾猜想可能是眞的。

法廷斯證明的第三個成分,就是薩發勒維奇猜想。在曼尼得到他的結果不久之前,他的同胞埃果·薩發勒維奇(Igor Shafarevich)構造了一個猜想,說明一個方程式的整數解資訊,可以由某些其他方程式的解拼湊出來——也就是說,當原來方程式按 $\bmod p$ 有限算術來詮釋時,對不同質數 p 所導致的方程式。在一九六八年,巴辛(A. N. Parshin)證明,薩發勒維奇猜想蘊涵了莫德爾猜想。

同時間,第四個貢獻是在一九六六年,美國人約翰·鐵特(John Tate)提出有關代數簇的另一個假想時給出的。這個猜想的繁殖,正是對於這問題的新興結構逐漸理解的反應。通常來說,數學家只會在他們有某種直覺可以支持時,才會將猜想公諸於世。在這情況裡,所有不同的猜想都朝同一個方向進行。在法廷斯一九八三年對於莫德爾猜想的證明之前,他先證明了鐵特的猜想。結合這個證明和德林對於凡爾猜想的結果,他才能證實薩發勒維奇猜想。由於巴辛在一九六八年的結果,這立刻證明了莫德爾猜想,從而證明了下列事實:沒有任何一個費馬方程式可以有無窮多的解。這個程序是一個令人驚嘆的實例,說明逐漸增加的抽象和尋找更深刻的模式,可以導出一個具體結果的證明——在這情況裡,是一個有關簡單方程式的整數解。

三年後,我們對於費馬最後定理的理解又更前進一大步。和證明莫德爾猜想一樣,一系列錯綜複雜的猜想也牽涉進去,而且再一次地,橢圓曲線在這故事中扮演了非常重要的角色。

　　一九五五年，日本數學家谷山豐（Yutaka Taniyama）提出了介於一個橢圓曲線和另一種被很好理解——但無法簡單描述——的模曲線（modular curve）之間的連結。根據谷山的看法，在任何橢圓曲線和模曲線之間都會有一個連結，而這個連結應該控制了橢圓曲線的許多性質。

〔267〕　　谷山的猜想在一九六八年被凡爾修飾得更加精確，凡爾更說明如何決定哪條模曲線應該連結到一條給定的橢圓曲線。一九七一年，志村五郎（Goro Shimura）證明了凡爾的程序可以用於一組非常特別的方程式。谷山的提案之後被稱為志村－谷山（Shimura-Taniyama）（或者有時稱為志村－谷山－凡爾〔Shimura-Taniyama-Weil〕）猜想。

　　到目前為止，這個非常抽象的猜想和費馬最後定理沒有明顯的連結，而且大部分數學家都懷疑這兩者之間有任何連結。但是，在一九八六年，德國薩布魯克肯（Saarbrucken）的數學家葛哈德‧佛列（Gerhard Frey）出人意料地找到了兩者之間一個高度創新的連結。

　　佛列領悟到，如果有整數 a，b，c 和 n 使得 $c^n = a^n + b^n$，那麼，就不太可能有人可以理解按谷山提出之方式給出的如下方程式

$$y^2 = x\,(x - a^n)(x + b^n)$$

所代表的橢圓曲線。追隨在由讓－皮耶‧塞爾（Jean-Pierre Serre）針對佛列觀察所做的一個適當的重新構造式子，美國數學家肯尼斯‧里貝（Kenneth Ribet）決定性地證明了，費馬最後定理反例的存在，事實上將會導致一個非模曲線的橢圓曲線的存在，也因此會和志村－谷山猜想相牴觸。因此，只要證明志村－谷山猜想，就立刻意味著費馬最後定理成立。

　　這是非常巨大的進步。現在有一個明確的結構可以研究了：志村－谷山猜想和我們已知非常多的幾何物體有關——足夠讓我們有好理由相信這結果。這裡還有一個如何尋找證明的暗示。至少，一個叫安德魯·懷爾斯（Andrew Wiles）的英國數學家看到了前進的方法。

　　懷爾斯從小——當他試圖利用高中數學解決這問題時——就對費馬最後定理非常著迷。之後，當他是劍橋大學的學生時，在得知厄斯特·庫脈的研究後，又以這位德國人的老練方法試了一次。但是，當他得知有多少數學家嘗試而無法解決這問題時，他最後還是放棄了，並且專注在主流的當代數論上，尤其是橢圓曲線的理論。

　　那是個幸運的選擇。因為在里貝證明了他那驚人的、完全沒人預料到的結果之後，懷爾斯發現針對費馬最後定理的證明來說，他自己正是一個擁有令人難以捉摸的鑰匙所需要之技巧的世界級專家。在〔268〕接下來的七年中，他投注所有的努力證明志村－谷山猜想。一九九一年，他利用由貝利·馬卒爾（Barry Mazur）、馬提西亞·佛拉克（Matthias Flach）、維多·考利瓦根（Victor Kolyvagin）等人研發的強力新技巧，確信他做得到。

　　兩年後，懷爾斯確定他已經成功獲得證明了；接著，在一九九三年六月英國劍橋的一個小型數學會議中，他宣佈他已經成功。他說，他已證明了志村－谷山猜想，因此，也終於證明了費馬最後定理。（嚴格來說，他聲稱已證明了該猜想的特殊例子，並無法應用在所有的橢圓曲線上，而是一種特殊的橢圓曲線。不過，他所證明的橢圓曲線，的確有包含需要證明費馬最後定理的必須資訊。）

　　他錯了。當年的十二月，他必須承認他的論證裡一個關鍵步驟行不通。雖然每個人都同意他的成就是二十世紀數論中最重要的發展之一，但是，他似乎注定要跟隨那些偉大數學家的腳步，裡面也許包含

了以如此挑弄方式將這挑戰寫在邊頁上的費馬本人。

　　許多個寂靜的月份過去了，這段時間懷爾斯退避到自己位於普林斯頓的家中，試圖找出使他的論證行得通的方法。一九九四年十月，他宣佈在一位前劍橋大學的學生理查‧泰勒（Richard Taylor）的幫忙之下，他成功了。他的證明——這一次大家都同意是正確的——以兩篇報告提出：一篇名為〈模橢圓曲線與費馬最後定理〉（Modular Elliptic Curves and Fermat's Last Theorem）的長篇報告，裡面包含了他大部分的論證；另一篇較短，是和泰勒合著的〈某些 Hecke 代數的環理論性質〉（Ring Theoretic Properties of Certain Hecke Algebras），裡面則提供了一個他在證明裡用到的關鍵步驟。這兩篇論文發表在有名的研究期刊《數學年鑑》（Annals of Mathematics）一九九五年的五月號上。

　　費馬最後定理終於是定理了。

　　費馬最後定理的故事，是人類無止盡追尋知識和理解，一個令人驚嘆的舉例說明。但它可不只是這樣。數學是科學裡唯一一支在十七世紀被構造的精確技術性問題，且擁有古希臘的根源，直到今天還是和以前有關連。它在科學中是很獨特的，因為它的一個新發展不會使之前的定理無效，而是會建立在之前的知識上。這一條漫長的道路，從畢氏定理到刁番圖的《數論》、費馬的頁邊註釋，然後到我們今天〔269〕所擁有的豐富和強力的理論，並且在懷爾斯的最終證明時達到最高點。許多數學家對這發展都有貢獻。他們遍佈世界；他們說許多種語言；他們大部分沒見過面。將他們集合起來的是他們對數學的熱愛。這些年來，每個人都幫助了其他人，就如同新世代的數學家繼承並改寫前輩們的想法一樣。儘管被時間、空間、文化所分隔，他們全部都

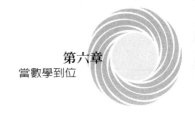

奉獻給一個事業。也許，在這方面，數學可以當成是全人類的範例
吧。

第七章
數學家如何決疑

　　每年都會有三千萬人聚集到內華達沙漠中央一個小鎮。他們這趟　　〔271〕
旅行的目的 —— 而這也是拉斯維加斯這座城市不是一個寂靜、充滿灰
塵的小村莊的原因 —— 就是賭博。在今日美國，賭博是個 400 億美元
的生意，而且它成長的速度幾乎比其他所有企業都要快。經由瞭解機
率的模式，賭場確保他們可以在每一美元的賭注上平均賺得三分錢。
而結果呢，就是他們每年高達 160 億美元的利潤。

　　仔細思考今日誇大炫耀 —— 有時甚至下流 —— 的賭場世界，我們
很難想像這整個賭博行業，是由兩個法國數學家在十七世紀中期一系
列的信件通信而來。

　　一樣依賴那個十七世紀數學的，是賭博比較受人敬重的兄弟 ——
保險業。（事實上，保險在以前的年代並不被認為是一個受人敬重的
行業。一直到十八世紀中後期，發行人壽保險在英國以外的所有歐洲
國家都是非法的。）

　　按數學的術語來說，這兩個法國人建立了今天的機率論 —— 一個
研究機率模式的數學分支。

誰得到了天堂？

　　人們一直以來都為機率著迷。根據古希臘神話，這世界是在三兄
弟宙斯（Zeus）、波賽頓（Poseidon），以及黑帝斯（Hades）擲骰
子分配宇宙的時候開始。故事說在那時候，宙斯贏得頭獎天堂，波賽　　〔272〕

頓得到二獎海洋，黑帝斯只得心不甘情不願地接受剩下來的地獄。

　　早期的骰子通常是從羊或鹿的踝關節取出，一種稱為踝骨（as-tralagi）的小型正方指關節骨。我們在埃及古墓的牆和希臘花瓶上，都看得到使用踝骨的骰子遊戲的畫像，並且也在世界各地的考古遺址內，找到磨光的踝骨。

　　然而，儘管我們對骰子以及其他和機會有關的遊戲深深著迷，這些遊戲的數學卻一直要到十七世紀才有人弄懂。也許令人驚訝的是，希臘人甚至沒嘗試發展這樣一個理論。既然他們對數學知識非常關注，這應該是因為他們不相信在這些機會事件中可以找到秩序。對希臘人來說，機會就是完全的無秩序狀態。亞里斯多德寫道：「從數學家口中接受或然的推論，以及向雄辯家要求示範性的證明，顯然是一樣愚蠢的。」

　　某種程度上，希臘人是正確的：在隔離狀態下發生的純粹機會事件，的確是沒有秩序的。為了要在機會中找到秩序——發現數學的模式——你必須看看當同類的機會事件重複多次之後，會發生什麼事。機率論研究的秩序，就是從一直重複的機會事件中產生。

算出可能性

　　朝機會理論（theory of chance）發展的第一步，是由十六世紀的義大利醫生吉洛列摩・卡丹諾——同時也是個狂熱的賭徒——踏出的。他曾敘述如何將擲一次骰子可能出現的結果賦予數值。他將觀察結果寫在一五二五年出版的《機會遊戲之書》（*Book on Games of Chance*）著作中。

　　假設我們擲個骰子吧，卡丹諾說道。假定這骰子是「誠實的」，那麼，它的數字 1 到 6 朝上的機率都會是均等的。因此，每個數字 1

到 6 面朝上的機率為六分之一，或者 1/6。今天，我們稱這數值為機率（probability）：我們會說數字 5 被丟出來的機率是 1/6。

更進一步，卡丹諾推論擲出 1 或 2 的機率一定是 2/6，或者 1/3，因為所求結果是總數六個之中的兩個可能性之一。

再更進一步——雖然還無法成為一個真正的科學性突破——卡丹諾計算了重複擲一個或兩個骰子所得到的特定結果之機率。

比如說，骰子連續擲出兩次出現一個 6 的機率是多少呢？卡丹諾 〔273〕
推論答案應該是 1/6 乘以 1/6，即 1/36。你將兩個機率相乘，因為第一次擲骰子裡的六種可能結果，可能會在第二次擲骰子的六種可能結果中出現，而產生全部三十六種可能的組合。同樣地，在兩次連續投擲中，出現一個 1 或一個 2 兩次的機率，是 1/3 乘以 1/3，即 1/9。

那麼，擲兩個骰子，要朝上的數字加起來假設是 5 好了，其機率是多少？卡丹諾如此分析這個問題：對於每個骰子，都會有六種可能的結果。因此，擲兩個骰子的時候，總共會有三十六種（6×6）可能的結果：一個骰子會出現的六種結果中任一種，都可能會出現在另一個骰子的六種結果中。這些結果中哪些加起來會等於 5 呢？將它們列出來：1 和 4，2 和 3，3 和 2，以及 4 和 1。這樣總共是四種可能。因此，在可能的三十六種結果之中，給我們總合為 5 的會有四種。所以，得到總和為 5 的可能性是 4/36，即 1/9。

卡丹諾的分析提供給一個謹慎的賭徒剛好足夠的洞察，以便在擲骰子這件事上聰明下注——或者也許領悟到該完全不碰這遊戲。但是，卡丹諾在發現引導到現代機率論的關鍵步驟之前停下來了。偉大的義大利物理學家伽利略也一樣，他在贊助者，那位想要在賭桌上面有更好表現的托斯卡尼大公（Grand Duke of Tuscany）要求之下，在十七世紀早期重新發現了卡丹諾大部分的分析；但是，他也沒有繼續

進行這項研究。使卡丹諾和伽利略兩人停下來的原因，在於他們倆都沒有研究是否有一種方法，可以使用它們的數目——它們的機率——預測未來。

　　這關鍵的一步，就留給本章一開始提到的兩位法國數學家——布萊士·巴斯卡，以及皮耶·費馬——來發現了。一六五四年，這兩人往來了一連串書信，而現代大部分的數學家都會同意，這些信件就是現代機率論的起源。雖然他們的分析是以一個賭博遊戲裡的特定問題來措辭，但是，巴斯卡和費馬發展出一個一般性的理論，可以應用在各式各樣的情況，預測事件的各種歷程中可能的結果。

　　巴斯卡和費馬在他們信件中檢視的問題，已經存在至少兩百年了：兩個賭徒在他們的遊戲玩到一半被打斷時，要如何決定賭注總額該怎麼分呢？比如說，假設這兩個賭徒正在玩一個五戰三勝的骰子遊戲。玩到一半，有一個玩家二比一領先，而他們得放棄這場遊戲。如此一來，他們要怎麼分配賭注總額呢？

〔274〕　　如果當時兩人平手，就不會有問題了。他們可以簡單地平分賭注。但是，在這被檢視的例子中，兩人並非平手。為了公平起見，他們分這個賭注時，必須要能反映出一個玩家有二比一的優勢。他們必須算出如果遊戲繼續進行最大可能會發生什麼事。換句話說，他們必須預測未來——或者，就這例子來說，一個沒有發生的假設性未來。

　　這個未完成遊戲的問題，看起來似乎是在十五世紀第一次出現，由教導李奧納多·達文西數學的修士魯查·佩奇歐里（Luca Pacioli）提出的。巴斯卡是因為一個喜歡賭博和數學的法國貴族薛巴立爾·戴密爾（Chevalier de Méré），才注意到這個問題。由於無法解決這個問題，巴斯卡向費馬——普遍被認為是當時最權威的數學知識分子——求教。

　　爲了找出佩奇歐里謎題的答案，巴斯卡和費馬檢視了這遊戲如果繼續會發生的所有可能情況，並且觀察了在這些例子中獲勝的玩家。比如說，假設巴斯卡和費馬就是這兩個玩家，而且費馬在第三場比賽之後獲得二比一的優勢。現在就有四種可能的結果出現：巴斯卡可能會贏第四和第五場；或者巴斯卡贏第四場然後費馬贏第五場；或者費馬可能會贏第四和第五場；或者費馬贏第四場然後巴斯卡贏第五場。當然，實際上在費馬贏得第四場的兩個例子中這兩位就不會繼續玩了，因爲費馬已經贏了這場比賽。不過以數學來看，我們必須考慮這兩人玩完全部五場比賽的可能結果。（這是巴斯卡和費馬帶給這問題的解答的一個關鍵洞察。）

　　在這可能完成整個比賽的四個可能結果當中，費馬會在其中三個裡贏得這場比賽。（費馬唯一會輸的情況爲巴斯卡贏得第四和第五場。）因此，如果繼續比賽，費馬贏得整個比賽的機率爲 3/4。所以相應地，他們應該將賭注總額的 3/4 分給費馬，然後剩下的 1/4 分給巴斯卡。

　　因此，這兩個法國數學家使用的大概方法，就是列舉（並且計算）遊戲可能會出現的所有可能結果，然後觀察（並且計算）這裡面的哪些結果會引導至一個特定的結果（比如說，某個玩家獲勝）。費馬和巴斯卡領悟到，這方法可以應用在許多其他的遊戲以及一連串的機率事件上；他們對於佩奇歐里問題的解答，加上卡丹諾的研究，就構成了現代機率論的起源了。

機會的幾何模式

〔275〕

　　雖然巴斯卡和費馬通信連繫，合作建立了機率論——這兩人並沒有見過面——他們卻各以不同的方法處理這個問題。費馬選擇了他在

數論裡使用的非常有效的代數技巧；巴斯卡則在機會的模式底下尋找幾何秩序。隨機的事件的確會展現出幾何模式，這在我們現在稱爲巴斯卡三角形（見圖 7.1）中，得到了非常戲劇化的證明。

在圖 7.1 中顯示的數字對稱排列，是按以下的簡單過程構造的。

- 在最頂端以 1 開始。
- 在這線的下面放兩個 1。
- 在兩個 1 線的下面兩端各放一個 1，中間則放上面兩個數字的和，即 1＋1＝2。
- 在第四列上，一樣在兩端各放一個 1，然後，在第四列對應第三列兩個數字中間的每個點上，放上這些數字的和。因此，在第二位你要放 1＋2＝3，而第三位則放 2＋1＝3。
- 在第五列上，一樣在兩端各放一個 1，然後，在第四列兩個數字中間，放上這些數字的和。因此，在第二位你放 1＋3＝4，第三位放 3＋3＝6，第四位放 3＋1＝4。

你盡可連續進行這種方式，就會得到巴斯卡三角形。每列數字的模式常常在機率計算中出現——巴斯卡三角形在機會的世界中，展現了一種幾何模式。

舉例來說，假設一對夫婦有一個孩子，那麼，這孩子是男生或女

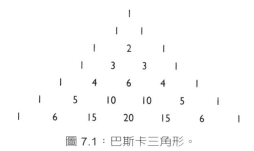

圖 7.1：巴斯卡三角形。

生的機會是一半一半。（這實際上並不精準，不過，很接近就是。）〔276〕
那麼，一對夫婦的兩個孩子都是男生的機率是多少？一男一女呢？兩
個女生呢？答案分別是 1/4，1/2 和 1/4。理由如下：第一個孩子可能
是男生或女生，第二個孩子當然也一樣。因此，我們有以下四種可能
性（依出生順序）：男－男、男－女、女－男、女－女。這四種可能
性的機會是一樣的，所以，這對夫婦有兩個男孩的機率是 1/4，男女
各一的機率為 2/4，而兩個女生的機率是 1/4。

這裡就是巴斯卡三角形出場的時候了。三角形第三列的數字為 1
2 1。這三個數字的和為 4。將這列裡的每個數字除以總和 4，我們會
得到（依順序）1/4，2/4 (＝1/2)，1/4，即不同家庭組成的三種可能
性。

假設這對夫婦決定要生三個孩子。那麼，他們生三個男生的機率
是什麼？二男一女？二女一男？三個女生呢？巴斯卡三角形的第四
列給了我們答案。第四列的數字為 1 3 3 1。這些數字的總和為 8。因
此，不同的機率分別為 1/8，3/8，3/8，1/8。

同樣地，如果這對夫婦有四個孩子，那麼，各種可能的性別組合
機率為 1/16，4/16，6/16，4/16，1/16。將這些分數簡化之後的機率
為 1/16，1/4，3/8，1/4，1/16。

一般說來，對於任何可能會有個別、相同機率結果的事件，巴斯
卡三角形可以給出當這事件重複固定多次而產生的所有不同可能組
合的機率。如果這事件重複 N 次，你就看這三角形的第 $N+1$ 列，然
後，該列的數字就會給我們每種特定組合會發生的不同方法的數量。
將這些列裡的數字除以這些數字的總和，就會得到機率。

因為巴斯卡三角形可以藉由一種簡單的幾何程序產生，這就表示
機率的問題底下存有幾何結構。這個發現非常地偉大。當不同個體產

355

生的結果全都相等時，巴斯卡三角形可以用來預測。但是，這會產生一個明顯的問題：如果不同個體所產生的結果不相等時，還有可能在不同的情境下，做出類似的預測嗎？假如答案是肯定的，那麼，人類就有處理風險的根據了。

我們信仰數學

〔277〕

我們不需要踏進賭場才能賭博。許多聲稱反對賭博的人，仍然會定期地下注──以他們的價值觀、他們的房子、他們的車子，以及他們的其他所有物為根據，因為這就是我們買保險時所做的事情。保險公司估計比如我們的車子會在一場意外中遭到嚴重損壞的機率，然後，提供我們這種事不發生的可能性。如果沒有意外，保險業者就可以得到你所付的相當小的一筆保費。如果有意外，保險業者則付出修理費或者一台新車的費用。

這個系統有效的原因在於，保險業者利用數學來計算我們發生意外的可能性。根據衡量（或估計）意外的發生頻率，保險業者可以決定賣出的保險費用，使得所獲的保費總額會大於（以一個適當的額度）可能要付出的總額。如果某一年有比預料中更多的索賠，業者就必須付出比預料中更多，因此，利潤也會減少。而在索賠比預料中更少的一年，保險公司的利潤就會比平常還要高。

這和計算賭博遊戲結果的機率有點不太一樣。對於機會的遊戲，你可以決定每一種特殊結果的精確機率，如卡丹諾對於擲骰子遊戲所做的一樣。不過，對於汽車意外或者死亡事件，用純推理來決定機率是不可能的。我們必須收集一些真實的資料。

比如說，人壽保單建立在平均壽命表上，其中列出一個人可能會活的歲數，依他們的現在年齡、住處、工作、生活方式等等來決定。

平均壽命表藉由製作人口統計調查而制定。第一個這樣的調查，是在一六六二年的倫敦，由一個叫約翰‧格蘭特（John Graunt）的商人進行。他對倫敦在一六○四到一六六一年之間的出生與死亡資料，進行了詳細分析，並且在一本叫作《奠基於死亡週報表的自然與政治觀察》（*Natural and Political Observations made upon the Bills of Mortality*）的書中，出版了他的結果。他的主要資料來源，是倫敦市於一六○三年開始收集的死亡週報表（Bills of Mortality）。死亡週報表紀錄了城市裡每週所有通報的死亡和死因，並且列出每週受洗的孩童數。格蘭特對死因這項更是非常地注意，其中瘟疫由於當時無法控制，成了致死的主要原因。現代的城市居民可能會關注格蘭特所分析的，倫敦一六三二年一整年只有七宗謀殺案。同一年，格蘭特也發現一個通報的死因為「被瘋狗咬死」，以及另一個「被嚇死」。

沒有人知道格蘭特究竟為何要進行他的研究，這可能純粹是個知識上的好奇罷了。他寫道，他「從這些受到鄙視的死亡週報表，在解讀許多深奧及意料之外的推論結果中，找到了許多樂趣」。另一方面，他看起來似乎又有點生意上的目標。他寫道，他的研究使他可以「知道就性別、身分、年齡、宗教、行業、地位、階層等來說，究竟各有多少人。一旦確認各有多少人之後，貿易界與政府政策將會更加明確且合乎規則。這是因為要是吾人瞭解之前所說的人們時，就可能知道這些人會做出的消費；因此，要是這些資訊都無法掌握，貿易將不可能如其所願」。不管他的動機是什麼，格蘭特的研究是現代統計抽樣和市場調查最早的幾個例子之一。

在格蘭特出版他的發現三十年後，英國天文學家艾德蒙‧哈雷（Edmund Halley）──因為發現了以他為名的彗星而聞名──進行了一個類似卻更為徹底的死亡率分析。哈雷格外詳細的資料是從德國

〔278〕

357

的布雷斯勞（Breslau）鎮（現在是波蘭的烏絡茲勞〔Wrozlaw〕）得來的，以每個月爲單位，從一六八七年收集到一六九一年。

利用格蘭特和哈雷所研擬的資料收集和分析方法，現代保險產業的發展已經準備萬全了。舉例來說，由死亡資料開始，有可能算出每個人的範疇（按年紀、性別、財產、職業等區分），以及這個人在下一個年度可能會死亡的機率。這表示數學家可以利用機率論來預測未來的事件，比如說特定人士在下一年的死亡。因爲非常依賴收集到的資料，在這情況下使用的機率論，無法與應用於賭桌上的時候一樣可靠。因爲一個特定的擲骰子結果，是可以精確算出來的。不論如何，未來事件的預測的確可以做到充分可靠，而成爲有利可圖的保險產業的發展根基。不過，主要由於道德上的反對，保險公司一直要到十八世紀才開始出現。

第一家美國的保險公司很適當地叫作第一美利堅（First American）。它是班傑明·富蘭克林（Benjamin Franklin）於一七五二年建立的火災保險公司。美國第一份人壽保險是由長老教會部長會議基金（Presbyterian Ministers' Fund）於一七五九年發行。而英文中保單（policy）這個字，很偶然地，源自義大利文 polizza，也就是「承諾」的意思。

最早幾個國際保險公司中，今日還在營業的一家就是有名的倫敦洛伊（Lloyd's of London），它在一七七一年由七十九個個體保險業者合作協議創辦。他們爲新公司所取的名字，就是他們迄今爲止談生意──通常是運輸保險──的地方：愛德華·洛伊（Edward Lloyd）

〔279〕在倫敦郎巴德街（Lombard Street）上所開的咖啡館。洛伊本人在這發展中也極爲活躍：一六九六年，在他開了這家咖啡館五年之後，他開始著手「洛伊名單」（Lloyd's List）──一份有關貨船到達和離

358

港,以及海上和國外狀態的即時資料編輯物——對於任何想要幫船隻或貨物保險的人來說,這是非常重要的資訊。

今天,保險公司提供可以照顧到所有可能發生事件的保險:死亡、傷害、汽車意外、失竊、火災、水災、地震、颶風、家用品意外損害、機上行李遺失等等。電影明星為他們的美貌買保險,舞者投保他們的雙腿,歌手則投保他們的聲音。我們甚至可以買烤肉天下雨險或者婚禮上的意外險。

不過,我們有點超前了。在格蘭特所做的統計研究和現代保險產業的建立之間,有非常大量的數學進展。

驚人的白努利家族

十八世紀時,有關機會的數學發展,大多要歸功於史上最偉大家族之一裡的兩位成員。「驚人的白努利家族」聽起來像是個馬戲團的團名。不過,白努利家族可不是在高空鞦韆或鋼索上表演他們令人讚嘆的技藝,而是在數學上。

這個在數學上表現傑出的家族成員一共有八個。這個家族的大家長,是一六二三到一七○八年居住在瑞士巴賽爾(Basel)的富商尼可萊・白努利。他的三個兒子雅各、小尼克萊與約翰都成為了第一流的數學家。

雅各對數學最重要的貢獻之一,就是他的「大數法則」(law of large numbers),一個機率論裡非常重要的理論。其他對這個關於機會的新數學有貢獻的家族成員,還有因為發現了可以使飛機停留在空中的「白努利定律」而著名的丹尼爾(約翰的兒子),以及雅各的姪子小尼克萊(這家族總共有四個尼克萊)。雅各和丹尼爾對於本質上是同一問題的兩面感到興趣:機率論要如何離開可以計算精確機率的

賭桌，應用在更混亂的真實世界中呢？

　　雅各研究的特定問題，已經在格蘭特稍早研究的死亡率中出現了。格蘭特非常清楚他手邊的資料雖然很龐大，但倫敦的人口畢竟只是整個人口的一部分罷了。而且，就算是倫敦的人口，這些也只是特定時間內的資料。不過，這些資料本身相當有限的特性，並沒有阻止他做出超越資料的延拓。藉由外推死亡週報表的資料而獲得整個國家以及更廣泛時期的結論，格蘭特是早期幾個做出我們現在稱為統計推論（statistical inference，以小樣本的資料為根據，推斷出大母體的結果）的分析家之一。為了得到可靠的結論，這個過程所使用的樣本必須「代表」整個母體。那麼，要如何選定一個具代表性的樣本呢？

〔280〕

　　另一個相關的問題是：一個更大的樣本能保證更可靠的結果嗎？而且，如果是的話，這個樣本到底要多大？雅各在一七○三年寫信給他的朋友萊布尼茲（微積分的那一位）時，就提到了這個特定的問題。

　　在他悲觀的回答中，萊布尼茲提到「大自然已經建立了源自事件的回歸模式，但是，只有大部分而已」。似乎正是這句「只有大部分而已」，阻擋了許多「現實生活」機率的數學分析。

　　沒有受到萊布尼茲令人洩氣的語調所影響，白努利繼續著他的研究。在他生命剩下的最後兩年中，他做出了相當多的進展。一七○五年去世後，他的姪子小尼克萊‧白努利將舅舅的結論整理成可出版的形式，不過，這任務非常具有挑戰性：他花了八年，也就是到一七一三年，才出版了這本作者為雅各，名為《猜測的藝術》（*The Art of Conjecture*）的著作。

　　雅各是藉由體認到他問萊布尼茲的問題真的可以分成兩個部分，即機率的兩個不同概念，而開始他的研究。首先，有雅各稱為先驗機

率（a priori probability）的在事實發生前的機率。是否有可能在事件發生前就算出精確的結果呢？在有關機會的遊戲例子中，答案是肯定的。但是，如萊布尼茲正確地指出，預先計算對於像是疾病或死亡之類事件的機率，其可靠性「只有大部分而已」。

雅各對於另一種機率給的名字是後驗機率（a posteriori probability）——事件發生後計算的機率。給定母體的一個樣本，如果為這個樣本計算機率，那麼，這個機率代表整個母體的可靠性有多高呢？舉例來說，假設你有一個塞滿紅色和藍色彈珠的不透明罐子。你知道裡面總共有 5,000 顆彈珠，但是，卻不知道每個顏色各有幾個。你隨機從罐子中拿出一個彈珠，發現它是紅色的。將它放回去，把罐子搖一搖，然後，再拿出一個。這次拿到的是藍色的。你重複這個搖、拿和放回去的步驟 50 次，然後，發現拿到紅色彈珠有 31 次，藍色彈珠 19 次。這讓你猜測大約有 3,000 顆紅彈珠以及 2,000 顆藍彈珠，因此，隨機拿到一個紅彈珠的後驗機率是 3/5。但是，你對於這個結論有多少信心？你如果取更多的彈珠樣本——比如說，100 顆——會讓你更有信心嗎？ 〔281〕

白努利證明了只要取夠大的樣本數，你就可以增加計算的機率到想要的信心程度。更準確地說，由於增加了樣本數，只要這個機率是針對真正機率的任意規定數量內（within any stipulated amount）來計算，你就可以增強自己的信心到任何想要的程度。這就是稱為大數法則的結果，而它也是機率論裡的中心定理。

在罐子裡有 5,000 顆彈珠的例子中，如果剛好有 3,000 顆紅彈珠以及 2,000 顆藍彈珠，白努利計算了你必須要取多少樣本，才能在千分之一內，確信你在這個樣本中找到的分配，會和真正的比 3：2 只有百分之二的誤差。他得到的答案是要拿出 25,550 次。這遠比一開

始原來彈珠的總數（5,000）還要多上許多。因此，在這個例子中，直接數所有的彈珠反而還比較有效率！不過，白努利的理論結果的確證明了取一個夠大的樣本，機率可以由該樣本計算，使得對任意程度的確定性（除了絕對確定性之外）來說，這個算出來的機率與真正機率的誤差，都會在任意要求程度的正確性內。

即使你已經算出一個後驗機率，那麼，這個用來預測未來事件的機率，到底是多可靠的一個導引呢？這並不真是一個數學上的問題。這裡的議題反倒是，過去可以用來指示未來嗎？答案可能是會變化的。如同萊布尼茲在他寄給雅各的信中悲觀地提到：「新的疾病在人類中蔓延，所以，不管你在屍體上做了多少實驗，你並沒有因此在事件的本質上設限，使得它們在未來不會變化。」不久之前，一位剛去世，從麻省理工學院跳到華爾街的金融界先驅費雪・布萊克（Fischer Black），也做了一個利用數學分析過去以便預測未來的類似評論：「市場從哈德遜河岸來看，比起從查爾斯河岸來看沒效率許多。」

飛行的恐懼

身為萊布尼茲的朋友，雅各・白努利是前幾個知道微積分非凡新方法——運動和變化的研究——的數學家之一。這個主題的許多早期發展，的確都是由白努利所進行的。

〔282〕

丹尼爾・白努利也在微積分上做出許多開拓的研究。他和舅舅雅各不同，他將微積分的方法應用在流動的液體和氣體上。他的許多發現之中最重要的一個，現在稱為「白努利方程式」，也就是可以使飛機浮在空中的方程式，並且成為所有現代飛行器設計的依據。

雖然丹尼爾的方程式被二十世紀航空業應用還要兩百年，但是，這位偉大瑞士數學家的其他研究，對於空中旅遊這個領域，還是密切

相關的。丹尼爾對於使我們瞭解機率的貢獻,高度關連到我們熟悉以及常常提到的事實,也就是,航空旅行雖然是最安全的旅遊方式,但是,許多人還是會在登機時感到無比緊張。對於一些人來說,飛行的恐懼的確會大到讓他們永遠不上飛機。

這些人並非不知道可能性是多少。他們可能知道牽涉到意外的機率非常之小——甚至比利用車子來旅行還小。問題反倒是飛機墜機和他們認為這個事件的重要性,無論有多麼不可能發生。

對於閃電的恐懼,也是一個類似的現象,其中被閃電擊中的微小數學機率,遠比很多人認為這個事件的重要性要小得許多。

丹尼爾‧白努利就是對這個機率論本質上的人性面向感到興趣:是否有可能對人們實際評估風險的方式,做出特定的觀察呢?在一七三八年,他出版了關於這個議題的一篇具發展性的論文,稱為〈聖彼得堡皇家科學院論文〉(*Papers of the Imperial Academy of Sciences in Saint Petersburg*)。在那篇論文中,他引進了一個全新而關鍵的功利概念(concept of utility)。

要領會白努利的功利概念,我們必須瞭解機率論的另一個想法:期望(expectation)。假設我現在跟你挑戰擲骰子。如果你丟出一個偶數,該數字多少我就給你多少美元。如果丟出的是奇數,你就得付我兩塊美元。你對這遊戲的期望,就是你「預估」可以贏多少的一個衡量(measure)。如果你一直玩下去,這個衡量就是你每場遊戲可以贏得的平均數。

為計算你的期望,你將每個可能結果的機率乘以在該情形會贏得的數量,然後,將這些數量加總起來。因此,由於輸兩塊美元可以被視為是「贏得」-2 美元,你對這遊戲的期望便是: 〔283〕

363

$$\frac{1}{6}\times2+\frac{1}{6}\times4+\frac{1}{6}\times6+\frac{1}{2}\times(-2)=1 \quad （美元）$$

其中，總和裡面的個別項分別對應到你贏的數量 2 美元、4 美元、6 美元以及輸的 2 美元。

以上的計算告訴你，如果你一直重複玩這個遊戲，你平均一場會贏1美元。顯然地，這遊戲對你是有利的。如果我改變規則要求你每次擲出奇數都得付我 4 美元，那麼，你的期望就會變成零，而這遊戲對我們來說，就都是五五波了。如果你擲出一個奇數得付出 4 美元以上，不管長期或短期，你輸錢的可能性都很高。

考慮到機率和收益兩者的問題，期望會衡量一個特定風險或賭注對於個體的價值。期望愈大，風險當然就愈吸引人。

至少，理論上是這樣。而且對於許多例子來說，期望看起來都是非常有效的。但是，其中有一個問題，在丹尼爾的表兄弟尼可萊提出一個惹人的謎題時，得到了最戲劇性的說明。這個謎題之後被稱為聖彼得堡悖論（Saint Petersburg paradox），如下所述。

假設我向你挑戰一個重複丟擲硬幣的遊戲。如果在第一擲出現正面，我就付你 2 美元，然後遊戲就結束了。如果第一擲出現反面，然後第二擲正面，我就付你 4 美元，然後遊戲結束。如果連續丟出兩個反面，然後再正面，我就付 8 美元，然後遊戲結束。我們按這樣的方式重複，直到你擲出正面為止。每次當你擲出反面時，遊戲就繼續，然後，我就加倍你擲出正面時所能贏得的金額。

現在，想像某個人出現並且想付你 10 美元，取代你來玩這遊戲。你會同意還是拒絕呢？如果他付你 50 美元呢？或者是 100 美元？換句話說，你判斷這個遊戲的價值對你來說到底是多少？

這就是期望應該要精確衡量的東西。它在這個例子中計算出來的

結果是什麼呢？原則上，這遊戲可以一直進行下去──會有無窮多個可能的結果：正，正反，正正反，正正正反，正正正正反……。而這些結果的機率分別為 1/2，1/4，1/8，1/16，1/32……。因此，期望為

$$\frac{1}{2} \times 2 + \frac{1}{4} \times 4 + \frac{1}{8} \times 8 + \frac{1}{16} \times 16 + \frac{1}{32} \times 32 + ...$$

這個無窮和可以改寫成   〔284〕

1＋1＋1＋1＋1 …

因為這總和會無限進行下去，所以，這個期望就是無窮的。

　　根據理論，面對一個無窮的期望時，你不應該為了任何數量的金錢而放棄玩這個遊戲的機會。但是，大多數人──包括有見識的機率論學家──都會忍不住想出價 10 美元，而且幾乎會毫不考慮地出價50 美元。不過，在這個遊戲中贏那麼多似乎不太可能了。然則這例子中期望的概念到底是哪裡出錯了呢？

　　深思這個問題，以及他用期望看到的許多其他問題時，引導丹尼爾・白努利以一個非常不具形式的想法──功利（utility）──來取代這個高度數學化的概念。

　　功利的概念用來衡量你為特定事件所賦予的重要性。就其本身而論，功利是個非常個別的事物。它依靠的是一個人對於一個特定結果所給予的價值。你的功利和我的有可能是不一樣的。

　　乍看之下，將期望這個數學上精確的概念，取代為功利這個非常個人化的想法，會使之後更進一步的科學分析變得不可能。但是，實際上並非如此。即使是對一個人，要分派特定的數值給功利，也幾乎是不可能的。然而，對於功利白努利還是做出了一個具有意義、甚至可說是有深度的觀察。他寫道：「由財富任何的小小增加所獲得的功

利，會和之前所擁有的財產數量呈反比。」

白努利的功利法則解釋了為什麼一個算是有錢的人，會認為失去他一半的財產所帶來的痛苦，會比將其財產加倍的快樂要大上許多。因此，我們之中只有少數幾個會將自己一半的財產賭在使它翻倍的機會上。只有在我們能真正說出「我又能輸什麼了？」的情況之下，我們才會賭一把大的。

比如說，假設我和你的財產淨值都是 10,000 美元。我提供你擲一枚銅板的機會。正面我就付你 5,000 美元，反面你就付我 5,000 美元。贏家總額會變成 15,000 美元，輸家則是 5,000 美元。因為收益相等，而且我們兩人獲勝的機率都是 1/2，我們的期望都是零。換句話說，根據期望理論（expectation theory），我們不管玩或不玩這個遊戲，都不會有什麼分別。但是，我們之中應該很少人會玩這遊戲。我們會將它視為是「冒無法接受的風險」。這個輸掉 5,000 美元（我們財產的一半）的 0.5 機率，要大大地超過贏得 5,000 美元（增加百分之 50）的 0.5 機率。

〔285〕 功利法則可以解決聖彼得堡悖論。這遊戲只要進行愈久，你擲出正面時所能贏得的總額就會愈多。（如果遊戲進行到擲銅板六次，你就會贏得 100 美元以上。擲九次則會贏得超過 1,000 美元。如果擲五十次，你會贏至少一億億美元。）根據白努利的功利法則，一旦達到在你眼中代表獲利的最低限度階段，玩愈久所獲得的利益就會開始遞減。那就決定了你準備將自己在遊戲中的位置賣掉的金額。

這麼多的期望，根據它你應該盡可能久地留在這個遊戲之中。事實上，當下一代的數學家和經濟學家更細心觀察人類行為之後，一個類似的命運也會降臨在白努利的功利概念之上。但是，這並不會改變以下事實：丹尼爾·白努利第一個堅持，如果你想將機率論的數學應

用在現實世界的問題上，你就必須將人爲因素考慮進去。就它們本身來說，觀察擲骰子或者擲銅板所獲得的機會模式是不夠的。

在鐘形曲線中敲響

利用他的大數法則，雅各‧白努利證明了該如何決定所需要的觀察數量，以確保一個母體樣本的機率會在眞正機率的明確數量之內。這個結果具有理論上的趣味，對實際應用沒什麼多大的用處。首先，它要求我們必須先前就知道眞正機率。再來，如同白努利本人在罐子裡的彈珠一例中顯示，爲了達到一個合理準確度的答案，所需要的觀察數量可能非常巨大。或許有非常大用處的，是一個相反問題的答案：給定特定數量的觀察，你能計算出它們落在指定的眞正值範圍的機率嗎？這個問題的答案就允許一個母體的機率在已知的準確度內，根據一個樣本所計算的機率來求得。

第一個研究這個問題的人，是雅各的姪子尼可萊，他是在完成剛去世舅舅的研究，並準備將其出版的那段時間進行的。爲了說明這個問題，尼可萊提出一個關於出生的例子。假設男孩子和女孩子誕生的比率是 18 比 17，那麼，在總數 14,000 個新生兒中，男孩子預估的出生數會是 7,200。針對男嬰實際數會介於 7,200－163 和 7,200＋163 之間，也就是 7,037 和 7,363 之間此一前提，他計算這個可能性是 43 比 1。 〔286〕

尼可萊並沒有完全解決這個問題，但做出了足夠的進展，使他可以在一七一三年出版他的發現結果，這也是他去世舅舅的書終於出現的那年。幾年之後，他的想法被一個身爲新教徒、爲逃避天主教迫害而於一六八八年逃到英國的法國數學家亞伯拉罕‧棣美弗（Abraham de Moivre）延續下來。因爲無法在他選擇的這個新國家之中獲得一

個正當的學術教職，棣美弗是以教授數學和當保險代理人機率事務的
顧問維生。

棣美弗得到尼可萊·白努利所處理問題的完整解答，並且在一七
三三年將其出版於他的《有關機會的學說》（*The Doctrine of Chanc-
es*）第二版中。利用微積分以及機率論的方法，棣美弗證明了一大堆
隨機觀察具有在它們平均值附近分配本身的傾向。

現在，棣美弗的貢獻被稱爲常態分佈（normal distribution）。當
常態分佈以圖表的形式表徵時，將觀察資料繪製於水平軸上，並將每
個觀察的頻率（或機率）畫在垂直軸上，得到的曲線看起來就會像
是一個鐘（見圖 7.2）。基於這個理由，它通常被稱爲鐘形曲線（bell
curve）。

如同鐘形曲線所顯示的，最多觀察資料的數量傾向聚集在中間，
位於所有觀察的平均數附近。從中間移開，這曲線會對稱地往下斜，
兩邊的觀察數量會相等。曲線一開始會慢慢傾斜，接著會更加傾斜，
最後以扁平狀態貼近兩邊。特別地是，離平均數愈遠的觀察，其發生
頻率會比離平均數愈近的觀察低很多。

棣美弗是在檢視隨機觀察時發現了鐘形曲線。它的優雅對稱形
狀，證明了在隨機之下蘊藏一個優雅的幾何。從數學的觀點來看，單
單這點就是一個很重要的結果了。不過，故事並沒有在這裡結束。八
十年後，高斯注意到當他繪製大數量的地理和天文測量時，所得到的
曲線和棣美弗的鐘形曲線非常相像。舉例來說，地球表面上一個特別

〔287〕

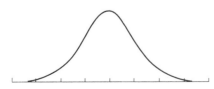

圖 7.2：鐘形曲線。

距離，或者是天文距離等等的不同測量，會在中央值——即個別測量的平均數——附近形成一個鐘形的聚集。測量時出現的無可避免的誤差，看起來都會導致數值的常態分佈。

在吾人考慮鐘形曲線不是隨機性的一種幾何特色，而是測量時誤差的無可避免結果時，高斯領悟到他可以利用常態分佈來評價資料的價值。特別是在使用鐘形曲線時，有可能為觀察分派（適當的）數值機率，就像它們可以被分派給擲骰子的結果一樣。在測量結果的鐘形曲線上，一個特別的資料值愈接近平均數時，這個數值為正確的機率就愈高。由巴斯卡、費馬、白努利家族以及其他人所發展的機率論技巧，這時終於可以從賭桌上轉移到生活的其他領域上了。因為高斯的貢獻，常態分佈有時也會稱為高斯分佈（Gaussian distribution）。

高斯在此使用鐘形曲線時所需要的關鍵技術性概念，是一個由棣美弗本人引進的測量，在今天它稱為標準差（standard deviation）。這個棣美弗的測量允許我們判斷一組觀察是否足夠代表整個母體。標準差會衡量在平均數附近觀察的分散情況。對於一個常態分佈，大約有百分之 68 的觀察會落在一個平均數的標準差內；同時，百分之 95 會落在平均數的兩個標準差內。基於這個理由，當報紙和雜誌出版調查報告的結果時，它們通常會包含一個誤差聲明。如果它們沒有，你就應該要懷疑這個結果的可靠性。切記，一個頭在烤箱裡、腳在冰箱裡的人可以被說成平均上感覺良好。但是，這個資料點的偏差可真大啊！

由於統計學在二十世紀生活中扮演了主要的角色，鐘形曲線正是當下這個世代的偶像。它允許我們為事件分派數值機率，從而應用機率論的方法到生活的許多領域上。一般來說，當有一個可以產生資料的大型母體時，在每個該母體的成員所產生的資料獨立於其他成員

時，就會產生鐘形曲線，而高斯的方法就可以用來提供該資料可靠性的一個測量。

〔288〕

追隨高斯的引導之後，保險業者現在都使用鐘形曲線來制定他們的利率，企業領袖使用它來計畫新市場的擴張，政府官員用它來決定公共政策，教育家用它來給學生測驗評分，民意調查專家用它來分析他們的資料並進行預測，醫療研究者用它來測試各種不同治療方法的有效程度，經濟學家用它來分析經濟成果，生物學家用它來研究植物的生長，心理學家則用它來分析人類的行為。

教士貝士

在今天這個資料豐富的社會，統計（或者是機率）推論在我們每天的生活中扮演一個非常重要的角色。它大多躲在我們看不到的地方，既不受我們的控制，我們也無法對它做出反應。但是，對於我們知道的統計資料呢？我們對於這些每天由報紙、雜誌、廣播、電視以及我們的工作場所一直轟炸我們的大量統計資料，到底能有多充分的理解呢？當我們發現必須在評估統計資料之後，做出和我們健康、房子或工作的重要決定時，我們又能做得多好呢？

答案是，當我們要在統計資料中理出頭緒時，我們通常表現得非常差。幾十萬年的演化給了我們許多有用的心智能力——我們用來避開危險情況的直覺和我們使用的語言，就是兩個明顯的例子。然而，演化並沒有給予我們處理統計或機率資料——最近才進入我們生活的成分——的能力。當數量化資料被考慮時，如果我們要做出明智的決定，通常就得依賴數學。多虧高斯在鐘形曲線的研究，我們便能利用機率論的方法了。當我們如此做時，我們常常會發現自己的直覺錯得離譜。

　　舉例來說，假設我們必須接受一個相當稀有癌症的醫學檢驗。這個癌症在人口中有百分之一的發生率。大量的試驗證明這個檢驗的可靠性爲百分之 79。更精確地說，雖然這個檢驗在癌症眞的存在時所給的結果絕對正確，但是，它在其他百分之 21 癌症不存在的情況中所給的結果，還是陽性反應，也就是「假陽性」的情形。當你接受檢驗時，得到的結果是陽性的。你眞正得到癌症的機率到底是多少呢？

　　如果你和其他人一樣，會假設因爲這個檢驗有大約百分之 80 的可靠性，而你得到的結果又是陽性，那麼，你眞的有癌症的機率大概也就是百分之 80（即機率大約爲 0.8）。你這樣想是對的嗎？

　　答案是否定的。給定剛才描述的情況，你得到癌症的機率只是小小的百分之 4.6（即機率爲 0.046）。當然，這機率還是挺値得擔心的。但是，幾乎不是你一開始想像的，那可怕的百分之 80。 〔289〕

　　我們如何得到這個數字呢？我們需要用到的數學，是由一位十八世紀的英國牧師湯瑪斯·貝氏（Thomas Bayes）發展出的。

　　特別地是，貝氏的方法告訴我們要如何根據證據（在我們的例子中，醫學檢驗的結果），來計算特定事件 E（在以上的例子中，是指得到癌症）的機率，只要知道：

1. 在缺乏任何證據時的機率 E
2. E 的證據
3. 該證據的可靠性（比如說，該證據正確的機率）

在我們的癌症例子中，機率（1）是 0.01，證據（2）是結果爲陽性，而且機率（3）必須要由給定的百分之 79 來計算。這三個資料都非常重要，而且爲了計算你得到癌症的機率，你必須以正確的方式將它們合併在一起。貝氏的方法告訴我們要如何這樣做。

不過，在我們詳細敘述之前，這裡有另一個情景，其中我們的直覺會誤導我們；但是，貝氏的數學再度告訴我們事情其實並非那樣的例子。

某個城鎮有兩家計程車行——藍線和黑線。藍線有 15 台計程車、黑線有 85 台。有天晚上發生了一件計程車肇事逃逸的意外。這城鎮所有的 100 台計程車在意外發生時都在街上。一個目擊者看到了該起意外，並聲稱是一台藍線的計程車。在警察的要求之下，這個目擊者進行了和當晚相同情況的視力測試。對於一直以隨機方式出現的藍色計程車和黑色計程車，他都能夠在五次之中順利識別出該計程車的顏色四次。（剩下的一次，他誤將黑的看成藍的，或者藍的看成黑的。）如果你正在偵查這個案子，最有可能涉案的計程車行是哪家呢？

面對一個證明他在五次中有四次正確的目擊者，你可能會認為他看到的是藍線的計程車。我們甚至可能認為該計程車為藍色的機率是五分之四（也就是 0.8 的機率），即目擊者在任何情況下正確的情形。

〔290〕

貝氏的方法證明了事實與此大不相同。根據提供的資料，這件意外是由藍線計程車犯下的機率只有 0.41。沒錯——連一半都不到。這起意外更可能是由黑線計程車犯下的。

人類直覺時常忽略而貝氏的方法卻會適當考慮到的，是這城鎮裡任何計程車可能會是黑色的 0.85 機率（100 台之中有 85 台）。

在沒有目擊者證詞的情況下，犯下意外的為黑色計程車的機率會是 0.85，也就是該城鎮黑色計程車的比例。因此，在目擊者對於顏色作證之前，犯案計程車為藍色的機率只有 0.15 這麼低。這數值（上列表上的第一項）被稱為事前機率或是基底率（base rate）：這是只

根據情況本身所得到的機率,而非依據這案件有關的特定證據。

當目擊者對顏色作證時,這證據會從犯案計程車爲藍色的事前機率 0.15 開始增加,但不會達到目擊者測出來的 0.8 準確度。更確切地說,目擊者的證詞(0.8)必須要和事前機率(0.15)合併,以獲得眞正的機率。貝斯的方法給了我們一個做這件事的精確方法,它告訴我們正確的機率是由以下總和得到的,其中 P(E) 代表的是事件 E 發生的機率:

$$\frac{P\,(\text{藍色計程車}) \times P\,(\text{目擊者正確})}{P\,(\text{藍色計程車}) \times P\,(\text{目擊者正確}) + P\,(\text{黑色計程車}) \times P\,(\text{目擊者錯誤})}$$

將不同的數字填入,這式子就會變成

$$\frac{0.15 \times 0.8}{0.15 \times 0.8 + 0.85 \times 0.2}$$

經過計算,就會成爲

$$\frac{0.12}{[0.12 + 0.17]}$$
$$= \frac{0.12}{0.29}$$
$$= 0.41$$

這公式到底是怎麼得到的呢?

目擊者聲稱他看到的計程車是藍色的。他正確的機率爲 8/10。 〔291〕假設他在同樣的情況下鑑別每台計程車,他會鑑別出多少藍色計程車呢?

在 15 台藍色計程車中,他會(正確地)辨認出百分之 80,也就

是 12 台。（在這個假想的論證中，我們假設計程車的實際數量會正確反映在機率上。對於這類的論證，這是個合理的假設。）

在 85 台黑色計程車中，他會（不正確地）辨認出百分之 20，也就是 17 台為藍色的。（同樣地，我們在這假設機率給的是真正的數值。）

因此，在全部計程車中，他會將 29 台辨認為藍色的。所以，根據目擊者的證據，我們要檢查的是一個有 29 台計程車的組合。

在我們檢查的 29 台之中，有 12 台的確是藍的。

所以，結果就是：以目擊者的證詞為根據，討論中的計程車是藍色的機率為 12/29，即 0.41。

現在，讓我們回到稀有癌症的例子上吧。切記這癌症在人口中有百分之一的發生率，而且，檢驗可靠性是百分之 79——更精準地說，如果患有癌症，它一定驗得出來；但是，在沒有癌症的百分之21的例子裡，它會給一個假陽性的結果。

讓我們仿效計程車的例子一樣進行論證吧。為了使算術簡單，我們假設人口是 10,000 人。因為我們最終關心的還是百分比，這個簡化並不會改變最後的答案。和計程車的例子一樣，我們也假設各種不同的機率會精確反映在實際的數字上。所以，在總人口 10,000 人之中，100 人會得到癌症，其他的 9,900 不會。

在檢驗不存在時，你對於自己是否會得到癌症唯一能說的，就是有百分之一的可能性。

然後，你做了檢驗，並得知回來的結果是陽性的。你要如何修改得到癌症可能性的機率呢？

首先，在總人口中會有 100 人得到癌症，而對於他們所有人而言，這個檢驗的結果都會是陽性的結果，因而辨認出這 100 人患有癌

症。

再來看沒有癌症的 9,900 人，對於他們之中的百分之 21，這個檢驗會給出一個假陽性的結果，因此，會錯誤地辨認出有 9,900 × 0.21 ＝2,079 人患有癌症。

所以，這個檢驗會辨認出總共 100＋2,079＝2,179 個人患有癌症。因為得到陽性反應的結果，你也是這群人中的一員。（這正是檢驗的證據告訴你的事。）問題是，我們是在真正患有癌症的子群組 〔292〕中，還是檢驗結果是假陽性的呢？

對於被檢驗辨認出來的 2,179 人之中，100 人是真正患有癌症的。所以，你在該群組的機率為 100/2,179＝0.046。

換句話說，我們真正患有癌症的機率是百分之 4.6。當然，這還是個讓人煩惱的機率。但是，它們完全沒有壞到和一開始我們認為的百分之 79 那樣可怕。這個計算應該可以指出為什麼考慮事前機率——在這情況中，是指整個人口發生癌症的機率——十分重要。

平均人登場

統計學世代的黎明也出現了一個新生物：「平均人」（the aver-age man）。你當然不會在街上碰到這個人——他並不會在我們之中生活、呼吸和移動。就和同樣屬虛構，擁有 2.4 個小孩的「平均美國家庭」一樣，平均人是統計學家的產物，鐘形曲線的孩子。他第一次出現在一八三五年一本由比利時學者藍伯特・奎特列（Lambert Quetelet）撰寫，稱作《有關男人與其才能發展之論著》（*A Treatise on Man and the Development of His Faculties*）的書中。

奎特列是統計學這個新科學的早期熱衷者。他寫了三本關於此一主題的書，並且協助建立了許多統計學學會，包括英國皇家統計學會

（Royal Statistical Society）以及國際統計研討會（International Statistical Congress）。平均人（L'homme moyen）是奎特列為這個數值化的創造物賦予的名詞，這個創造物提供給一般大眾一個統計學家於社會分析時的擬人概念。

棣美弗經由分析隨機資料而發現鐘形曲線，高斯展現了它如何被應用在天文和地理測量上，然而，奎特列將它帶進人類和社會的領域之中。他在鐘形曲線的中點找到了他的平均人。在收集大量的資料後，他列出了平均人在各種不同群組──以年齡、職業、種族背景等分選──不同的身體、心智和行為特性。

奎特列的努力，是由兩個動機所促成。首先，他對統計學有永不滿足的愛好。他從來無法抗拒可以計算和測量的機會。他從年齡、工作、地點、季節、監獄以及醫院來檢視死亡率。他收集了醉態、精神錯亂、自殺、犯罪的統計資料。在某次場合，他紀錄了 5,738 名蘇格蘭士兵的胸圍。還有一次，他將 100,000 名徵召的法國士兵的身高製成表格。

〔293〕　　　再者，他希望能影響社會政策。他想要利用統計學，來鑑定為何人們會在一個群組而非另一個群組的原因。為了這個目的，當他收集到新數據時，他會著手組織這些資料，以便展現在他確信會出現的鐘形曲線上。

事實上，奎特列非常確信鐘形曲線的普遍性，以致於他偶爾會製造出實際上並不存在的常態分佈。就和現在的統計學家非常瞭解的一樣，只要充分地操弄數據，通常便可以製造出你想要的任何模式。但是，客觀性在這過程中一定是第一個受難的。為了支撐一個已獲支持的想法或已經決定的行動方針而收集資料，是充滿危險的。

不過，不論他的方法論失誤，將常態分佈應用在社會數據上，並

且試圖使用數學來決定社會因素的原因，奎特列是第一人。就其本身而論，他是按統計資訊而制定公共政策決策——二十世紀社會的一個風貌——的先驅。

緊追在奎特列腳步之後的，是一個對統計學有相同熱情的英國人——約翰·高爾頓（John Galton）。身為查爾斯·達爾文的表兄弟之一，一八八四年，高爾頓建立了目的為測量人體每個細節的人類學測量實驗室（Anthropometric Laboratory）。正是因為這個實驗室對於指紋的研究——特別是高爾頓在一八九三年寫的有關這主題的著作，才使得警察開始廣泛地使用指紋印。

和他之前的奎特列一樣，高爾頓也對鐘形曲線優雅的對稱性留下極深的印象；同時，他也認為鐘形曲線無所不在。在一個實驗中，他繪製了 7,634 個劍橋大學學生的數學期末考分數，並得到了一個完美的鐘形曲線。他在山德賀斯特（Sandhurst）的皇家軍事學院（Royal Military College）的入學考成績中，也找到了另一個常態分佈。

和奎特列一樣，高爾頓也是以一個特定——雖然不同——的目標，進行他的統計學研究。高爾頓是有才能的達爾文家族成員之一。他的祖父是伊拉斯莫·達爾文（Erasmus Darwin），一位受尊敬的物理學家和學者。他在一七九六年出版的《繁殖理論》（*Zoonomia*，或 *Theory of Generations*）裡面，包含了許多他更有名的孫子查爾斯在六十三年後出版的《物種起源》所發揚光大的想法。在他成長時，他被自己視為智力菁英的人包圍，而且，由於接觸到祖父關於遺傳的想法，高爾頓相信特別的才能是會遺傳的。他開始研究遺傳的特性，並且在一八六九年出版的《遺傳的天才》（*Hereditary Genius*）中，列出他的第一組發現。一八八三年，他為自己追求的研究杜撰了「優生學」一詞，雖然這名詞之後因為被用作種族政策（比如納粹黨所追 〔294〕

377

求）「科學上」的藉口，而有了令人不快的意義。

事實上，為了促進「優秀民族」的發展而使用的優生學，和高爾頓本人所發現的最重大結果，是互相違背的。他稱呼這個發現為「返祖」（reversion）。今天它則被稱為回歸平均（regression to the mean）。

回歸平均就是方言「上去的，一定會下來」（What goes up, must come down.）的統計學同義詞。它是時間經過時，任何母體成員會被鐘形曲線的中央——即算術平均數——吸引的傾向。

比如說，在某一個研究中，高爾頓發現 286 個法官的男性近親，有高比率是法官、海軍將官、將軍、詩人、小說家和物理學家；但是，在另一個研究中，他觀察到這類群組的才能，在未來幾代並沒有出現。舉例來說，在一個有關名流的研究時，他發現他們的兒孫只有分別百分之 36 和百分之 9 成名。看起來，這個鐘形曲線所代表的，比較像是一個陷阱，而不是優生學的處方。

在另一個研究中，高爾頓對幾千顆甜豆測量重量和長度，最後找到七個不同直徑的十個物種。他將這些物種分成十組，每組包含每種尺寸的一個豆子。然後，他自己保留一組，將其他九組寄給住在不列顛群島各處的朋友，並交代他們要在小心的特定狀態之下，種植這些豆子。當這些豆子成熟時，這些朋友要將新種出來的豆子寄還給高爾頓，好讓他能拿這些新豆子和它們各自的母體來做比較。

雖然他的確發現了比較大的母體傾向產出更大的幼苗，但高爾頓的結果中最重要的特徵是，它們確認了回歸平均。高爾頓原本的豆子樣本尺寸大約是一英寸的百分之 15 到百分之 21 之間。他收回的豆子則小了許多，範圍從一英寸的百分之 15.4 到 17.3 之間。

高爾頓在之後一個 205 對家長的 928 個成年孩子的研究之中，也

得到了類似的結論。

回歸平均是個事實，這已經不容懷疑了。但是，它為何會產生呢？雖然他不知道其中機制，高爾頓懷疑隨機效應就是原因。為了測試這個猜疑，他設計了一個今天稱為高爾頓板（Galton board）的實驗儀器。

高爾頓板是一個可以丟進小球，由木板和玻璃所組成的夾心。小球的路徑會被規則分佈、釘在背板上的小樁阻礙。當一個小球碰到小 〔295〕
樁時，它往左或往右彈的機率是相同的。然後，它會撞到另一個小樁，並且再往左或右邊彈。這個小球會持續這樣直到滾到底部。

高爾頓板製造了一系列完美的隨機事件，其中小球會以均等的機率向左或向右彈。當你放進一顆球時，我們不知道它會出現在哪。但是，當放進一大堆球時，你能夠以驚人的準確度，預測大部分的球會出現在哪裡。事實上，我們可以預測這堆球會形成的曲線形狀。如同高爾頓所發現的，我們會得到一個鐘形曲線。

高爾頓得到他的答案了。回歸平均是由隨機事件引起的，比家長將他們「特別的（也就是離平均數很遠的）」特徵傳給下一代的傾向還要大許多。同樣地，演出的各種隨機變化，也會導致足球隊命運和棒球打者，或是交響樂團的演奏以及天氣等等的回歸平均。

機會的抽象模式

今天，統計學家已經將收集資料的藝術和科學，發展到常常可以做出高度可靠的預測——由過去發生的事件來預測未來事件，以及用小樣本的資料為根據，預測整個母體特性的地步。在如此做的同時，如同十六和十七世紀將一定精確性帶進與機會有關之遊戲的數學家一樣，他們將這種精確性，帶進了我們這個高度不可測的活生生世界之

中。

在此同時，純數學家正在檢視機率論本身的模式，試圖為機率論寫下公理，有如歐幾里得為幾何做的事情一樣。

第一個大多人普遍都接受的公理化，是由俄羅斯數學家柯莫哥洛夫（A. N. Kolmogorov）在一九三〇年代早期提出的。柯莫哥洛夫將機率定義為由集合到 0 和 1 之間的實數之函數。這個被定義函數所在的集合之集體，亦即這個函數的定義域（domain of definition），必須組成一個稱為集合體（field of sets）的東西。這表示所有的集合都是某個單一集合 U 的子集合，而 U 本身也在集體之中；這集體中任兩個集合的聯集和交集也在集體裡，而集體中相對於 U 的任何集合之補集，也在這個集體之中。

要成為一個機率函數，柯莫哥洛夫要求該函數必須滿足兩個條件：首先，賦予空集合的值為 0，且賦予 U 的機率為 1。第二，如果集合體中的兩個集合沒有共同的元素，那麼，它們的聯集機率就是這兩個集合的機率和。

〔296〕 在柯莫哥洛夫所達成的抽象程度上，機率論很明顯地非常相似於數學的另一個領域：測度論（measure theory）。測度論是由艾彌爾・波雷爾（Émile Borel）、亨利－里昂・列貝斯格（Henri-Léon Lebesgue）以及其他人所引進的一個有關面積和體積的高度抽象研究。他們的動機是要瞭解和延拓牛頓及萊布尼茲在十七世紀發展的積分學。因此，一個試圖幫助賭徒在賭場贏錢的數學研究領域，根本上完全等同於我們在世界和宇宙中所見之運動與變化的研究領域——這是數學抽象的不可思議力量之顯著證明。

且讓我們就只檢視一種方法，其微積分和機率論可以幫助我們做出有關未來事件的決策。

使用數學做出你的優選

　　一九九七年，諾貝爾經濟學獎是由史丹福大學的金融榮譽教授麥倫・休斯（Myron Scholes）與哈佛大學的經濟學家羅伯・莫頓（Robert C. Merton）兩人分享。要不是費雪・布萊克不幸提早過世，這獎項毫無疑問也會分享給他。這獎項是頒給在一九七〇年發現的單一數學公式：布萊克－休斯公式（Black-Scholes formula）。

　　由休斯和布萊克發現，並且由莫頓發展，這個布萊克－休斯公式告訴投資人要在衍生性金融商品上投入多少。一個衍生性金融商品（derivative），是一個本身沒有價值的金融工具；它是由其他資產的價值衍生（derive）出來的。一個普遍的例子是認股權，它提供購買者在指定日期前，以同意的價格購買股票的權利——但並非義務。衍生性金融商品相當於「側邊賭注」（side bet），是用來抵消在這個情勢每天都會改變的世界裡做生意所帶來的風險。

　　布萊克－休斯公式提供一個方法，用來決定要給特定的衍生性金融商品標上什麼價錢。將一個猜測遊戲變成一門數學科學，布萊克－休斯公式把衍生性金融商品市場變成了現在非常賺錢的企業。

　　這個能使用數學來標價衍生性金融商品的想法如此地具有革命性，以致於布萊克和休斯一開始在出版他們的研究成果時困難重重。當他們在一九七〇年首次嘗試時，芝加哥大學的《政治經濟學期刊》（*Journal of Political Economy*）和哈佛的《經濟學與統計學評論》（*Review of Economics and Statistics*）連審查都沒有，就將這篇論文駁回了。直到一九七三年，在一些芝加哥大學教授團有影響力的成員對編輯施壓之後，《政治經濟學期刊》才出版了這篇論文。 〔297〕

　　企業的眼光比起象牙塔裡目光短淺的嬌客要好得多了。在布萊

克－休斯的文章出版的六個月之內，德州儀器（Texas Instruments）已經將這最新的公式放入他們最新的計算機裡，並且在《華爾街日報》中買下半頁的廣告，宣佈這項新功能。

現代的風險管理，包括保險、股票買賣及投資，都依賴著我們能用數學預測未來這個事實。當然，這無法有百分之百的準確度，但已經準確到能讓我們對於錢要投資在哪裡做出明智的決定。本質上，當我們提出保險或者股票購買時，我們真正處理的就是風險。金融市場底下的特質就是，冒的險愈大，可能獲得的利潤就愈大。利用數學並無法完全移除這個風險，但是，它可以告訴我們所冒的風險到底有多大，並幫助我們決定合理的代價。

布萊克和休斯所做的，就是找出一個決定合理的價錢，以收購像認股權這樣的衍生性金融商品。認股權是這樣運作的，在某個固定的未來日期前，你以同意的價格購買股票的權證。如果股票的價值在到期之前升到比同意的價格要高，你就可按同意的價格買下股票並且獲利。如果你願意，你甚至可以直接把股票賣掉兌現。如果股票升到同意價格之上，那麼，你就不需要購買，不過，你會損失一開始購買這個權利的金額。

認股權吸引人的地方是，購買者一開始就知道最大損失——也就是這個權證的費用——是多少。因此，可能的利潤理論上是無限的，如果股價在到期之前狂升，你就可以大賺一筆。認股權在一個一直經歷大量和迅速波動的市場，比如說電腦和軟體業中，特別地吸引人。

問題是，我們要如何決定一個特定股認股權的合理價格呢？這正是休斯、布萊克和莫頓在一九六〇年代末期研究的問題。布萊克是一個剛從哈佛拿到博士學位的數學物理學家，當時已離開物理學，並且在亞瑟・利妥（Arthur D. Little）的一間位於波士頓的管理顧問公司

工作。休斯剛從芝加哥大學拿到金融博士學位。莫頓則是在紐約的哥
倫比亞大學拿到數學工程理學士學位，並且在麻省理工學院得到了一 〔298〕
份經濟系助教的工作。

這三位年輕的研究者——他們都還只是二十幾歲——開始試圖用
數學尋找一個答案，就和物理學家或工程師處理問題一樣。畢竟，巴
斯卡和費馬已經示範了用數學來決定某個未來事件賭注的合理代價，
而且，之後的賭徒都利用數學來算出他們在這個機會遊戲中成功的可
能性。同樣地，保險精算師也使用數學來決定一張保單的適當費用，
而這也是一個對於未來可能會或可能不會發生的事情的賭注。

但是，一個數學的進路可以在這個新的、高度易變的、方興未艾
的權證交易（options trading）世界中適用嗎？（剛好在布萊克－休斯
的論文出版前一個月，一九七三年四月，芝加哥期貨交易所才開始營
業。）許多資深的市場商人都認為這個進路不可能行得通，而且權證
交易不是數學可以處理的問題。如果真的是那樣，那麼，權證交易就
完全是個狂野的賭注，專門為有勇無謀的人而設。

這些老衛兵畢竟是錯的。數學可以應用在權證的標價上——在
這例子中，是一個稱為隨機微分方程式（stochastic differential equa-
tions）的機率論和微積分的混合物。布萊克－休斯公式取了四個輸入
變數——權證期限、價格、利率、市場變動率——然後生產出一個權
證該有的價格。

這個新公式不只有效，它完全改變了這個市場。當芝加哥交易所
在一九七三年開始營業時，第一天交換的權證在 1,000 筆以下。到一
九九五年，每天都會有百萬個權證換手。

這個布萊克－休斯公式（以及莫頓加上的延伸）在新期權市場的
成長所扮演的角色，大到當美國股市於一九七八年破產時，富有影

響力的商業雜誌《富比士》（*Forbes*）還把責任完全歸咎在這一公式上。休斯本人則答辯說，不應該將責任怪罪在這個公式上，是市場商人還無法經驗充足地使用它。

　　諾貝爾獎頒給休斯和莫頓，說明了全世界現在都知道，這個數學公式的發現對於我們生活造成的重大影響，並且，再一次地強調了，數學可以改變我們生活的方式。

第八章

發掘宇宙的隱藏規律

天空的漫遊者 〔299〕

　　不論現代科技如何地發達，很少有人能夠在晴朗的夜裡凝視星空，而不震懾於宇宙的奇妙。即使我們知道天空中一閃一閃亮晶晶的星星，是自然界的核子爐，是和太陽類似的星體，這也絲毫不會減低那壯觀的感覺。現在我們還知道，許多天體的星光要花費數百萬年才能到達地球，而這只會讓我們更加深刻地感受到宇宙的廣袤。

　　考慮到現代人自身的反應後，我們不難體會，老祖宗們心中也會有類似的驚奇，使得他們在一開始嘗試理解大自然的模式時，會從觀察星空開始。

　　古埃及人與古巴比倫人會觀察太陽與月亮，知道這兩個星體有規律地運動，並且利用這樣的知識來建立曆法，以便監控季節的變化，來幫助農業的發展。但這兩個古文明都沒有足夠的數學工具，以發展出一套首尾連貫的理論，來解釋他們觀察到的許多星體。這一步是由希臘人在約西元前六〇〇年跨出。泰利斯（在本書前面提過，那位被認為想出「數學證明」此一概念的仁兄）與畢達哥拉斯似乎很認真地去理解——用數學理解——某些星體複雜的運動軌跡。事實上，我們現在知道那些擁有複雜運動軌跡且最為困惑古人的星體不是恆星，而是我們太陽系中的行星。「行星」（planet）一詞來自古希臘人觀察到的複雜運動軌跡：希臘文的 planet 意為「旅行者」或「漫遊者」。 〔300〕

385

在沒有明確證據的情況下，畢式學派宣稱地（球）必定為一個球體，這個看法逐漸為其他希臘思想家接受。關於地是球形的數學驗證，最後在約西元前二五○年由伊拉托森尼斯（Eratosthenes）提出。藉由測定兩個不同地點的太陽仰角，伊拉托森尼斯不但提出強有力的證據，支持地為球形的說法，而且還計算出它的直徑，他的計算結果我們現在知道有 99%的準確率。

在伊拉托森尼斯之前，柏拉圖的學生尤德賽斯（約西元前 408-355 年）提出了一個宇宙模型，這個模型有著一系列的同心球面，地球在它們不動的中心，而每個星體都在某個球面上運轉。我們並不清楚尤德賽斯如何說明行星（天空的漫遊者）的複雜運動，而他自己的著作已經失傳。我們也不瞭解尤德賽斯如何說明行星的明暗隨時間變化的現象。如果一顆行星在某個固定的球面上運轉，而球面的不動中心是地球，則此行星的亮度應該要維持不變才是。然而，不論這個模型有多少技術上的缺點，尤德賽斯的理論之所以值得注意，是因為他嘗試提供一個數學架構來描述宇宙。

事實上，在西元前五世紀中葉，赫拉克利特就提供了兩個革命性的概念，對行星的亮度變化與複雜的運動軌跡，進行可能的說明：第一，地球會繞著自己的中心軸轉動；第二，金星與水星的奇特運動軌跡，是因為它們環繞太陽運行。在尤德賽斯之後不久，約在西元前三○○年，薩摩斯的阿里斯塔克斯（Aristarchus of Samos）比赫拉克利特更前衛一些，他猜測地球也繞太陽運行。

兩種想法都沒得到眾人的認同。當希帕克斯（Hipparchus）在約西元前一五○年使用尤德賽斯的圓周模型時，他也假設地球是不動的中心。希帕克斯超越尤德賽斯的地方，是他假設行星看似複雜的運動軌跡，是因為它們所繞行的圓周中心點，也在繞著另一點做圓周運

動，就如同今天我們知道月球繞地球轉，而地球又繞太陽轉動。

　　這種不動地球中心觀，也可能被古希臘最偉大的天文學家托勒密接受。他在西元後二世紀出版了十三卷的《天文學大成》（*Almagest*），自此，本書主導歐洲天文學一四○○年。托勒密將尤德賽斯〔301〕的圓周運動進路變成精確的數學模型，並使之契合於古希臘文明後期日益精確的天文觀測資料。

減少圓周的數量

　　在大約西元五○○年至一五○○年的後希臘時代，歐洲人的智識生活為天主教會主導，所以，對任何想要用科學方法說明宇宙運作的人，此時並沒有太多誘因鼓勵他們這麼做——事實上，這麼做還有很多不利因素存在。根據教會的教條，人不該質疑上帝對宇宙真正的設計，那是屬於上帝自己的事。相反地，教會教導我們，人應該努力瞭解上帝的旨意。一群十六世紀的思想家看到了這個要求的漏洞。他們提出一種新的教條，認為上帝是根據數學的法則來構造宇宙，因此，他們努力去理解這些數學法則不但可能，而且也是上帝的旨意。

　　現在，這條用數學研究天文的道路再度開放通行，那些文藝復興早期的思想家得以讓古希臘人的想法重見天日，並且以當時更為精準的測量數據，支持這些想法。基於教條的神祕臆測，逐漸被理性的數學分析取代。數學家與天文學家堅稱他們只是嘗試要理解上帝的旨意，而這樣的說法，也保護了他們對宇宙的探究，直到他們的探究違反了教會最重要的核心信條之一：地球在宇宙的中心位置。身處這場風暴中心的，是一位運氣不好的信使——尼古拉斯·哥白尼（Nicolas Copernicus, 1473-1543）。

　　等到哥白尼出場時，為了符合當時日益精準的觀測資料，托勒密

的模型已經被人修改為要用到大概七十七個圓周才能描述日、月與行星的複雜運動。哥白尼知道阿里斯塔克斯與其他希臘人曾提出日心說（以太陽為中心）的宇宙模型，於是，哥白尼自問：若把太陽放在宇宙的中心，是否能找出一個更簡單的模型？雖然這項工程還需要一些原創的想法，來造出符合已知數據的模型，哥白尼最後卻能將地心模型所需的七十七個圓周數量，降低至日心模型所需的三十四個圓周。

〔302〕　　從數學的角度來看，哥白尼的日心模型遠勝於之前的各種說法，但它招致了教會的強烈反對。教會宣稱這個新理論「比喀爾文與馬丁路德的著作，或所有其他異端邪說更為惡劣，且對基督教的傷害更大」。丹麥天文學家第谷（Tycho Brahe）花了很大的力氣取得精確的觀測數據，想要以此推翻哥白尼的理論，但最終他所得到的資料，反而證實了日心模型的優越性。

事實上，因為第谷詳細且全面性的測量，他的合作學者克卜勒（1571-1630）可以推導出一個結論：行星並非以圓形軌道，而是以橢圓軌道繞太陽運行。克卜勒給出的三大行星運動定律（我們已經在第四章提過），為當時他所參與的那場科學革命展現出的科學精確性，提供了最佳的例證：

1. 行星以橢圓軌道繞太陽運行，太陽則位於橢圓兩焦點之一。
2. 行星在軌道運行時，太陽與行星的連線，在相同的時間掃過相同的面積。
3. 行星繞太陽週期的平方與行星距太陽的軌道平均半徑的立方成正比。

用如此簡單的敘述捕捉到行星運動的模式，克卜勒的模型看來遠勝哥白尼的圓周模型。此外，克卜勒定律也相對地簡化了預測任一時間行星位置的工作。

克卜勒模型的最後驗證——也是壓垮教會支持的地心模型的最後一根稻草——就是當伽利略用新發明的望遠鏡觀察行星後，所給出的極度精確數據。

雖然伽利略的作品從一六三三年至一八二二年被教會列為禁書（當時教會的「官方」立場仍認為地球是宇宙中心），幾乎所有的後文藝復興科學家都確信哥白尼的日心說是正確的。是什麼讓他們如此肯定？畢竟，我們日常生活的經驗告訴我們，腳下的地球是固定的，而日月星辰在天上運行。

答案是數學：使用日心模型的唯一理由是，當太陽在太陽系中心時，宇宙模型所需的數學，比地球在中心時要簡單得多。哥白尼革命是歷史上第一次，數學——更精確地說，應該是對簡潔數學說明的需求——迫使人們否定親眼所見的證據。 〔303〕

讓數（目）字說話的人

確證克卜勒三大定律只是伽利略的主要科學成就之一。伽利里奧·伽利略（Galileo Galilei）一五六四年生於義大利佛羅倫斯（Florence），他在十七歲時進入比薩大學（University of Pisa）習醫，但閱讀歐幾里得與亞里斯多德，使他將注意力轉向科學與數學。這是個重大的轉變，不僅對伽利略而言是如此，對全人類亦是如此。因為伽利略與他同時代的笛卡兒啟動了科學革命，直接導向今日的科學與技術。

笛卡兒強調奠基於實驗證據的邏輯推理之重要性，伽利略則將重點放在測量。伽利略如此的作為，改變了科學的本質。自從古希臘時代，「科學」的目的就在於尋找各種自然現象背後的原因，伽利略則尋找不同測出量之間的數值關係。舉例來說，他不說明為何從高塔放

下重物時它會落下，而是嘗試找出其落下時，物體位置與時間的關係。要做到這件事，他從一個很高的位置（很多人說是在比薩斜塔，但我們無從證實）讓一個小且重的物體落下，然後，測量在落下過程中到達不同位置所需的時間。他發現物體落下的距離與掉落時間的平方成反比。使用現代代數術語，他所發現的是 $d = kt^2$，將落下距離 d 與落下時間 t 連結起來，而 k 為常數。

今日，我們太習慣於這種數學定律，以致於很容易忘記這種看待自然的方法只使用了四百年，而且它完全是人造的。為了得到像伽利略所用的公式，你必須找到自然界中某些可測量的特徵，然後，尋求這些特徵之間有意義的關係。這種進路可用的特徵是時間、長度、面積、體積、重量、速率、加速度、慣性、力、動量與溫度。必須忽略的特徵，則是顏色、材質、聞到與嚐到的味道。如果你停下來想想，〔304〕你會發現第一組特徵——那些伽利略的進路可以應用的特徵——完全是數學上的發明（mathematical inventions）——只有從賦予不同現象的數值來看時，它們才有意義。（即使是那些有非數值意涵的特徵，為了應用伽利略的進路，也必須數值化。）

一條數學公式關連了兩個或多個數值化特徵之間的關係，這就提供自然界的某種描述（description），但它沒有對現象給出任何說明（explanation）——意即他沒有告訴你原因。這的確是替「做科學」帶來革命性的改變，且在初期招致頗為強烈的反對。甚至笛卡兒也有懷疑，並曾一度說出：「伽利略說的所有關於物體在空間中落下的話，都是沒有基礎的；他應該先確定重量的本質。」但新進路的天才之處，因其巨大的成功所以顯而易見。大多數現在用數學研究的「自然的模式」，都是在伽利略那個看不見的、量化的宇宙中出現的。

蘋果如何落下

　　伽利略死於一六四二年。就在同一年，牛頓生於英格蘭的小鎮烏爾索普（見第三章）。牛頓是最早擁抱伽利略量化進路的科學家之一。在牛頓有關力與重力的理論中，我們可以看到那個進路人為且抽象本質的戲劇化例證。我們來考慮牛頓著名的有關力的定律：

　　一物體所受之合力為其質量與加速度之乘積。

這個定律提供了三個高度抽象現象之間的精確關係：力、質量與加速度。它常被表示為如下的數學方程式：

$$\mathbf{F} = m \times \mathbf{a}$$

此方程式中的粗體字，是數學家表示向量（vector quantity）的標準用法。所謂向量就是同時具有方向與大小的量。在牛頓的方程式中，力 F 與加速度 a 均為向量。在此方程式中，力與加速度均為純數學概念，而當你仔細理解之後，你會發現質量其實也不如我們預期的「具體」。

　　另一個例子，就是牛頓有名的重力的平方反比定律：

　　兩物體之間的引力，與兩者質量的乘積成正比，與兩者距離的平方成反比。

若以方程式將其寫出，這個定律就是：　　　　　　　　　　　　　〔305〕

$$F = k \times \frac{M \times m}{r^2}$$

其中 F 表示引力的大小，M 與 m 是兩物的質量，r 為兩者間的距離。

牛頓的定律後來證明非常有用。舉例來說，一八二〇年，天文學家發現天王星的軌道有無法解釋的變動。最有可能的解釋，就是它的軌道被當時尚未發現的行星重力所牽扯。那顆未知的行星被命名為海王星。但是，它真的存在嗎？

一八四一年，英國天文學家約翰·庫區·亞當斯（John Couch Adams）運用牛頓定律進行詳細的數學分析，並計算出那顆未知行星的質量與精確軌道。雖然亞當斯的結果一開始遭到忽略，但在一八四六年，德國天文學家伽勒（Galle）得到了這些分析結果，且在數小時之內，就用望遠鏡找到了海王星。當時的望遠鏡相對來說十分原始，所以，若沒有牛頓定律幫助下的精確計算結果，天文學家不太可能發現海王星。

再舉些當代的例子。牛頓的定律幫助現代人發展出控制系統，讓通訊衛星進入環繞地球的固定軌道，並讓我們能送出有人或無人的長程太空載具。

然而，無論牛頓的萬有引力定律如何精確，它完全沒有告訴我們重力的本質 —— 也就是重力到底是什麼。牛頓定律給了我們重力的數學描述。到今日為止，我們仍沒有其物理的描述（physical description）。（感謝愛因斯坦，我們現在有關重力的部分物理描述，就是時空曲率（curvature of space-time）的展現。但愛因斯坦的解釋所需的數學，比牛頓定律用的簡單代數要複雜許多。）

人與人之間看不見的牽絆

在今日，與地球另一端的人通電話，由現場直播看數千公里外的球賽，或者在收音機裡聽到城市另一邊的人所演奏的音樂，對我們而言都是稀鬆平常之事。身為地球公民，我們已經被現代通訊科技緊緊

地繫在一起。這些科技之所以讓我們能將資訊傳送至遠方，是因為一些看不見的「波」（「波」被加上引號的原因，會在後文解釋），稱為無線電波（radio waves）或是電磁波（electromagnetic waves）。

事實上，電磁媒介通訊科技在過去三十年的快速成長，幾乎確定是人類生活型態的第四次重大轉變。數十萬年前人類學會了語言，是為第一次轉變，這讓我們早期的祖先可以從一個人對另一個人，或一代對下一代，傳遞大量的資訊。

大約七千年前文字的發明，使人類得以創造相對永久的資訊紀錄，並且以書寫資料作為跨越長距離或長時間的溝通工具。印刷術在十六世紀的普及，提供個人同時對大眾廣播資訊的工具。這每一次的發展，都把人與人之間的距離拉得更近，並且使我們可以共同進行愈來愈大的計畫。

最後，當電話、收音機、電視，以及最近的各種電子通訊設備問世之後，人類社會似乎快速發展成為一個新的社會，其中這麼多人的行動可以互相配合到這樣的程度，以致於真正的集體智慧得以達成。只要舉一個例子就好，若是我們不能讓數千人組成單一的團隊，且大多是同時互相合作，我們就不可能把人送上月球，並讓他們平安歸來。

現代人的生活幾乎完全被那些快速與我們擦身而過——或是穿過我們——的隱形電磁波牽連在一起。我們知道那些波存在（我們至少知道某些東西存在），因為我們可以看見並利用他們帶來的好處。但它們到底是什麼？而我們又是如何如此精確地利用它們，並達到巨大的效果？對於第一個問題，我們還沒有答案。就如同重力一樣，我們並不清楚知道電磁輻射是什麼。但對於為何我們能對其做如此有效的運用，答案就沒有爭議：那是因為數學。

〔307〕因爲數學，我們能夠「看見」、創造、控制並且利用電磁波。數學提供我們對電磁波的唯一描述。事實上，就我們所知，電磁波之所以是波，乃是因爲數學視之爲波。換句話說，我們用來處理所謂電磁輻射現象的數學，是一種波動理論。我們使用那種數學理論的唯一正當性，是因爲它說得通。我們並不知道，眞實的現象中是否的確包含了某種介質裡的波動。現有的證據只告訴我們，這張波動的圖像最多只是電磁輻射現象的粗略描述，而我們也許永遠無法完全理解它。

看到今日無處不在的通訊科技，你或許很難想像這背後的科學理論，僅僅是約一個半世紀前被提出的。第一道無線電波被送出與接收是在一八八七年，其所依賴的理論，則是在那之前的僅僅二十五年被發現。

馬克士威爾的大宅門

很多人說今日的通訊科技已經讓世界變成一個村落——一個地球村——而且很快地，全人類就會像住在一座地球大宅門內的一家人一樣。考慮到當代社會的問題與不斷的衝突，這個大宅門的比喻，只能代表一個功能異常的家庭。但有了在世界任一角落都可用的即時通訊——同時有聲音與影像——從社會與通訊的角度來看，我們的世界眞的開始像一座宅邸。要興建這座宅邸所需的科學理論，是由英國數學家詹姆士‧馬克士威爾（James Clerk Maxwell, 1831-1879）發展出的。

一八二〇年的一次意外實驗，引發了馬克士威爾發展他的電磁理論。某日，丹麥物理學家漢斯‧奧斯特（Hans Christian Ørsted）在實驗室工作時，注意到當電流通過一條導線時，位在附近的磁針偏離了正常指向。傳聞當奧斯特告訴他的助手這件事時，助手只有聳聳肩回

答說這是很常見的事。無論這段對話是否曾發生，奧斯特認為這個現象很有意思，所以，他必須要向丹麥皇家科學院報告。這是史上頭一遭磁與電互動的展示。

次年，磁與電的更進一步連結被發現。法國學者安德烈－馬里·安培（André-Marie Ampère）觀察到，當電流通過兩條平行且靠近的導線時，這兩條導線會有如同磁鐵的行為。若通過兩條導線的電流方向相同，則兩條導線會相吸；反之，若電流方向相反，則導線會相斥。 〔308〕

十年之後的一八三一年，英國書本裝訂商麥可·法拉第（Michael Faraday）與美國教師約瑟·亨利（Joseph Henry）獨立地發現了與前一段基本上相反的現象：若一線圈處在一交變磁場（alternating magnetic field）中，此線圈內會產生感應電流。

就是在這個時候，馬克士威爾登上了電磁領域的舞台。從約一八五〇年起，馬克士威爾就開始尋找科學理論，來說明不可見的電磁現象之間的奇異連結。他受到英國大物理學家克爾文爵士威廉·湯姆森（William Thomson, Lord Kelvin）的影響。湯姆森也倡議要找出電磁現象的機械解釋。精確來說，在他發展出流體波動的數學理論之後，湯姆森提出一個想法，認為有可能將電與磁解釋為以太中的某些力場（force field）。以太是一種古人所設定的介質，但從未被偵測到；熱與光便是藉其傳導。

力場（或簡稱為場）的概念，是高度抽象的，而且，只能用純數學的方法描述（為一種被稱為向量場的數學物件）。你可以將一張卡片放在磁鐵上方，並於卡片灑上鐵粉，就可以看到磁場的「磁力線」。當你輕拍卡片時，鐵粉就會排列成曲線的優雅模式，這些曲線就表徵了看不見的磁力線（見圖 8.1）。

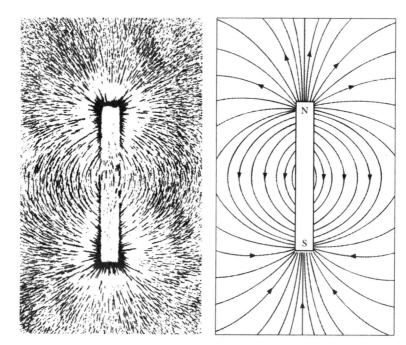

圖 8.1.：卡片上磁鐵上方的鐵粉會排列成磁場中的磁力線。

同樣地，你也可以「看見」電場。你可以讓一條通電的導線穿過卡片上的洞，將鐵粉灑在卡片上，然後輕拍卡片，鐵粉就會圍繞著導線排列成一連串同心圓（見圖 8.2）。

對數學家來說，力場是一個區域，其中每一點都有力作用於其上。當你在此區域中移動時，力的大小與方向隨著位置而變化，且通常是以連續不斷的方式變動。如果你在這種力場中移動，你所受力的大小與方向就會變化。在很多力場中，每一點的力也會隨時間變化。

體認到要解釋如力場這般抽象的事物只能如伽利略一樣使用數學，馬克士威爾努力去尋找一組數學方程式，來準確地描述電與磁的行為。他獲得了巨大的成功，並在一八六五年發表〈電磁場的動力學

理論〉（*A Dynamical Theory of Electromagnetic Field*）。

力的方程式 〔310〕

　　現代人所稱的馬克士威爾方程式共有四條。它們描述了電場 E、磁場 B，以及這兩者間的關係，還描述了另外兩個量，就是電荷密度 ρ（rho）與電流密度 j。請注意，這些量均爲純數學物件，而我們也只有在它們出現的數學方程式中，才能恰當地理解它們。確切地說，E 是一個向量函數，在每個位置與每個時間點上，會給出在那個位置的一道電流；B 也是一個向量函數，在每個位置與每個時間點上，會給出在那個位置的磁力。

　　馬克士威爾方程式是偏微分方程（partial differential equations）的一種。舉例來說，E 與 B 均隨位置與時間變化。這兩個量在某一點（相對於時間）的變化率，就是它們對 t 的偏導函數，分別以

$$\frac{\partial E}{\partial t}$$

與

$$\frac{\partial B}{\partial t}$$

表示。

　　（對一個雙變數〔或多變數〕的函數，例如 E 而言，我們可以對兩個變數分別定義導函數。這兩個導函數的眞正定義，就與我們在第三章考慮的單變數函數相同；在微分時無關的另一個變數就視爲常數。爲了表示還有其他的變數，數學家會用不同的符號表示導函數，例如寫 $\frac{\partial E}{\partial t}$ 而不寫 $\frac{\partial B}{\partial t}$。這種導函數稱爲偏導函數〔partial derivatives〕。）

397

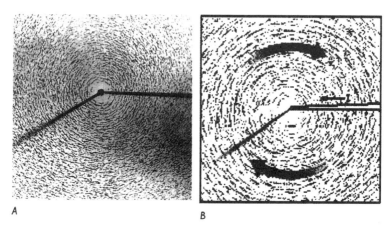

圖 8.2：卡片上通電導線周圍的鐵粉會排列成電流生成之磁場中的磁力線。

　　取最簡單的情形，就是眞空中的電磁，並且忽略一些常數，則馬克士威爾的四條方程式如下（筆者在此只是爲了紀錄它們而寫出，白話文的解釋就在後面）：

1. $\mathrm{div}\,E = \rho$ 　　　　　　（高斯定律）

2. $\mathrm{curl}\,B = j + \dfrac{\partial E}{\partial t}$ 　　　（安培－馬克士威爾定律）

〔311〕

3. $\mathrm{curl}\,E = -\dfrac{\partial B}{\partial t}$ 　　　（法拉第定律）

4. $\mathrm{div}\,B = 0$ 　　　　　　（磁單極子不存在）

div（divergence，散度）與 curl（旋度）來自於向量微積分——就是你在某個場中想計算變化率時所得到的微積分。對任何場 F，從某個給定體積中流出之 F 的通量，就是從那個體積流出的場線的一種測度——大致來說，就是測量那個體積附近的力 F 有多強，或是 F 有多少從那個體積流出來。在場中的每一點，$\mathrm{div}\,F$ 所給出的量，就是每單位體積從那個點周圍的球面所流出的通量。F 在某一點的旋度所

測量的，則是那個點附近的小區域空間漩渦的旋轉向量——大致來說，就是在那點附近場的方向旋轉得多厲害。

如果用敘述性（意即非量化）與口語的方式來描述，馬克士威爾方程式可以大略寫成如下的內容：

1. 在一個有限體積中流出的電場通量，與此體積中的電荷成正比。
2. 電流或交變電通量會產生磁渦流。
3. 交變磁通量會產生電渦流。
4. 在有限體積中的總磁通量永遠為零。

馬克士威爾的方程式蘊涵了如果我們讓電流在一導體（如導線）中前後波動，則其所產生之隨電流在不同時間交變的電磁場，會從導體中掙脫，並以電磁波的形式流入空間中。此電磁波的頻率就與產生它的電流頻率相當。（這是收音機與電視訊號傳輸的基礎。）使用他的方程式，馬克士威爾能夠計算掙脫出的電磁波速度：約每秒 300,000 公里（即每秒 186,000 英里）。

為什麼要把這個快速移動的東西看成是波動呢？嚴格來說，這裡的數學給你的只是一個數學函數——馬克士威爾方程式的一個解。然而，這個函數類似於你研究氣體或液體波動時所遇到的方程式。所以，在數學上稱其為波動十分自然。但請記得，當我們使用馬克士威爾方程式時，我們是在腦中創造出的伽利略世界裡使用。方程式中不同數學物件之間的關係，能夠很好地描述我們想要研究的真實世界現象裡的對應特徵（如果各種條件都設定得很好）。所以，數學能給我們的可能是十分有用的描述——但它不會給我們真正的說明。〔312〕

數學之光

　　無論電磁是否為波，馬克士威爾興奮地指出，他計算出的傳播速度有些似曾相識之處。那個數字很接近當時已經相當準確地被測量的光速——兩者接近的程度令人懷疑它們有可能根本相等。（早期有一次關於光速的計算是在一六七三年，依賴觀測木星的衛星埃歐〔Io〕被木星蝕的現象。當地球離木星最遠時，觀測到埃歐被木星蝕的現象，比地球離木星最近時要晚約 16 分鐘。假設延遲的時間是因為光線需要多走的距離——大概是地球公轉軌道的直徑，約三億公里——這樣計算出來的光速大概是每秒 312,000 公里。十九世紀末測出的較準確數字是略低於每秒 300,000 公里。）

　　事實上，馬克士威爾想的是，也許光與電磁輻射不只速度相同。或許兩者根本是同一種東西，而他在一八六二年就這麼說了。也許光線只是某種電磁輻射的特殊形式——例如，某種特殊頻率的電磁輻射？

　　在當時，關於光的本質有兩派互相牴觸的理論。其一，是由牛頓在約一六五○年提出的微粒理論，認為光是由不可見的微粒（corpuscle）組成；光的微粒是由所有會發光的物體射出，以直線行進。另一個理論，是由惠更斯（Christiaan Huygens）大約於同時提出的，認為光是由波動組成。（我們現在知道，無論是微粒理論或波動理論，都不完全「正確」，因為每一個理論在某些現象上都能解釋得比另一理論好得多。）

　　到馬克士威爾的年代，大多數物理學家傾向波動理論；所以，當馬克士威爾提出光應該只是某種形式的電磁輻射時，應該會受到學界歡迎。但事實並非如此。問題出在馬克士威爾的理論用了太多的數

學。例如說，在一八八四年的一場演講中，克爾文爵士說馬克士威爾
對光的研究令人不盡滿意，而物理學家們應該繼續尋找一個機械化的
模型，來說明光的現象。馬克士威爾自己對這些批評當然也無法充耳
不聞，所以，他也做了數次嘗試要提出機械化的說明，但沒有一次成
功——事實上，到今天為止，這樣的說明仍不存在。

　　雖然缺乏直觀的說明，馬克士威爾的理論在科學上相當有力，而 〔313〕
且極度有用。在今日，他的理論被認為是電磁輻射的標準數學描述。
早在一八八七年，德國物理學家漢里希・赫茲（Heinrich Hertz）成功
地在一個電路造出一道電磁波，並在另一個遠處的電路接收到它。簡
單來說，他造出了世界上的第一道無線電波。數年之後，無線電波被
用來把人的聲音傳送到愈來愈遠的地方，而僅僅在赫茲實驗的八十二
年之後，即一九六九年，一位站在月球表面的人類，透過無線電波與
他在家鄉地球的同僚通話。

　　今天，我們知道光的確是電磁輻射的一種形式，也知道其他各
種根據波長而有不同的電磁輻射，從波譜上高端頻率的波長 10^{-14} 公
尺，到低端頻率的波長 10^8 公尺。用來傳送收音機與電視訊號的無線
電波，比光波的頻率要低得多，屬於電磁波譜的低端。

　　比收音機訊號波頻率高，但比可見光頻率低的是紅外線，它不可
見但會傳送熱能。我們所說的光線，構成了電磁輻射波譜中可見的
部分，其中紅光在低頻端而紫光在高頻端，其他我們熟知的彩虹顏
色——橙、黃、綠、藍、靛——則排列於二者之間。比紫光頻率稍高
的輻射稱為紫外線。雖然人眼不可見，但它可以使照相底片變黑，用
特殊儀器也可以看見它。

　　越過紫外線，接下來的輻射是不可見的 X 光，它不止能使底片
變黑，也可以穿過人體血肉。這兩者的組合使之在醫學上有廣泛的應

用。

最後,在波譜最高端的是迦瑪射線(gamma rays),由放射性物質在其衰變時射出。近年來,迦瑪射線也在醫學上發展其應用。

人類視覺、通訊、醫療——甚至微波烹調——都大量地運用到電磁輻射。運用的方法都依賴馬克士威爾的理論,而這些應用也見證了他那四條方程式的正確性與精準度。然而,就像前面所提到的,這些方程式並未提供電磁輻射的任何說明。他的理論完全是數學。這也提供了另一個令人驚奇的例證,告訴世人數學如何讓我們「看到那不可見的」。

〔314〕 隨風而逝

馬克士威爾的電磁理論還留下了一個明顯的問題沒有解決:電磁波傳導的介質,其本質為何?物理學家稱這種未知的介質為以太,但對其本質完全不解。科學家總是希望理論愈簡單愈好,所以,他們假設神祕的以太在宇宙中處處靜止,是日月星辰移動時恆定的背景,也是光與其他電磁輻射波動傳導的介質。

為了驗證這個恆定以太的假設,一八八一年,美國物理學家麥克遜(Albert Michelson)設計了一個巧妙的實驗,來嘗試偵測以太。如果以太靜止不動,而地球移動於其中,則麥克遜認為,從地球上觀察者的角度來看,地球運行的相反方向會有一陣「以太風」(ether wind)吹來。麥克遜嘗試去偵測這陣風,或者更精確地說,他要去偵測這陣風對光速的影響。他的想法是在同一瞬間造出兩道光線,一道是沿著地球在以太中移動的方向,另一道則垂直於這個方向。為了做到這件事,他首先造出單一道光線,射到一塊與光線夾角 45 度的部分鍍銀玻璃片;此時,玻璃片會將這道光線分為互相垂直的兩道光

線。這兩道光線會分別射到兩片與玻璃片距離相同的兩面鏡子，然後再反射回到一個偵測器上。整個實驗儀器的示意圖如圖 8.3。

　　因為兩道光束之一先朝迎面而來的以太風而去，然後，再與以太風一起回來，而另一道光束移動時均與以太風方向垂直；兩道光束到達偵測器的時間應該有細微的差別：先往以太風迎面而去的光束應該比另一道略慢。請想像兩位技術體能均相當的游泳選手，其中一位逆水游泳一段距離之後，再返回起點；另一位在垂直方向游了相同距離再折回。第一位選手應該會比第二位晚回到起點。事實上，如果第二位選手整趟來回的方向都垂直於水流方向，她應該不會游回起點，而是會被帶往水流的方向飄移。同樣的情形，也會發生在麥克遜的實驗中，但因為光的速度極快——約每秒 300,000 公里——與地球通過以太的速度相比——地球的公轉速度約是每秒 30 公里——光的飄移可以忽略而不被儀器偵測到。〔315〕

　　麥克遜的想法是測量兩道光束到達偵測器的時間差。但要如何做到這件事？即使到今日，我們仍無法造出一個計時器，來測量每秒 30 公里的「以太風」，對每秒 300,000 公里的波動所造成的細微影

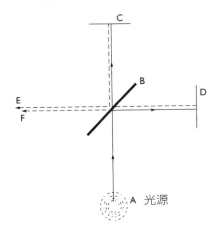

圖 8.3：麥克遜的實驗。一道光束從光源（A）射出，被部分鍍銀的玻璃片（B）分成兩道。兩道光束在分別被鏡面 C 與 D 反射後，合成一道由光束 E 與 F 組成的光束。BC 與 BD 的距離相等。麥克遜觀察到 E 與 F 兩道波之間沒有干涉現象。

響。麥克遜別出心裁的解決方案，是讓光線自己來偵測出差異。因為
兩道光束的來源相同，所以，當它們被玻璃片分成兩道時，兩者的波
動應該完全同步，波峰對波峰，波谷對波谷。若它們速度有差異，則
當兩者回到偵測器時，它們應該會不同步，亦即最後的合成光束會與
光源產生的光束不同──這是實際上可以被觀察到的差異。

然而，與眾人的希望和期待相反，麥克遜在返回的合成光束中，
偵測不到任何的變化。兩道光束在進行完不同的旅程之後，仍是完美
地同步。麥克遜不信這個結果，所以，在接下來幾年數次重複了這個
實驗。他想除去的其中一個可能性是，實驗進行的時間或許是地球剛
好在相對於以太為靜止的軌道位置。另一種可能性，是實驗儀器與以
太風的夾角剛好是 90 度。但是，不管在一年的哪個時節進行實驗，
不管儀器的角度如何設置，他仍然無法偵測到兩道光束到達偵測器的
時間差異。

到底是什麼出了問題？看來以太風似乎並不存在──所以，就是
沒有以太。那麼，到底是什麼承載了電磁波呢？為了避過這個兩難，
〔316〕勞侖茲（Hendrik Antoon Lorentz）與斐茲杰若（George FitzGerald）
兩位物理學家獨立地想到了一個激進的看法：當任何物體在以太中運
動時，它的長度會縮短，而縮短的程度，正好會抵消麥克遜實驗中兩
道電磁束到達偵測器時間的差異。這樣的想法不僅激進，且想得太過
人為而不自然，所以，剛開始時招致了強烈的懷疑。但事實上，後來
的發展告訴我們，雖然勞侖茲與斐茲杰若的說明看來不像是事實，他
們離真相卻也不遠了。

不可測的以太風謎題，最後在一九〇五年，由愛因斯坦提出他著
名的相對論而獲得解決。

史上最有名的科學家

如果在西方世界的街頭詢問行人，請她隨便說出一位科學家——或甚至說出一位「天才」——的名字，她幾乎一定會說愛因斯坦。不知爲何，這個德國出生，曾在瑞士專利局（Swiss Patent Office）工作，後來成爲普林斯頓學者的人，已變成至少是大眾文化裡科學天才的代名詞。

一八七九年生於德國烏爾姆（Ulm），愛因斯坦在慕尼黑度過他大部分的童年，並接受教育。一八九六年，因爲厭惡德意志的軍國主義，他放棄了德國公民身分而成爲無國籍人士，直到一九〇一年才取得瑞士籍。那時，他已經搬到蘇黎世，並從瑞士聯邦理工學院（Swiss Polytechnic Institute）畢業。一九〇二年一月，因爲無法留校取得教職，他在伯恩的瑞士專利局找到了工作，職稱爲三等技術員（Technical Expert, Third Class）。

三年之後，在一九〇五年，愛因斯坦發展出他最有名的狹義相對論 （theory of special relativity），這是科學上的重大突破，而他也在數年之內因此而享譽全球。一九〇九年，他辭去專利局的工作，接受蘇黎世大學傑出物理學教授（Extraordinary Professor for Physics）的職位。猶太裔的愛因斯坦爲了避開納粹，在一九三五年逃離歐洲，接受了新成立的紐澤西州普林斯頓高等研究院（Institute for Advanced Study）的職位，並在那裡工作到退休。他在一九四〇年成爲美國公民，在一九五五年逝於普林斯頓。

要對相對論有初步的理解，請想像你在一架飛機裡，飛機在夜晚飛行但窗戶是緊閉的，所以，你無法看到外面。假設沒有遇到亂流，因此，你其實不知道飛機正在移動。你從座位站起來走動。空服員幫 〔317〕

405

你倒一杯咖啡。你將一包花生米從一隻手丟起來，用另一隻手接住，純粹只爲打發時間。一切都很正常，跟你在地面一樣。但你其實是在空中以每秒 500 英里的速度飛馳。爲什麼當你站起來時，沒有被拋到機尾去呢？爲什麼空服員倒咖啡時，以及你丟花生米時，它們不會灑到你的胸前呢？

這個問題的答案是，這些運動——你身體、咖啡與花生米的運動——都是相對於飛機的運動。飛機的內部事實上提供了一種固定的背景——物理學家稱之爲參考標架（frame of reference）——而你的身體、咖啡與花生米都相對於其而運動。從你或是任何機內乘客的觀點來看，所有事物的行爲都跟飛機固定在地面上的情形相同。只有當你打開窗戶向外望，看到地面上的燈火向後方閃過，你才能感覺到飛機的移動。你能這麼做，是因爲你可以比較兩組參考標架：飛機與地面。

這個飛機的例子告訴我們，運動是相對的：一物相對於另一物而運動。我們所看到並且認爲是「絕對」的運動，其實是相對於當時我們所身處並且知道的參考標架的運動。但是，有沒有一組「最佳的」參考標架？如果你喜歡，也可以稱之爲大自然自身的參考標架。亞里斯多德認爲有這種東西：在他的觀點中，地球是靜止不動的，所以，所有相對於地球的運動都是「絕對運動」。哥白尼認爲所有的運動都是相對的。牛頓相信「固定」空間的存在，而在其中所有物體不是絕對靜止，就是在絕對運動。勞侖茲也假設自然界有一個最佳的、固定的參考標架，而在其中所有物體不是靜止就是在運動。這個參考標架即是以太。因此，對勞侖茲而言，相對於以太的運動就是絕對運動。

更進一步，勞侖茲提出，如果物體的質量與各物體間的作用力，會隨著那些物體通過以太的速度而改變，同時（他假設）物體

的因次也會改變（就是前文提到他的激進主張，被稱爲勞侖茲收縮
〔Lorentz contraction〕），那麼，在移動標架與靜止標架中的自然現
象就會相同，只要各項測量都是用各標架自身的尺度來當標準。所
以，給定兩位觀察者，一位（相對於以太）在運動，一位靜止，那
麼，要判斷何者移動與何者靜止是不可能的。

　　勞侖茲提案的一個特別結果，是物體的質量會隨物體速度增加而
增加。勞侖茲的數學分析中所預測的增加量，在相對低速時微小到無 〔318〕
法測量；但當速度接近光速時，質量的增加就變得顯著。近年來，在
放射性物質衰變時釋出的 β 高速運動粒子，其質量的增加已經被測
出，且測定結果與勞侖茲的預測完全相符。

　　構築在勞侖茲的理論之上，愛因斯坦往前更邁進了一步。他完全
拋棄靜止以太的概念，從而宣稱所有的運動都是相對的。根據愛因斯
坦，最佳參考標架不存在。這就是愛因斯坦的狹義相對性原理（prin-
ciple of special relativity）。

　　爲了搞定狹義相對性原理中的數學，愛因斯坦必須假設電磁輻
射有一個很特別──而且完全違反直覺──的性質。愛因斯坦說，
無論你的參考標架爲何，當你測量光線或任何形式的電磁輻射速度
時，你的結果都是一樣的。所以，對愛因斯坦而言，那個絕對的東西
不是電磁波傳導所經過的物質（substance），而是電磁波本身的速率
（speed）。

時間不絕對

　　藉由設定光速在所有參考標架中均相等，愛因斯坦得以解決另一
個麻煩的問題：「兩件事情同時發生」究竟是什麼意思？當事件彼此
之間的距離甚遠時，同時性（simultaneity）就成爲很棘手的問題。

對愛因斯坦而言，時間並非絕對，而是因著參考標架不同而變化。光線是同時性的關鍵。爲了讓讀者瞭解愛因斯坦的想法，請想像一列高速前進的火車。在火車前後兩端各有一道門，若要開啓這兩道門，可以從火車正中央向它們送出光線訊號使之開啓。（這是典型的「想像實驗」〔thought experiment〕，你必須假設所有的測量都完美地準確，兩道門同時開啓，等等。）假設你是火車上的乘客，坐在火車正中央光線訊號操作台旁。（這列行進中的火車就是你的參考標架。）當光線送出時你會看到什麼？你看到的是兩道門同時開啓。它們會同時開啓，因爲光線要行進到兩道門所需的時間相同。

〔319〕

現在，假設你不在火車上，而是站在軌道旁 50 公尺遠的地方，看著火車過去。現在光線被射出去了。接下來，你會看到什麼？後門會先開啓，接著前門再開啓。下面即是原因。因爲火車在運動（相對於你的參考標架而言），在光線生成的那一瞬間與它到達後門的瞬間之間，後門向前移動了一點小小的距離（朝向光源的方向），且在光線生成的那一瞬間與它到達前門的瞬間之間，前門也移動了一點小距離，但是朝遠離光源的方向。所以，從你在火車外的參考標架而言，光線要到前門的距離比後門遠。但愛因斯坦說，光線在任何標架朝任何方向的速率均爲定值。所以，（從你的角度看）光線先到達後門才到達前門。

因此，從火車上觀察者的角度看，兩扇門同時開啓；但對站在地面上的觀察者而言，後門比前門先開啓。那麼，根據愛因斯坦的想法，時間不是絕對的；它與觀察者所處的立足點有關。

把重力加入考慮

雖然給出很有力的結果，但是，愛因斯坦的狹義相對論，只能應

用於兩個或以上的參考標架彼此做等速運動時。再者，雖然狹義相對論對時空本質提出了討論，它卻並未觸及宇宙的另外兩個基本組成因素：質量與重力。一九一五年，愛因斯坦找到了方法延拓他的相對論，來解釋這兩者。這個新的理論稱為廣義相對論（theory of general relativity）。

這個新理論的基礎是廣義相對性原理（principle of general relativity）：在所有參考標架中的所有現象，都以同樣的方式發生，不論參考標架有無加速度。在廣義相對論中，一個被重力影響的自然過程，在沒有重力且整個系統加速的情況下也會發生。

這裡舉一個廣義相對論的特別範例。請你再次想像你處在夜間飛行的飛機中，而且所有窗戶均緊閉。如果飛機突然加速，你會感覺到有一股力量將你往機尾拉。如果你剛好站在走道上，你可能真的會被拋到機尾。同樣地，當飛機急遽減速（就像著陸時），你會受到一股力量牽引你往飛機前方。在這兩個例子中，加速與減速被你視為力的作用。既然你無法看到窗外，你就不知道飛機是在加速或減速。在不知情的狀況下，你會傾向將你突然向前或向後的運動，解釋為某種神祕力量的作祟。你甚至可能稱這種力叫「重力」。〔320〕

證實愛因斯坦相對論的證據之一，是一宗關於水星奇特行為的懸案。根據牛頓的重力理論，行星以固定的橢圓軌道繞太陽運行，與克卜勒的觀察吻合。然而，隨著克卜勒之後天文觀測的日益精準，數據顯示水星的軌道並非完全固定；它的變動很細微，但仍可被偵測到。它以每世紀 41 秒弧的量偏移。這個與牛頓預測值的差異，雖然從人類的尺度來說十分微小，但對科學家來說卻是個大問題：是什麼造成了這個偏差？

在愛因斯坦提出他的廣義相對論前，科學家並沒有看似合理的說

明。但愛因斯坦的廣義相對論的確預測了不止水星，而是所有行星的軌道都會變動。而且，他的理論還給出了每個行星軌道變動的精確數值。對水星以外的行星，預測值都太小，以致於無法測量驗證。但對水星而言，理論值與天文學家觀測到的數據完全吻合。

對水星軌道的說明，為愛因斯坦的新理論帶來了不少的支持。但真正決定性的事件，是發生在一九一九年進行的一項戲劇性的天文觀測。乍看之下可能令人驚奇，但廣義相對論的其中一個結果，就是光線的某些行為表現得彷彿它有質量。特別地是光波會受到重力吸引。如果一道光波經過巨大質量，例如恆星的附近，此恆星質量的重力場會使光波偏折。一九一九年的日蝕讓天文學家有機會驗證這個預測，而他們的發現與愛因斯坦的理論完全吻合。

要做到這個觀測，天文學家其實需要靠一些運氣。很幸運地，在那次的觀測中，太陽、地球與月球的尺寸與相對位置，使得當月球正好在地球與太陽中間時，月亮看來恰恰與太陽一般大。所以，對地表適當位置的觀察者來說，月球可以剛好遮蔽太陽。兩組天文學家被派到適當的位置去觀察這次日蝕。在日蝕當天，當月球正好遮住所有的太陽光時，天文學家們就往太陽的周圍觀察，去測量那附近的遙遠恆星。那些恆星的位置，與太陽在其他方位時它們的位置，差異甚大。更精確地說，本來日蝕那一刻應該在太陽正後方的恆星（如圖 8.4），可以被望遠鏡清楚地觀察到。這正是愛因斯坦根據相對論所預測的。根據相對論，當光線經過太陽附近時，他們會被太陽的重力場偏折。所以，一顆應該被太陽遮住的恆星就可以被看見。

再者，那些「受遮蔽恆星」被天文學家觀測到的位置，與愛因斯坦的理論預測值完全符合，這是使相對論被接受的決定性因素。牛頓的重力與行星運動理論，足以應付如制定農曆與計算潮汐表等日常所

〔321〕

410

需，但用到精確的天文學，牛頓的位置已被愛因斯坦取代。

時空的幾何

從我剛剛的陳述中，讀者或許不易看出，愛因斯坦的狹義與廣義相對論，本質上是幾何理論——這兩個理論告訴我們宇宙的時空結構。而且，相對論裡的數學基本上是幾何學。那裡的幾何學不是常見的歐氏幾何。更準確來說，延續我們在第四章所見到的，那個由射影幾何的發展開始，並繼之以高斯－羅巴秋夫斯基－波里耶與黎曼的非歐幾何的傳統，在相對論裡又見到了另一種非歐幾何。嚴格地說，狹義相對論與廣義相對論各有一種幾何，而前者是後者的特例。從後見之明來看，黎曼掌握的非歐幾何，差一點就比愛因斯坦更搶先一步發現廣義相對論。〔322〕

讓我們從狹義相對論開始。這個理論告訴了我們什麼有關宇宙的事？第一件值得注意的事就是，時間與空間是緊密相連的。物體的長度隨速度而變化，而同時性與光波的傳送有密切關係。在同時性的考量之下，或是說到「當一件事發生」，時間是以光速在空間中運行。所以，我們的幾何不是五官可感知的三維物理宇宙的幾何，而是四維

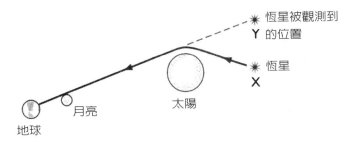

圖 8.4：當遙遠恆星散發的光線經過太陽附近時，它被太陽的重力場偏折。這個現象在一九一九年的日蝕首度被觀測到。恆星 X 看起來好像是在 Y 的位置一樣。

時空宇宙的幾何。

　　狹義相對論的幾何是由俄國數學家赫曼・閔考斯基（Hermann Minkowski）發展出的。在愛因斯坦還在蘇黎世的瑞士聯邦理工學院就讀時，閔考斯基是他的老師之一。閔考斯基時空中的一點有四個實數座標 t，x，y，z。t 座標是時間座標；x，y，z 是空間座標。當數學家與物理學家畫時空座標圖時，他們通常把 t 軸畫成鉛直向上（所以時間在頁面上是向上流動），然後用透視法把 x，y，z 軸畫出（有時只畫出三者其二），如圖 8.5。

　　因為光（或一般的電磁輻射）在相對論中扮演的特別——且基本——的角色，t 方向的測量可視為時間或距離：時間長度 T 的時間間隔可被視為（空間）長度 cT 的空間間隔，其中 c 為光速。（cT 則為光在 T 這段時間所走的距離。）為了要讓閔考斯基時空中四個軸向的分量可用相同單位表示，t 軸方向的測量幾乎總是用空間單位，帶入乘數因子 c。舉例來說，圖 8.6 為一對稱四維雙圓錐，軸線為 t 軸，中心在座標原點，圓錐面與 t 軸夾 45 度角。此圓錐面的座標方程式

〔323〕

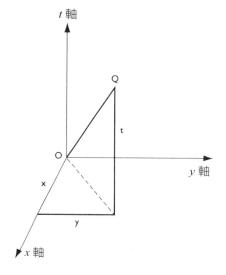

圖 8.5：閔考斯基時空。時間軸為鉛直向上。空間軸有三：x，y，z 軸；為了清楚起見，這裡只畫出其中兩個座標軸：x 軸與 y 軸。在閔考斯基時空中的任意點 Q 可用四個座標 t，x，y，z 來表示。

為

$$(ct)^2 = x^2 + y^2 + z^2$$

這條方程式其實不過是畢氏定理的四維版本。要注意的是，t 軸分量單位是用 c 的單位。

圖 8.6 所示之圓錐在相對論的幾何學中特別重要。它被稱為光錐（light cone）。請想像有一光線訊號從光源 O 射出。隨著時間的流逝，光波會向外輻射成一不斷增大的球面。這個不斷增大的三維空間球殼，在閔考斯基宇宙中成為光錐（殼）的上半部。若要瞭解這件事，請想像光線訊號旅程開始之後的某個時刻 T。此時光線訊號已經旅行了 cT 的距離。所以，訊號在三維空間中會到達圓心在 O、半徑為 cT 的球面。此球面方程式為

$$(cT)^2 = x^2 + y^2 + z^2$$

而這是光錐在 $t = cT$ 時的截面。因此，在三維空間觀察者看來是

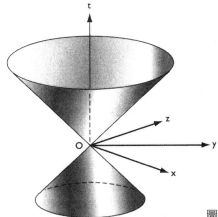

圖 8.6：在閔考斯基時空中的一個光錐。

〔324〕　擴張光球的物體，在時間之外並將時間視為第四維度的觀察者看來，卻是光錐的上半部。

　　在 $t < 0$，也就是光錐的下半部，代表了（球面）光線訊號聚集到時間 $t = 0$ 之原點的歷史。不斷縮小之光球的概念有點奇怪——而且純粹是理論的產物——物理學家的確常常忽略光錐下半部負向的部分，因為它鮮少可對應到我們時常遭遇的事件。在此，我也將做同樣的簡化。

　　物理學家有時將光線視為一束基本粒子——稱為光子（photons）。有了這樣的觀點，則（上半部，正向的）光錐之生成線（generator）——也就是圖 8.7 中光錐表面通過原點的直線——則代表了個別光子從光源離開之後的路徑。

　　我們假設光子在靜止時質量為零。事實上，根據相對論，任何能以光速行進的粒子在靜止時質量必為零。（我們必須加入「在靜止時」這樣的但書，因為質量會隨速率增加。）在靜止時質量非零的粒子或物體無法以光速行進；它們的速度比光慢。任何有質量的粒子或物體，從 O 開始以非加速運動在時空中旅行的路徑，會是通過 O 而

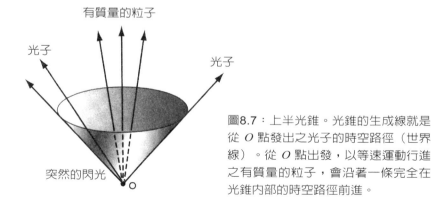

圖8.7：上半光錐。光錐的生成線就是從 O 點發出之光子的時空路徑（世界線）。從 O 點出發，以等速運動行進之有質量的粒子，會沿著一條完全在光錐內部的時空路徑前進。

在光錐內部的直線。圖 8.7 中有幾條這樣的路徑。

　　物體通過閔考斯基時空的路徑有時稱爲物體的*世界線*（world line）。每個物體都有一條世界線，即便靜止的物體也有，就是 t 軸。（固定的物體會存在一段時間，但它的 x，y，z 座標不會改變。）

　　一個物體若由 O 出發而速率不固定，則它的世界線就不是直線。然而，這種物體的世界線會完全落在光錐內部，且在所有點上與 t 軸的夾角都會小於 45 度（見圖 8.8）。　〔325〕

　　雙光錐的內部，其實可視爲對固定在 O 點的觀察者而言，這個宇宙中可接觸到（或者你也可稱之爲這個宇宙中*存在*）部分的一種描繪。雙光錐上半部 $t > 0$ 的部分，對固定於 O 點的觀察者而言，代表宇宙的未來；雙光錐下半部 $t < 0$ 的部分，對同樣的觀察者而言，代表宇宙的過去。用稍微不同的話來說，雙光錐內部 $t < 0$ 的點，可被視爲在觀察者過去時空中的點；雙光錐內部 $t > 0$ 的點，可被視爲在觀察者未來時空中的點。

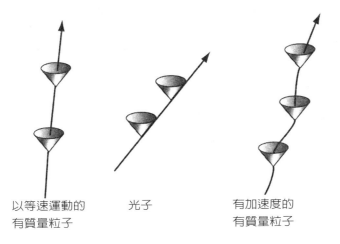

以等速運動的　　　　　　光子　　　　　有加速度的
有質量粒子　　　　　　　　　　　　　有質量粒子

圖 8.8：一個有質量的粒子在加速度之下，會描繪出一條彎曲的世界線，但每個點都嚴格地落在正向光錐的內部。

點 O 自身代表觀察者現在的時刻。對於在點 O 的觀察者而言，任何在雙光錐以外的事物都是不存在的──它們都落在此觀察者的時間標架之外。它們不存在於觀察者的過去或未來。

找距離

藉由將時間表示成空間座標，閔考斯基的幾何提供了我們一種時空的視覺化──至少是部分的視覺化，唯一的限制就是人類無法完全將四維的世界視覺化。為了發展閔考斯基時空的幾何，我們需要知道在這個宇宙中，如何測定兩個物體之間有多遠。用數學家的術語來說，我們需要一個距離（metric）。

在二維歐氏空間中，正常的距離是由畢氏定理給出。點 (x, y) 到原點的距離 d 是用以下的方式給出：

$$d^2 = x^2 + y^2$$

同理，在三維歐氏空間中，點 (x, y, z) 到原點的距離 d 是用以下的方式給出：

$$d^2 = x^2 + y^2 + z^2$$

而在更高維度的歐氏空間，距離的求法也類似。用畢氏定理導出的距離稱為畢氏距離（Pythagorean metrics）。

如果我們在閔考斯基時空中使用畢氏距離，那麼，點 (ct, x, y, z) 到原點的距離 d 就會用以下的方式給出：

$$d^2 = (ct)^2 + x^2 + y^2 + z^2$$

閔考斯基聰明的地方在於，他體認到這不是適合相對論用的距離，而

〔326〕

416

且，他還發現了另一個可用的距離。點 (ct, x, y, z) 到原點的閔考斯基距離（Minkowski distance）d_M 是由以下的方程式決定：

$$d_M^2 = (ct)^2 - x^2 - y^2 - z^2$$

對任何熟悉歐氏幾何的人來說，乍看之下這個閔考斯基距離的定義十分詭異。但是，若將定義重寫為

$$d_M^2 = (ct)^2 - (x^2 + y^2 + z^2)$$

則我們可看出在空間座標的距離仍是歐氏距離。耐人尋味的是那個減號，它迫使我們將時間座標視為與空間座標完全不同的東西。我們來看看要如何看待這個奇怪的定義。

對光錐表面任意點 (ct, x, y, z) 來說，我們可知 $d_M = 0$。這可以解釋為，在光錐上任一點發生的事件，與在原點發生的事件是同時的。

如果點 (ct, x, y, z) 在光錐內部，則 $(ct)^2 < x^2 + y^2 + z^2$，因此 $d_M > 0$。在這種情況下，我們可將 d_M 解釋為在 O 點的事件與在 (ct, x, y, z) 的事件之間的時間間隔，由世界線為 O 到 (ct, x, y, z) 間線段之時鐘所測量。此距離有時候被稱為 O 到 (ct, x, y, z) 的原時（proper time）。〔327〕

對位於光錐之外的點 (ct, x, y, z)，$(ct)^2 < x^2 + y^2 + z^2$，則此時 d_M 為虛數。我們已經討論過，對位在 O 點的觀察者而言，在光錐之外的點不存在（而且對此觀察者，那一點在過去不曾存在，在未來也不會存在）。

兩點 $O = (ct, x, y, z)$ 與 $Q = (ct', x', y', z')$ 之間的閔考斯基距離 d_M 是由以下的方程式決定：

$$d_M^2 = (ct - ct')^2 - (x - x')^2 - (y - y')^2 - (z - z')^2$$

417

　　如果 P 在 Q 的光錐內，且 Q 也在 P 的光錐內，則上式會給出一個實數的 d_M。在這種情況下，d_M 代表事件 P 與事件 Q 之間的時間間隔，由世界線爲 PQ 線段之時鐘所測量。PQ 線段如圖 8.9 所示——P 與 Q 間的原時。若兩事件在物理空間中的同一位置發生，則 $x=x'$，$y=y'$ 且 $z=z'$；如此，上述方程式會化簡爲

$$d_M{}^2 = (ct - ct')^2$$

　　因此，$d_M = c|t - t'|$，即 c 與實際逝去時間之乘積。換句話說，對某個特定物理位置而言，閔考斯基時間等同於在此位置的平常時間。

〔328〕　　閔考斯基距離有一項很有趣的特徵。在歐氏幾何中，從點 P 到點 Q 的直線是 P 到 Q 的最短路徑。相反的是，在閔考斯基幾何中，從 P 到 Q 筆直而非加速的世界線，有 P 到 Q 之間最大的閔考斯基距離（也就是說，有最大的原時間隔）。這爲所謂的孿生子悖論（twin

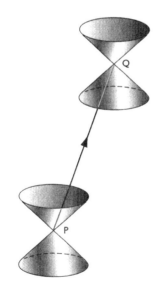

圖 8.9：閔考斯基時空中有質量粒子從點 P 到點 Q 的世界線，是一條嚴格落在 P 的正向光錐與 Q 的負向光錐內部的線段。

paradox）提供了基礎，見圖 8.10。

　　請想像在點 *P* 的一對孿生子。其中一位名叫「愛嘉」（Homer），待在地球上的家中。另一位名叫「樂行」（Rockette），到遙遠的星球旅行之後返家，而其所搭乘的太空船速度接近光速。當樂行回家後兩人在 *Q* 點相會。在此時此地，樂行會比愛嘉年輕。對樂行來說，逝去的時間會比愛嘉要少。會出現這種情形的原因在於，從 *P* 到 *R* 到 *Q* 的兩階段路徑，相較於從 *P* 到 *Q* 的直線路徑而言，是比較短的世界線。（請記得，後者比所有 *P* 到 *R* 的世界線長度都要長。）路徑 *PRQ* 代表樂行所活過的時間；路徑 *PQ* 則代表愛嘉所活過的時間。

　　我還要提一點，雖然閔考斯基距離十分詭異，但有不少證據支持它測量時間的準確性。一些證據來自地球大氣層上方出現之宇宙輻射粒子的衰變，還有一些來自飛行器內部時間的精確測量，以及高能加速器中粒子的運動。

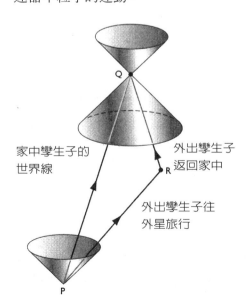

家中孿生子的
世界線

外出孿生子
返回家中

外出孿生子往
外星旅行

圖 8.10：孿生子悖論。一對孿生子一起在（時空中的）點 *P*。一位外出至 *R* 再返家，與另一位（時空中的）*Q* 相會。在閔考斯基時空中，*PQ* 的閔考斯基距離大於 *PR* 與 *RQ* 的閔考斯基距離之和，所以當二人於 *Q* 再度相會時，出門回來的孿生子所經過的時間會比在家守候的孿生子要少。

〔329〕　　在孿生子悖論中，為了得到可測出的時間差距，妹妹所行的距離要夠遠，且行進的速度要接近光速。所以，孿生子悖論基本上是個想像實驗。在人類實際有可能到達的距離——例如，載人太空船到月球的航線——其所造成的時間差距微乎其微。這是因為 c 非常地大：在閔考斯基距離中的 $(ct - ct')^2$ 比起 $(x - x')^2 + (y - y')^2 + (z - z')^2$ 要大得多。在這種情況下，閔考斯基距離 d_M 與 $c|t - t'|$ 約略相等。也就是說，閔考斯基時間與正常的時間約略相等。只有在很長的物理距離，或是在天文學的尺度中，空間距離才足夠大到可以影響時間。

重力的模式

　　要把重力併入上述的幾何圖像，愛因斯坦以彎曲時空流形取代閔考斯基時空。我們在第六章曾遇過流形；在那裡，我們所討論的流形或許可稱為空間流形（spatial manifolds）。

　　你可能還記得關於流形的一般概念：n 維（空間）流形是一種結構，在此結構上任一點的緊鄰區域，看起來就像 n 維歐氏空間一樣。例如，（空心）球面與（空心）輪胎面都是二維流形。在其上任一點的緊鄰區域，二者看來都像歐氏平面。但兩者的整體結構使它們看起來不同於彼此（也不同於歐氏平面）。它們以不同方式彎曲，因此，它們是相異的流形。兩個流形都是平滑的——也就是，附在每一個點上的微分結構，互相銜接得天衣無縫。

　　體認到重力可被視為時空彎曲的展現，愛因斯坦將宇宙背後的數學結構看成平滑的四維時空流形（space-time manifold）。這意味著，在任一點的緊鄰區域，宇宙看起來就像閔考斯基時空。在數學上要建構出這樣的物體，愛因斯坦首先取一個平滑的四維流形 M。接著，他在 M 上定義一種距離，使得在任意點緊鄰區域，這種距離可

被閔考斯基距離逼近。這個逼近的閔考斯基距離，會在那一點產生一個光錐。愛因斯坦定義的新距離可用來描述時間的逝去、光束的傳播，以及粒子、行星等物體的（加速或非加速）運動。

既然愛因斯坦嘗試要描述重力，他必須將宇宙背後的幾何——　〔330〕他用流形 M 來表示——與宇宙中物質的分佈連結起來。他將後者，也就是物質的分佈，以一種稱為能量－動量張量（energy-momentum tensor）的數學結構表示。要描述這個頗為複雜的物體，需要說太多的題外話。它對應到了牛頓的（過度簡化）重力理論中的物質密度，而且，從某種方式來看，它也是牛頓物質密度的一般化。牛頓理論的關鍵步驟是形成一個微分方程式（浦瓦松方程式〔Poisson's equation〕），使其將物質密度與他稱為重力位（gravity potential）的東西結合，後者就對應到愛因斯坦的距離。類似地說，愛因斯坦寫下的一個方程式（愛因斯坦方程式），連結了能量－動量張量與他的距離所導出之曲率。

根據愛因斯坦方程式，物質的存在導致時空中的一種距離曲率，而此曲率會影響宇宙中的物體。牛頓有關重力的物理力之概念，被時空中曲率的幾何概念所取代。

愛因斯坦相對論的另一個結果，就是物質與能量可以互換，且它們的關係就是下面這個有名的方程式：

$$E = mc^2$$

愛因斯坦說對了嗎？時空真的是彎曲的嗎？嚴格來說，去問一個科學理論是否正確，是沒有意義的。我們能要求的，就是一個理論比其他理論更符合觀察——也能做出更準確的預測。從這個角度看，愛因斯坦的廣義相對論，比牛頓的早期理論要更精確。近年來，十分精

準的測量技術，被用來偵測由重力場所引起，與平直的閔考斯基空間不同的微小偏差。例如，在一九六○年，龐德（Robert V. Pound）與雷布卡（Glen A. Rebka）測量一座 22.6 公尺的高塔頂端與底部兩個時鐘之速度間的關係。得到的比值不是如牛頓理論所預測的 1，而是 1.000 000 000 000 0025。這正好是廣義相對論所預測的比值。（既然時鐘的速度能測量時空幾何，我們可以把龐德－雷布卡的結果，視為平直閔考斯基時空與真實時空之間偏差的直接測量值。）

物質是什麼？

雖然廣義相對論描述了宇宙的幾何結構，並且告訴我們物質與

〔331〕此結構如何互相影響，它並沒有回答一個問題：到底什麼是物質？要回答這個問題，物理學家得轉向另一個理論：量子論（quantum theory）。

到一九二○年代早期為止，科學界對物質的標準看法是：物質的基本組成分子為原子──那是像太陽系一樣的物體。每個原子都有一個很重的原子核（原子的「太陽」），還有一個或多個輕得多的電子在周圍環繞（原子的「行星」）。原子核自身被認為是由兩種基本粒子組成：質子與中子。每個質子帶有正電荷，電子帶有負電荷，而正是它們之間的電磁吸引力提供了「重力」，維持電子在原子核的軌道上。（這種原子的圖像仍然是有用的，雖然科學家現在知道它過於簡略。）

但是，那些組成原子的基本粒子──電子、質子與中子──到底是什麼呢？這是一九二○年左右波爾、海森堡（Werner Heisenberg）、薛丁格（Erwin Schrödinger）以及其他物理學家面臨的問題。為了解釋某些實驗中令人困惑的結果，他們所提供的答案──量

子論——中的基本元素包含了隨機性，而這個動作激怒了愛因斯坦，使他一度說出：「上帝不跟宇宙玩骰子。」（量子論能解釋的其中一個詭異現象是，光的行為在某些情況下像連續的波動，在另一些情況下卻又像離散的粒子。）

在量子論中，一個粒子，或是任何實際的物體，都可被一個機率分佈描述，這個機率分佈可表示這個粒子或物體在某種狀態的傾向。以數學術語來說，一個粒子是被一波動函數 ψ 描述，此函數將每個愛因斯坦時空 M 上的點 x 對應到一個向量 $\psi(x)$，而此向量的大小代表振動的振幅，方向代表它的相位。$\psi(x)$ 長度的平方代表這個粒子接近 M 上 x 的機率。

當量子論被用作基本架構時，物質粒子佔據周圍空間這樣的古典圖像便消失了。取而代之的是量子場（quantum field），這是在空間中處處存在的基本連續介質。粒子只是在量子場中的局部密集——即能量的集中。

現在我們先暫停一下，來回顧剛剛那似乎簡單的太陽系比喻。我們知道電子持續環繞原子核的原因：帶有正負電荷粒子間的相互吸引電磁力。但是什麼將原子核中的質子綁在一起？畢竟同性會相斥。為什麼原子核不會自動內爆？一定還有一種力——很強大的力——將原子核綁在一起。物理學家稱之為強核力 （strong nuclear force）或強交互作用（strong interaction）。強交互作用必定強到足以將原子核綁在一起。另一方面，它一定只能在很小的範圍內發生作用，就是在原子核大小的範圍，因為它不會將兩個不同原子中的質子拉在一起——如果會的話，人類本身與整個宇宙就會自動內爆。〔332〕

強交互作用被假設為自然界的基本力，與重力及電磁力相同。事實上，物理學家認為存在有第四種基本力。為了解釋與核衰變有

關的其他核子現象，他們提出了第二種核力：弱核力（weak nuclear force）或弱交互作用（weak interaction）。

到這裡，懷疑論者可能會傾向於認爲自然界中還有尚未被發現的基本力存在。雖然這種可能性無法被完全排除，但物理學家並不這麼認爲。他們相信重力、電磁力、強核力與弱核力就是所有的基本力。

假設物理學家是對的，即自然界僅有這四種基本力，那麼，有關物質的完整理論就必須包含這四種。物理學家很努力地去尋找單一的數學理論來包含這四種力，但迄今尚未成功。他們認爲，最後能幫助他們找到這種理論的關鍵數學概念是對稱。

我們在第五章時首度遇到對稱的概念。當時我們所說的是，若一個物體經過某種變換之後，它完全沒有改變，我們就說它是對稱的物體。我們談到了幾何這門學科可視爲物體或圖形移動之後不變性質的研究。我們也注意到一個物體的各個對稱會形成一種稱爲群的數學結構——即此物體的對稱群。

二十世紀初，物理學家開始瞭解到，許多物理上的守恆定律（例如電荷守恆定律）來自宇宙結構中的對稱。舉例來說，許多物理性質在平移與旋轉之後不變。實驗的結果不受實驗室位置或儀器方向的影響。這種不變性蘊涵了古典物理中的動量與角動量（angular momentum）守恆定律。

[333] 事實上，德國數學家愛咪‧涅特（Emmy Noether）證明了每條守恆定律皆可視爲某種對稱的結果。因此，每條守恆定律都有一個相關的對稱群。例如，古典電荷守恆定律有一個對稱群。近代量子力學中的「奇異性」（strangeness）與「自旋」（spin）守恆定律也會有相應的對稱群。

一九一八年，赫曼‧外爾（Hermann Weyl）開始統整廣義相對

424

論與電磁學。他的起點在於觀察到相對於大小尺度的改變，馬克士威爾方程式是不變（亦即對稱）的。他嘗試運用這個事實，將電磁場視為沿著封閉路徑（例如圓）行進時相對論式的長度扭曲。要做到這件事，他必須將四維時空中的每一點對應到一個對稱群。外爾將這種新進路稱為規範理論（gauge theory）——當然，規範就是某種測量的工具。時空中每一個點所對應到的群稱為規範群（gauge group）。

外爾起初的進路並不完全成功。當量子理論出現，重點置於波動函數之後，問題出在哪裡，就顯而易見了。馬克士威爾方程式中重要的不是尺度，而是相位。外爾研究了錯誤的對稱群！就他所重視的尺度來看，在規範理論中他研究的群會是正實數群（群運算為乘法）。在焦點從尺度轉為相位後，對應的規範群則是圓的旋轉。

一旦找到了正確的對稱群，外爾迅速地發展了他的新電磁理論。這個理論被稱為量子電動力學（quantum electrodynamics），或簡稱QED。自此之後，這個理論就變成許多數學家與物理學家發展最新研究的對象。

在外爾設置好舞台之後，物理學家就以規範理論為主要工具，著手尋找物質與宇宙的大一統理論（grand unified theory）。他們大致的想法是，要找出能捕捉到四種不同基本力的規範群。

一九七〇年代，阿布都斯・薩冷（Abdus Salam）、薛爾登・格拉肖（Sheldon Glashow）與史帝文・溫柏格（Steven Weinberg）成功地統一了電磁力與弱核力，至於其規範理論用的規範群，則是一個二維複數空間中的旋轉群，稱為 $U(2)$。他們三人因著這項成就而獲頒諾貝爾物理獎。

下一步是十年之後，由格拉肖與霍華・喬吉（Howard Georgi）邁出。他們使用一個後來稱為 $SU(3) \times U(2)$ 的規範群，成功地將強

核力也包含進去。

〔334〕要包含重力的最後一步，目前看來八字還沒一撇，而且仍然保持著物理學界聖杯的地位。近年來，物理學家把眼光放到比規範理論更一般的其他理論，想要完成這最後一步。目前為止最常見的是弦論（string theory），而其研究的帶頭大哥則是愛德華·維敦。

在弦論中，基本的物體不再是時空流形中沿著世界線移動的粒子，而是開放或封閉的細微弦；每條弦會掃出一個二維曲面，稱為世界曲面（world surface）。要讓這個方法成功，物理學家必須適應在至少十維的時空流形上工作。如果維度降低，世界曲面就沒有足夠的自由度可以適當地被掃出。

如果你覺得十維很多，你應該去看一些需要二十六維的弦論。雖然物理學家的目的是要理解我們居住與熟悉的三維世界，他們卻不斷被引導至愈來愈抽象的數學宇宙。不管用「數學宇宙」來描述我們的宇宙是否正確，我們能嘗試理解宇宙的唯一方法，就是透過數學。

反之亦然

人人都知道物理學家用很多數學。牛頓發展了自己的數學——微積分——且以之研究宇宙。愛因斯坦利用非歐幾何與流形理論，發展他的相對論。外爾發展了規範理論去支持他的 QED 理論。例子還有很多。數學在物理上的應用是具有悠久歷史的優良傳統。

比較不為人知的是另一個方向的工作：將物理中的概念與方法應用到數學上，並取得新發現。但這正是過去十幾二十年不斷發生的事。這種戲劇化的貢獻反轉，源自一九二九年外爾對規範理論的發展。

因為外爾所用的群——圓的旋轉——是阿貝爾群（亦即交換群，

詳見第五章），他所得到的理論稱爲交換規範理論（abelian gauge theory）。起源於純粹臆測的動機，一九五〇年代的一些物理學家著手探究一個問題，那就是，如果把像球面或其他更高維度的對稱群換掉，會發生什麼事。他們得到的理論就是非交換規範理論（nonabelian gauge theory）。

楊振寧與羅伯特‧米爾斯（Robert Mills）是其中兩位受好奇心驅使，而去探究非交換規範理論的物理學家。一九五四年，他們計算出了類比於馬克士威爾方程式的一組基本方程式。如同馬克士威爾方程式描述電磁場且對應於一個交換群，楊－米爾斯方程式也描述了一個場，但此時這個場提供的，是描述粒子互動的工具，而且，它所對應的群是非交換群。 〔335〕

在這個時間點，一些數學家開始注意到這些物理的新發展。雖然物理學家是在量子論的架構下使用楊－米爾斯方程式，但這組方程式也有一個古典（即非量子）的版本，以一般四維時空爲其底蘊的流形。數學家一開始便是專注於這個方程式版本。

數學家能夠解出楊－米爾斯方程式的一個特例（所謂的「自對偶」〔self-dual〕特例），並將其解稱爲瞬子（instantons）。雖然這對物理學家也是有趣的研究，這些新的結果到目前爲止，仍然純粹是數學家的遊戲。但接下來，年輕的英國數學家賽門‧唐納松出現了，我們在第六章已經提過他。

唐納松將瞬子與自對偶楊－米爾斯方程式，應用至一般四維流形上，藉此爲數學開了一扇大門，帶領大家進入令人驚艷的新景象。這個新景象的第一幕，就是四維歐氏空間的非標準微分結構，我們在第六章也提過這個令人驚訝的發現。

唐納松的研究工作中，我在這裡想強調的面向，是有關概念貢獻

方向的逆轉。就像我們剛剛看到的，數學家與物理學家習慣於在物理學中應用數學。但唐納松的工作卻使得反向的貢獻變得可能，同時也預告了一個新時代；在這個時代中，幾何學與物理學以前所未有的密切關係發展。

唐納松理論的重要結果之一就是，它提供了生成四維流形不變量的方法。突然間，抗拒數學家解謎方法的四維流形分類問題，出現了新的進路。但前面的路並不好走：數學家必須花費很大的力氣，才能將唐納松的理論處理成能夠產生所求的不變量。

唐納松的老師麥可・阿提亞很確定，這個難題的解決方法——以及其他物理學家所遇難題的解決方法——基本上在於數學與物理的整合。受阿提亞的建議啓發，在一九八八年，普林斯頓物理學家維敦成功地將唐納松理論詮釋爲一種量子楊－米爾斯理論。然而，除了讓物理學界理解唐納松的工作之外，到一九九三年之前，維敦的研究並沒有太多其他的結果。此時物理學家納森・賽柏格 (Nathan Seiberg) 出場，而事情就有了戲劇化的進展。

〔336〕　　　賽柏格聚焦在超對稱（supersymmetry）上，這是一九七〇年代出現的理論，它假定一種在兩類基本粒子間的大型對稱架構，而這兩類基本粒子就是費米子（fermions，包含電子與另一類稱爲夸克〔quarks〕的粒子）與玻色子（bosons，包含光子——光的粒子——與另一類稱爲膠子〔gluons〕的粒子）。賽柏格發展出一些方法，可以處理量子規範理論在超對稱特例下的困難。

一九九三年，賽柏格與維敦開始合作研究與唐納松理論有關的特例。在維敦後來所稱「一生中最令我訝異的經歷」中，他們兩人找到了一對新的方程式，取代原來由唐納松理論導出的方程式。在物理學上及四維流形分類的漫漫數學長路上，這都算是重大的突破。

　　唐納松理論與賽柏格－維敦理論的基本差異，同時也是後者的威力來源，是數學上的緊緻性（compactness）。緊緻性是拓樸空間的性質。其意義從直觀上來說就是，如果空間中每個點都告訴你它鄰域的一些資訊，你便可以只從有限多個點收集到所有你所需的資訊。唐納松理論的相關空間不是緊緻空間；賽柏格－維敦的空間則是緊緻空間。緊緻性改變了一切。

　　賽柏格－維敦的發現不只在物理學上、也在數學上有立即的應用。雖然維敦的主要興趣在物理，他在四維流形上有了新發現。他推測新方程式所生成的不變量，與唐納松理論所生成的相同。

　　維敦的理論被哈佛數學家克利佛‧陶布斯（Clifford Taubes）等人應用，而且很快地，戲劇化的事情發生了。我們還不知道新方程式生成的不變量是否與唐納松不變量完全相同。但是，新方程式至少跟舊的一樣好，而且更重要的是，它們容易使用得多。使用新的方程式，數學家可以在幾週內輕鬆地重新做出舊方法幾年才能完成的事，並且解出過去無法解開的問題。至少，數學家感覺到，在理解四維流形上有了真正的進展。在接受數學三百年來高品質的服務之後，物理學終於有機會投桃報李了。

　　到此我要停筆，但數學家不會歇息，而是繼續他們永無止盡的追尋，去理解宇宙隱藏的規律與宇宙中存在的生命。

後記

　　東西還有很多，眞的很多。本書各章所討論的主題，僅包含了當〔337〕
代數學的一小部分。我們幾乎完全沒有談到計算理論、計算複雜度理
論、數值分析、逼近理論、動態系統理論、混沌理論、有關無限的理
論、對局論、投票制度理論、衝突理論、作業研究、最佳化理論、數
理經濟學、財務數學、劇變論，以及天氣預測等等。我們也幾乎完全
沒觸及數學應用於工程、天文、心理學、生物學、化學、生態學，以
及航太科學等等。任何一個主題都可以寫成本書中的一章。其他很多
我在上面沒提到的主題也是如此。

　　在任何一本書的寫作上，作者都必須有所取捨。寫作本書時，我
希望讓讀者感受到的是數學本質上的某種意義，包含當代數學及其在
歷史中的演進。但我不想製作一道數學大拼盤，讓其中每個主題都只
有幾頁。雖然數學有許多面向，也在許多學科與日常生活中有不少應
用，但數學本身其實是個單一的整體。對任何一個現象的數學研究，
都有許多與對任何其他現象的數學研究相似。一開始要簡化問題，找
到關鍵概念，並將其獨立出來。然後，這些關鍵概念會被愈來愈深入
地分析，此時相干的模式會被發現與探究。數學研究裡也會有公理化〔338〕
的過程。抽象的層次會增加。定理被提出並證明。與其他數學分支間
的連結被發現或推測。理論被延拓，導致數學家發現更多與其他數學
分支間的相似性與連結。

　　這是我想傳達的整體結構。我所選擇的主題，都是數學上的重要

分支，因為它們或多或少都包含在大部分大學數學系的課程中。從這個觀點來看，這樣的選擇是很自然的。但事實是，我可以選擇任何其他七、八個主題，但說出同樣的故事：數學是研究模式的科學，而那些模式會在任何你想找的地方出現，在物質宇宙、生物界，甚至在我們人類的心靈之中。而且，數學幫助我們看見那些不可見的。

書先不要印！

數學不斷地往前進。正當本書英文原版付梓之際，消息傳來，克卜勒的球裝填問題（第 263 頁）被解決了。經過六年的努力，密西根大學的數學家湯瑪斯·海爾斯（Thomas Hales）終於證明克卜勒的猜想是對的：面心格子的確是所有三維球裝填的最密堆積。

海爾斯的證明奠基於一位匈牙利數學家藍斯洛·妥特（Laszlo Toth），他在一九五三年證明了這個問題如何簡化成牽涉許多特例的複雜計算。這讓電腦有用武之地。一九九四年，海爾斯沿著妥特的建議，給出了一個五步驟的解題策略。與他的研究生薩姆爾·佛格森（Samuel Ferguson）一起，海爾斯師徒二人展開了這個五步驟計劃。一九九八年八月，海爾斯宣佈大功告成，並將他的整個證明貼在網路上。

海爾斯的證明有 250 頁文字，約三十億位元組（3 Gigabytes）的電腦程式與數據。任何想要讀懂海爾斯證明的數學家，不只要讀他的文字，還要下載程式來跑。

結合了傳統數學證明與牽涉數百個特例的大量複雜電腦計算，海爾斯的證明讓我們想起第六章討論到的，阿培爾與哈肯在一九七六年的四色問題證明。

索引

（索引頁碼為原文書頁碼，原文書頁碼請參照各行首尾中括號處。）

Q

國家圖書館出版品預行編目資料

數學的語言/齊斯・德福林(Keith Devlin)著；洪萬生、洪贊天、蘇意雯、英家銘譯
--初版. -- 臺北市：商周出版：家庭傳媒城邦分公司發行, 2011.03
面；　公分.
譯自：The Language of Mathematics: Making the Invisible Visible

ISBN 978-986-120-622-6（平裝）

1. 數學　2.通俗作品

310　　　　　　　　　　　　　　　　　　　　100001967

數學的語言

原 著 書 名 / The Language of Mathematics: Making the Invisible Visible
作　　　者 / 齊斯・德福林（Keith Devlin）
譯　　　者 / 洪萬生、洪贊天、蘇意雯、英家銘
企 畫 選 書 / 陳璽尹
責 任 編 輯 / 葉咨佑

版　　　權 / 林心紅
行 銷 業 務 / 甘霖、蘇魯屏
總 編 輯 / 楊如玉
總 經 理 / 彭之琬
發 行 人 / 何飛鵬
法 律 顧 問 / 台英國際商務法律事務所　羅明通律師
出　　　版 / 商周出版
　　　　　　臺北市中山區民生東路二段141號4樓
　　　　　　電話：(02) 2500-7008　　傳真：(02) 2500-7759
　　　　　　E-mail：bwp.service@cite.com.tw
發　　　行 / 英屬蓋曼群島商家庭傳媒股份有限公司城邦分公司
　　　　　　臺北市民生東路二段141號11樓
　　　　　　書虫客服專線：(02)2500-7718；2500-7719
　　　　　　24小時傳真專線：(02)2500-1990；2500-1991
　　　　　　服務時間：週一至週五上午09:30-12:00；下午13:30-17:00
　　　　　　劃撥帳號：19863813　戶名：書虫股份有限公司
　　　　　　E-mail：service@readingclub.com.tw
　　　　　　歡迎光臨城邦讀書花園　網址：www.cite.com.tw
香港發行所 / 城邦（香港）出版集團有限公司
　　　　　　香港灣仔駱克道193號東超商業中心1樓
　　　　　　電話：(852) 25086231　傳真：(852) 25789337
　　　　　　E-mail：hkcite@biznetvigator.com
馬新發行所 / 城邦（馬新）出版集團
　　　　　　Cité (M) Sdn. Bhd. (458372U)
　　　　　　11, Jalan 30D/146, Desa Tasik, Sungai Besi,
　　　　　　57000 Kuala Lumpur, Malaysia.
　　　　　　電話：603-90563833　傳真：603-90562833

封 面 設 計 / 陳建銘
排　　　版 / 浩瀚電腦排版股份有限公司
印　　　刷 / 韋懋實業有限公司
總 經 銷 / 聯合發行股份有限公司　電話：(02) 29178022　傳真：(02)29156275

■2011年（民100）3月3日初版一刷
■2018年（民107）12月26日初版4刷　　　　　　　Printed in Taiwan

定價 / 550元

城邦讀書花園
www.cite.com.tw

廣　告　回　函
北區郵政管理登記證
台北廣字第000791號
郵資已付，免貼郵票

104台北市民生東路二段141號2樓

英屬蓋曼群島商家庭傳媒股份有限公司　城邦分公司

請沿虛線對摺，謝謝！

書號：	BU0099	書名：數學的語言	編碼：

商周出版　　　讀者回函卡

謝謝您購買我們出版的書籍！請費心填寫此回函卡，我們將不定期寄上城邦集團最新的出版訊息。

姓名：_____　　性別：□男　□女

生日：西元_____年_____月_____日

地址：_____

聯絡電話：_____　傳真：_____

E-mail：_____

學歷：□1.小學　□2.國中　□3.高中　□4.大專　□5.研究所以上

職業：□1.學生　□2.軍公教　□3.服務　□4.金融　□5.製造　□6.資訊

　　　□7.傳播　□8.自由業　□9.農漁牧　□10.家管　□11.退休

　　　□12.其他_____

您從何種方式得知本書消息？

　　　□1.書店　□2.網路　□3.報紙　□4.雜誌　□5.廣播　□6.電視

　　　□7.親友推薦　□8.其他_____

您通常以何種方式購書？

　　　□1.書店　□2.網路　□3.傳真訂購　□4.郵局劃撥　□5.其他

您喜歡閱讀哪些類別的書籍？

　　　□1.財經商業　□2.自然科學　□3.歷史　□4.法律　□5.文學

　　　□6.休閒旅遊　□7.小說　□8.人物傳記　□9.生活、勵志　□10.其他

對我們的建議：_____

_____

_____

_____